基于陆海统筹的海岸带空间用途管制

相文玺　李晋　等 著

海洋出版社

2023年·北京

图书在版编目（CIP）数据

基于陆海统筹的海岸带空间用途管制/相文玺等著.
—北京：海洋出版社，2022.12
ISBN 978-7-5210-1071-8

Ⅰ.①基…　Ⅱ.①相…　Ⅲ.①海岸带-国土资源-资源管理-研究-中国　Ⅳ.①P74②F129.9

中国版本图书馆 CIP 数据核字（2023）第 015875 号

审图号：GS 京（2022）1595 号

责任编辑：程净净
责任印制：安　森
海洋出版社　出版发行
http：//www.oceanpress.com.cn
北京市海淀区大慧寺路 8 号　邮编：100081
鸿博昊天科技有限公司印刷　　新华书店发行所经销
2022 年 12 月第 1 版　2023 年 2 月北京第 1 次印刷
开本：787mm×1092mm　1/16　印张：14.5
字数：300 千字　定价：188.00 元
发行部：010-62100090　总编室：010-62100034

《基于陆海统筹的海岸带空间用途管制》

著者名单

主要著者： 相文玺　李　晋

参与著者：（按照姓氏笔画排序）

王江涛　王　娜　邓　跃　安泰天　孙　苗
孙艳莉　李亚宁　李佳芮　张宇龙　郑芳媛
孟云闪　孟　婕　赵立喜　曹英志　魏　莱

序 言

海岸带是海洋系统与陆地系统彼此交互的地理单元。海陆两大系统的“碰撞”，为海岸带带来了物质、能量、经济和文化等多个层面上的充分交换与融合，也使其成为地球表面最活跃、与人类生存和发展关系最密切的区域。

陆海关系及其直接承载体海岸带，一直深受广大海洋工作者的关心和关注。2004 年，我国海洋经济学家张海峰首先提出“陆海统筹”的概念；2005 年，前后两任国家海洋局局长张登义、王曙光联名在全国政协提案中提出“陆海统筹”；2010 年，“陆海统筹”作为国家战略，首次写入国民经济与社会发展“十二五”规划。长期以来，我国海岸带地区经济社会快速发展，海洋生产总值占国内生产总值的比重多年连续保持在 9%以上。但与此同时，空间利用协调不够、资源开发粗放低效、生态环境受损严重等问题依旧长期存在，严重影响着海岸带可持续发展。2018 年，自然资源部组建，对包括土地、海域、无居民海岛等在内的所有国土空间统一行使用途管制职责，从组织架构上解决了以往陆海管理分割的问题，在操作层面上为陆海统筹空间治理提供了一个新机遇。可以说，当前开展此项研究工作恰逢其时，也较以往更为迫切。

习近平生态文明思想指导下的国土空间用途管制，是一个全新的命题，众多理论方法都在探索之中，近年来有关论著不断涌现，既是学术界的繁荣，也是推动管理革新的重要基石。研究团队在总结凝练多年来海域、海岸带综合管理研究成果的同时，充分吸收创新国土空间用途管制各种思想观点，开展基于陆海统筹的海岸带空间用途管制研究。本研究从海岸带陆海统筹国土空间用途管制的概念辨析出发，面向海岸带管理的难点问题和制度缺口，框定研究范围与着墨重点，以陆海统筹的功能分区和要素分类为主线，建立功能分区与要素分类的关联关系，并用三章篇幅详述了针对保护类、限制类和发展类要素分别施以（准）红线管控、用途转用和节约集约利用为导向的管制措施，将海岸带自然资源统一调查、资产清查、生态补偿、确权登记等关联政策作为“结界”贯穿全篇，其中，对于海陆联动的用途转用分级许可、海岸带产业用海用地分级准入、存量围填海集约高效利用等海岸带特定问题的研究颇有创新，由浅入深、思维开阔。

阅罢，我深感欣慰，同时也想借此机会提醒年轻一代的科研工作者，宏大选题容易流于空洞，过于追求逻辑闭环也可能为自己砌起“信息茧房”，在注重思辨的同时，要将更多的精力投入到解决复杂多变的现实问题中，将一个个闪光的观点深究下去、接上地气，唯有实践方能出真知。对于读者来说，本书虽不能为您提供海岸带用途管制的标准答案，但可以让您全面了解海岸带管理面临的困境和可能的解决方案，如若某个观点能引起您的思索和共鸣，并能在实践中探索操作下去，本书的作用足矣。

何广顺

2022 年 5 月

前　言

海岸带是我国国土空间的重要组成部分，既是推动建设“国内国际双循环”“优进优出”高质量发展格局和“碧海蓝天”“洁净沙滩”高品质宜居环境的前沿地带，也是实践“山水林田湖草沙生命共同体”的典型区域，在我国经济社会发展全局中具有重要的战略地位。“十三五”以来，健全国土空间用途管制制度列入生态文明体制改革任务，与空间规划一起构成我国国土空间开发保护制度体系，为海岸带空间用途管制提供了基本遵循。党的十九大明确提出“坚持陆海统筹，加快建设海洋强国”。由此，陆海统筹也是开展海岸带研究工作的应有之义。

本书以陆海统筹为根本原则，按照管理目标和难点问题双驱动的路径方法，从国土空间和自然资源的依存关系出发，提出“空间导向+要素管制”的海岸带空间用途管制制度框架。“空间导向”通过海岸带全域“纵横联动”的空间分区来实现，是开展用途管制的基础本底；“要素管制”通过海岸带全要素“海陆衔接”的用途分类来实现，是开展用途管制的切实抓手；两者之间以分区分类的关联关系为纽带。同时，作为海岸带空间用途管制的核心制度设计，本书将“要素管制”作为研究重点，按照自然资源可开发利用程度，将其划分为保护类、限制类和发展类3类要素，在充分考虑统一调查、确权登记、资产清查、生态补偿等现有政策制度的基础上，以自然资源载体开发许可为主线分别设计刚柔并济、彼此制衡的差异化管制政策，力求海岸带管理政策稳定与变革并重，更好地促进海岸带保护与发展协调有序推进。基于上述纲要，本书分为七章，各章节主要内容概述如下。

第一章为陆海统筹海岸带空间用途管制的概念辨析。从国土空间、陆海统筹、用途管制3个关键词出发，分别阐述了国土空间与自然资源的依存与差异、陆海统筹与海岸带管制的有效辐射范围、用途管制在自然资源管理体系中的定位与边界，由此，明确了本书研究内容的内涵和边界。

第二章为陆海统筹用途管制的相关制度与案例分析。从约束开发利用行为和实施生态保护修复两个角度归纳了当前我国核心的用途管制制度；针对海岸带陆海统筹的区域特征，梳理了国内外主要的海岸带综合管理政策，提炼海岸带空间用途管制的特殊需求。从海湾、县域、岸段3个尺度，选取具体案例，分析海岸带用途管制具体措施及实效。

第三章为我国海岸带现状及用途管制面临的问题。结合历次专项调查、业务化监测统计和工作实践，分析我国海岸带自然环境特征和经济社会发展状况。从生态环境、灾害风险、资源开发、产业布局及管理机制等多个角度，归纳海岸带用途管制面临的实际问题。同时，作为制度设计的重要前提，分析了海岸带用途管制各利益相关方的博弈关系。

第四章为基于陆海统筹的海岸带空间用途管制制度框架设计。研究提出海岸带空间用途管制制度的基本思路。开展海岸带功能分区模式设计与分析比选，建立以海岸线为轴心的3级管制区，共同构成海岸带空间分区。构建海岸带自然资源要素分类体系，建立分区分类关联关系，分别提出保护类、限制类、发展类要素管制措施的总体考虑。

第五章为海岸带生态空间划定及保护类要素管制。以分级管制为目标，针对海岸带生态空间划分为生态保护红线和一般生态空间两类空间分区，提出空间划定的基本要求和技术路线。对该类空间的一般保护类要素提出刚性约束指标，典型生态要素提出具体管制要求。鉴于保护类要素的经济负外部性，提出实施海岸带生态补偿的主要措施。

第六章为海岸带限制类要素管制与用途转用。分析海岸带空间用途转用的主要情形及其与现行相关制度的关系，提出海岸带空间用途转用的基本规则，设计海岸带空间用途转用分级许可制度，分别提出4级许可的级别设置要求和具体审查程序，并针对由于转用引发的利益落差，做出具体的配套制度要求。

第七章为海岸带发展类要素管制与引导。参照海洋产业名录、国家产业准入政策、产业用地政策等，从赖海和耗能两个角度，探索海岸带产业分级准入政策，以海岸线为轴心提出三级管制区的产业准入清单和用海用地准入要求。针对围填海存量资源和人工岸线两类海岸带典型发展类要素，提出以集约节约利用、引导高质量发展为目标的政策措施。

海岸带空间用途管制是一个系统性和探索性的工作，本书的研究成果是站在前人基础上的凝练和延伸。关于海岸带综合管理、国土空间用途管制等领域，长期有众多专家学者倾心研究并致力于推动实践应用，何广顺、林坚等多位专家的学术观点，在本书的编写过程中多有借鉴和启发，参考文献中已尽量注明，在此对各位作者深表谢意，如有疏漏和不周之处敬请谅解。与此同时，本书中的不少观点、案例等也源自同国家和地方自然资源行政管理人员和一线工作人员的业务交流、思维碰撞与走访调研。借此机会，对一直帮助和支持我们的各位领导、同事、朋友一并表示感谢，也对家人长久以来予以的理解和支持表示感谢。鉴于学术水平、知识谱系、见识能力等的局限，本书仅仅做出尝试性的研究，难免存在漏洞和不足，期待各位专家和领导的批评指正，以便我们在今后的学术研究和业务工作中不断改进完善。

笔者

2022年7月于天津

目　录

第一章　陆海统筹国土空间用途管制的概念辨析

空间治理是国家治理体系不可或缺的重要组成部分。2015年《中共中央关于制定国民经济和社会发展第十三个五年规划的建议》，进一步提出建立由空间规划、用途管制、领导干部自然资源资产离任审计和差异化绩效考核等构成的空间治理体系。“构建以空间规划为基础、以用途管制为主要手段的国土空间开发保护制度”是生态文明体制改革的重要目标，国土空间用途管制在国土空间开发与保护中占据至关重要的位置。国土空间用途管制的本质是对自然资源的载体进行开发管制，是政府运用行政权力对空间资源利用进行管理的行为。

陆海统筹区域是陆地和海洋两大生态系统交汇的地带，是海陆之间物质、能量和信息交换的重要媒介，具有生态系统独特多样、社会经济要素深度交融等显著特点。陆海统筹区域凭借通达的区位优势，在我国改革开放历程中发挥了重要的先导性作用，然而多年高速发展也带来了“人-地-海”之间的一系列问题，发展与保护的矛盾日益突出，对陆海统筹国土空间用途管制提出了更高的要求。

开展研究的前提是破题，正确解读“国土空间、陆海统筹、用途管制”三个关键词，才能确保在统一的、准确的语义环境下开展后续工作。本章的主要内容是界定“陆海统筹国土空间用途管制政策研究”面向的主体对象，以及与规划、行政审批等其他管理手段的关系，由此确定研究的目标与边界。

第一节　国土空间的概念辨析

一、国土空间的一般概念

“国土空间”通常情况下是一个政治概念，是指国家主权与主权权利管辖下的地域空间，是国民生存的场所和环境。海洋和陆地同样是国土空间的主要组成部分，在国土发展中具有同等重要的地位。从不同的角度看待国土空间，会产生不同的分类方式和聚焦点，“国土空间”通常有以下三种分类方式。

（一）从自然地理的角度分类

从自然地理的角度来看，国土空间可以分为陆地空间、海洋空间、空气空间。

1. 陆地空间

陆地和陆上水域是狭义的国土空间，是传统意义上的领土范畴，也即领陆。随着人类社会的不断发展，以及对于空间拓展要求的日益强烈，在陆地空间之外，海洋空间和太空空间日益成为国家利益角逐的重要区域。

2. 海洋空间

对于海洋空间来说，与领土对应的空间主要是内水和领海。国家对内水拥有与其陆地领土完全一致的主权，拥有内水及其资源的所有权，在该区域具有完全的管辖权，一切境外船只没有经过沿海国允许，不得进入其内水。关于领海，除了受制于领海无害通过权，与陆地领土空间拥有一样的所有权和管辖权。

但与陆地空间不同的是，依据《联合国海洋法公约》，各国在国家领海管辖范围之外的毗连区、专属经济区和大陆架都享有一定的主权权利和管辖权（图 1-1）。对于毗连区，沿海国主要享有安全、海关、财政、卫生等管制权，其主要是由领海主权延伸或衍生而来，也属于排他性权利。对于专属经济区和大陆架，沿海国享有勘探开发自然资源的主权权利，以及对海洋环境保护、海洋科学研究、海上人工设施建设和使用的管辖权。除此之外，在公海、国际海底区域，各国依法享有这些海域通航、资源勘探、海洋研究、保障海上活动安全等的权利和利益。同时，南北两极也日益成为各国利益角逐的新疆域。

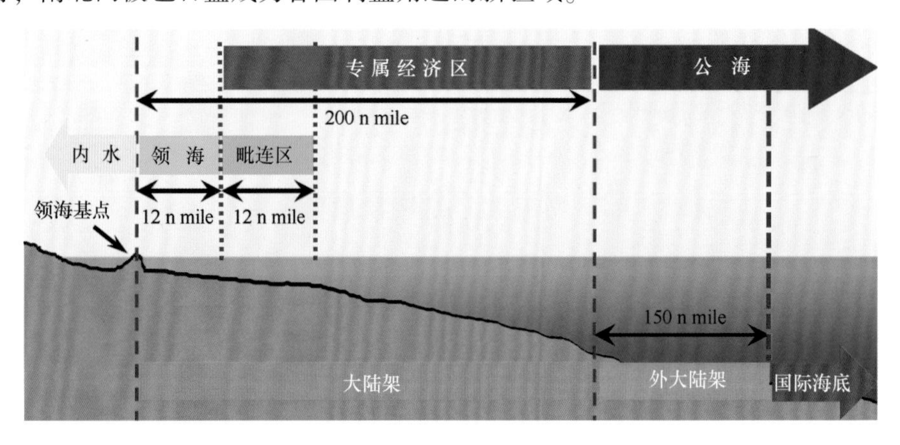

图 1-1 《联合国海洋法公约》对海洋空间的划分示意图

3. 空气空间

一个国家主权支配之下的空气空间即领空。领空是指隶属于国家主权的领陆和领海的上空。对于领空有多种不同的主张，我国承认 1944 年在芝加哥缔结的《国际民用航空公约》。该公约承认“每一国家对其领土上的空气空间具有完全的和排他的主权”。但是随着人造卫星的上天，外层空间法律制度逐步形成，关于国家的领空只限于空气空间而不能进一步扩展到外层空间。

（二）从立体空间的角度分类

随着空间利用密集程度的不断加深，从立体空间的角度进行分类，在城市规划管理等场景中广泛应用。对于陆地空间，一般分为地表空间、地上空间和地下空间三类，地上空间和地下空间的权责和收益在管理中日益受到重视。

对于海洋空间，在立体分布上可以分为水面、水体、海床和底土四类。目前，绝大多数的海洋开发利用活动集中在水面和水体。仅有油气开采、钻井平台、海底电缆管道等少数用海涉及海床和底土。近年来，已有浙江、河北、山东等地，推动实施了海域使用权立体分层设权工作，对海域立体利用进行了积极的尝试（图 1-2）。随着近海开发密度的增大，近海空间划分也将会逐步涉及与陆地空间同样的问题。

图 1-2 海域空间立体利用（养殖与风电、养殖与光伏发电）

（三）从产品提供的角度分类

用经济学的视角观察，国土空间同样也是一种用以提供产品的必备要素。法国马克思主义哲学家和社会学家亨利·列菲伏尔提出的社会空间理论认为，“空间是被带有意图和目的地生产出来的，它是政治经济的产物。”[1] 现代社会的经济规划也往往倾向于成为空间的规划，人们通过生产空间来逐利，空间成为利益争夺的焦点。从国家发展的角度来看，实施空间规划成为统筹平衡多种需求的重要手段。

在我国的规划体系中，主体功能区规划就是从这一角度出发，将国土空间划分为生态空间、农业空间、城镇空间等不同的空间类型。在进入生态文明发展的新时代，又进一步提出“三生空间”，即生态空间、生产空间、生活空间，生态空间的重要性得到更加深刻地认识和关注，与生产空间、生活空间相比，成为更加需要予以保障的重点区域，自然生态空间的概念由此也从一个学术概念，成为一类管理空间。自然生态空间可以理解为与生态空间是同一概念，是指具有自然属性、以提供生态产品或生态服务为主导功能的国土空间，涵盖需要保护和合理利用的森林、草原、湿地、河流、湖泊、滩涂、岸线、海洋、荒地、荒漠、戈壁、冰川、高山冻原和无居民海岛等。

二、国土空间与自然资源的关系

研究国土空间用途管制首先是立足于自然资源部的组建，以及其“两统一”职责，由此，必须先厘清国土空间与自然资源的关系，才能进一步延伸到国土空间用途管制与自然资源管理的关系。

（一）自然资源的概念

自然资源是一个宽泛的概念，并无统一的标准，一般从三种角度进行解释：第一种是狭义上的自然资源，指人类可以利用的天然生成物，包括土地、水、矿产、空气等一切对人类有用的物质；第二种是广义上的自然资源，指自然要素及其产生的空间场所和环境功能；第三种是在前者的基础上进一步补充了各类物质所在的空间，即空间本身也属于自然资源[2]。在上述自然资源中，有些具有重要价值，但在现有发展阶段和技术条件下，尚未体现出稀缺性，也无法对其进行度量，比如说空气、阳光、气候等。在法理和管理意义上的“自然资源”，与上述两种理解皆不同，是指有空间边界或有载体，具有稀缺性、可明确产权、经济价值易计量的天然生成物[3]。它具有三个基本属性：一是稀缺性，即在特定时空里总量有限，无法满足人类无限欲望的需求；二是可明确产权，可以对其所有权和使用权进行确切登记，具有明确的空间落地范围；三是效益性，即具有明显的经济价值或者可计量的生态价值。在我国的《宪法》《物权法》和《民法》等法律中，列举出矿藏、水流、森林、山岭、草原、荒地、滩涂、海域、土地等自然资源类型。

关于“自然资源”概念的权威解释出自《〈中共中央关于全面深化改革若干重大问题的决定〉辅导读本》，该辅导读本指出：“自然资源是指天然存在、有使用价值、可提高人类当前和未来福利的自然环境因素的总和。”由此可以看出，自然资源是相对经济资源而言的，是自然地理条件下能够提供人类生存、发展和享受的物质、能量与空间，与自然地理环境紧密相关、相互作用、相互影响。自然资源的范围是不断变化和扩展的，随着经济社会发展和科技手段的进步，能够开发和利用的自然资源种类也会不断变化。

（二）国土空间与自然资源

从法理意义上的自然资源来看，国土空间是自然资源的载体，占据一定的国土空间是自然资源存在以及开发利用的物质基础。保护和合理利用国土空间等同于保护和合理利用各类自然资源的载体，是保护和合理利用各类自然资源的前置条件。

有关国土空间与自然资源的关系，特别是对国家管理政策的影响其实渊源已久。引用林坚等有关学者的研究成果[4,5]，早在我国于20世纪80年代首次开展大范围国土规划实践时，就形成两种主张：一种主张强调国土的空间属性，即更多地立足于国土空间的角度；另一种主张强调国土的资源属性，即更多地立足于自然资源的角度。后期分别形成了以主体功能区制度为代表和以土地用途管制为代表的“空间”型、“要素”型两类国土空间开发保护制度。

“空间”型规划管理强调其综合性，体现地理学区划的视角。作为综合性的地域单元，国土空间可以进行地图学上的区划，如行政区划、经济区划、自然区划、政策区划以及自然保护区、开发区等各种类型的划分。主体功能区规划提出的优化开发区域、重点开发区域、限制开发区域和禁止开发区域四类政策区划就是一种典型代表，体现了从抽象的、政治的角度来认知国土空间，政策导向也是以偏向综合性管理为主。

“要素”型规划管理反映了从客体存在的角度认识国土空间的理念。国土空间被视为各类自然资源要素与生态环境的载体，依其所承载的不同人类活动与自然资源，进行国土空间分类。“要素”型国土空间更多地体现资源分类管理的视角，划定管制要素的边界，对其他要素明确的界址、用途和权属等，从自然资源的、具体的、物质的角度来认知国土空间，政策导向则侧重于“落地”管理。

不过，国土空间与自然资源两个概念也并非彼此排斥，“空间”型和“要素”型规划管理的发展路径同样有所交织，主要反映在“主体功能区规划”对资源环境区划的重视，以及“国土规划”对“国土空间”相关概念的吸收等方面。自2018年国务院机构改革以来，以实现“多规合一”为目标的国土空间规划体系，正是对“空间”型和“要素”型的整合和统一，例如，国土空间总体规划特别是在国家级和省级更多地体现为“空间”型，但是对于资源类的强制性指标的提出和分解，也是“要素”型的一种体现；而详细规划更多地注重“要素”型，对审批管理具有直接的约束作用。

借鉴上述“空间”型规划和“要素”型规划的两种思路，回到本研究探讨的主题，即用途管制中国土空间与自然资源的关系，可以认为此处自然资源是与“要素”对应的，不但包括生物、矿产、能源等各种自然资源本身，更加包括了承载它们的从小尺度层面来看的空间资源。

第二节　陆海统筹的内涵及其空间范围

一、陆海统筹的战略内涵

我国是陆地大国，也是海洋大国。自古以来就与海洋有着密不可分的联系，开发利用海洋由来已久，也曾拥有发达的造船技术和先进的航海技术，更出现过开辟海上丝绸之路和郑和七下西洋的辉煌壮举。然而，近代以来，受农耕文明思想的影响以及“海禁”“闭关锁国”等政策的冲击，我国一度错失发展机遇，严重落后于西方国家。20 世纪初期，“强于世界者必先盛于海洋，衰于世界者必先败于海洋”，成为社会各方的共识。中华人民共和国成立后，特别是改革开放以来，我国逐步从农耕社会走向工业社会，从封闭走向开放，海洋战略的重点也逐步从关注海防安全转向海防安全和经济发展并重。进入 21 世纪以来，提出了“建设海洋强国”战略，将海洋强国上升至前所未有的战略高度。党的十七届五中全会、党的十八大、党的十九大、国民经济与社会发展“十二五”规划、国民经济与社会发展“十三五”规划，均做出了“坚持陆海统筹”的战略部署。对于开放程度最高、经济活力最强的粤港澳区域，提出了粤港澳大湾区发展规划，进一步提升沿海湾区在国家经济发展和对外开放中的支撑引领作用。“21 世纪海上丝绸之路”倡议的深入推进，也为陆海统筹发展注入新的活力。由此可见，陆海统筹是我国在发展思路上作出的历史性转折，它的提出是国际海洋开发大势和我国陆海发展的具体实际综合影响下的产物，具有重大的战略意义[6]。

“统筹”作为思维科学的重要组成部分是独具中国特色的文化瑰宝，“统”是指主事者（统筹主体）对统筹对象及其相关信息进行全面收集、系统分析与择取选用；“筹”是指主事者对实现期望目标，依据主客观条件制定决策与组织实施的思维活动。陆海统筹作为一种学术概念，最早由我国海洋经济学家张海峰于 2004 年提出并引起广泛讨论[6]；张登义、王曙光于 2005 年在全国政协会议提案中提出陆海统筹；曹忠祥[7]、徐质斌[8]、栾维新[9]等众多专家学者也多有相关的著作或论述。归纳来看，陆海统筹是指跳出“以海论海、以陆论陆”的局限，加强海陆之间的资源互补性、产业互动性、经济关联性、政策协调性，促进技术、资源、人才、资金等在海陆之间的合理配置、优化组合、高效利用，突破陆地经济发展的制约瓶颈；尊重海洋生态环境与陆地生态环境的客观联系，加强海陆生态环境一体化保护，是解决海洋生态环境日益恶化的根本途径；促进海陆文化的碰撞和融合，推动文化繁荣发展。

二、陆海统筹的多个层级

从狭义的概念来看，陆海统筹面向的是海洋与陆地相互影响、互相作用下的空间地带。陆海接触的部分，其瞬时所在为一条潮汐线。由于潮汐作用引起的水面变化，位于平均大潮高低潮之间的海水覆盖的区域称为潮间带。泥沙运动活跃，波能至此亦已耗尽，形成一条狭长地带。从比较宽泛的意义上来理解，陆海统筹涵盖陆地和海洋两大地理板块，既是陆海两种生态经济系统相互作用的必然趋势，也是陆海两大系统在资源、环境和社会经济发展等方面客观上存在的必然联系所决定的。由此可见，陆海统筹存在着层级上的差异。陆海统筹的内容越丰富、越多元，在空间范围上覆盖的陆域面积和海域面积就越大，涉及的矛盾问题和利益主体越多、越错综复杂，但与此同时，统筹配置资源的回旋余地也就越大，统筹的行为空间和作用效果就越明显。按照王曙光[10]、王倩[11]等专家、学者的研究，可将陆海统筹分为如下四个层级。

（一）核心层

作为海陆两种不同自然和经济地理区域的接触地带，该区域是海陆之间相互作用最为直接、最为强烈，因海陆两者紧密结合而具有更强系统功能的高级地域系统，其演进和发展遵循着由海陆系统相互作用而共同决定的内部机制。在这个区域实施陆海统筹就是凭借特殊的区位条件，通过海陆要素彼此之间的协调、互补、共生，充分发挥其“边缘效应”，增强其对社会经济活动的容纳、支撑功能。实施海岸带综合管理是该区域实现陆海协调发展的核心机制。

（二）紧密层

该层级包括我国沿海各省级陆地行政区域和海洋国土中的领海区域。各层级所对应的统筹主体要对该区域具有一定的行政管辖权。虽然相关法律中并未明确提及沿海各省的行政管辖海域范围，但事实上采取了中央与地方分级管理的政策，从海域勘界、海洋功能区划等来看，除渤海和南海的部分区域外，多数地方政府的行政管辖权至领海外部界线。该区域是东部地区率先实现高质量发展的重要载体，陆海统筹的重点在于以海洋为突破，通过打通点、轴、面等空间要素，促进滨海区域与内陆区域优势互补、全线联动，在此基础上推动滨海区域的综合经济优势，不断地向内陆腹地渗透转移，从而实现优势互补和区域共同发展。

（三）外围层

外围层由我国的陆域国土，以及包括内水、领海、专属经济区和大陆架在内的主张管辖海域组成。本层级的陆海统筹本质上是我国东、中、西部区域协调发展战略与海洋强国战略的耦合，以海洋为契机加快东部地区经济转型升级，增强东部地区辐射带动中、西部发展的能力。

（四）拓展层

拓展层在上述基础上，还需要统筹考虑国家安全、军事、外交等方面的因素，兼顾我国海陆双向的地缘政治格局，通过陆海统筹营造有利于我国经济社会发展和政治安定的地缘格局，同时积极争取和保障我国在海洋战略通道以及公海、国际海底、南北极区域的利益实现。

三、陆海统筹国土空间用途管制的空间范围

以实施国土空间用途管制为出发点的陆海统筹概念相对明确，通常聚集于“核心层”，落实到具体的地理空间上，一般称之为海岸带。但是关于海岸带，同样无统一定义，根据人们选择的目的和需要不同，其边界范围也各不相同，对此文超祥、张灵杰等学者进行过较为系统的梳理[12,13]。

（一）海岸带范围确定的几种方式

海岸带是由内部各要素按统一的秩序有机组合的整体、开放的系统，不是各要素的简单相加[14]。杨金森等学者根据一些国家和地区的经验，总结提出海岸带范围划定的若干方式[15]。

1. 自然地理标示

自然地理标示以自然地貌为基本特征，如山脉、山脚、分水岭、河流、某一水深的等深线（等值线）、平均高潮线、平均低潮线、水下台地等自然特征，表示事物的分布位置、延伸形态和长度。界线性质要求精确与概略相结合，简单清晰。例如，向陆一侧的边界至沿海山脉分水线，向海一侧以水下台地或其他自然特征为界。采用自然地理标示确定海岸带范围的优点是易于描述和理解。这种确定标准既可以考虑也可以不考虑行政区划，比较容易在地图上找到边界线，但需要准确揭示事物的分布特征。

2. 经济地理标示

海陆经济空间一体化是海岸带范围划定不能避免的问题。经济地理标示是指

以地域经济为单元，以经济区为单位，如沿海地区的各类经济类型区、部门经济区、综合经济区。相对而言，采用经济地理标示在实践上一般没有自然地理标志那么宽阔的区域范围，例如，以滨海公路为向陆一侧的边界，浅海的养殖海域外界作为向海一侧的边界。

3. 行政边界划定

行政区域是独立的地理单元，有完整的社会、经济组合。利用现有的行政区划来划定海岸带向陆一侧的边界，目前这种划定方式采用得相对较多。例如，美国海岸带向海一侧以划归州政府管理的领海外界为界，德罗斯托克地区即以德罗斯托克地区的行政管辖范围为海岸带的边界。这种划定方式的优点在于，一方面易于了解、标志清楚，并且具有可立法的优越性；另一方面，有利于获取社会、经济等基于行政单元的统计资料，也可以充分发挥和利用当地政府的组织管理力量。行政区划划定方式潜在的不足之处是局限性较大，一般而言，具有海岸带经济价值的区域、众多规模不等的生态系统，其边界往往与行政区边界并不一致。

4. 任意距离划定

以海岸线为轴线向陆或向海规定一定距离平行与岸线划定的两条线段所包含的区域。例如，从平均大潮高潮位向陆 100 m（南非）、200 m（哥斯达黎加）、500 m（斯里兰卡）、2 km（巴西），向海 500 m（以色列）、2 km（斯里兰卡）、12 km（巴西）、20 km（马来西亚）。这种划定方法简便易行，但其缺点同样显而易见，划定区域可能与海岸地形、关键自然生态系统的位置以及经济活动的性质毫不相干。

5. 人为选择的地理单元

地理单元也称环境单元，包括具有海岸带生态特征的沙滩、湿地、沙洲群、潟湖、沙丘、潮生台地、海岸盐生植被区系和群落等。自然保护区、特别保护区、自然公园等区域，尽管已经烙上了社会属性，但也应该属于该范畴。人为地选择地理单元时应遵循海岸带综合管理的一般路径，一开始并不是解决所有的问题，而是针对特定的问题或者是最为紧迫的问题，地理单元划分往往需要针对特定问题开展周密的科学调查和专家论证。

由上可知，没有任何一种方式是普遍适用的，也不可能用一种方式来满足有效划分管理区域所需要的全部条件。无论采用哪种划分方式，都应当满足：①界限清楚，易于理解，并可用图表表示；②尽可能承认当前的政治、经济、自然区划；③包括与海岸带有直接影响的资源、环境要素等条件。

（二）我国相关专项任务中划定的海岸带范围

虽然关于海岸带的研究论述众多，但由于海岸带涉及的部门众多、协调难度大等种种原因，针对海岸带实施的专项任务并不多。

1. 全国海岸带和海涂综合调查确定的地理范围

1979—1986 年，经国务院同意，在国家科委直接领导下开展了全国海岸带和海涂资源综合调查，目的在于系统掌握海岸带和海涂的自然环境和社会经济状况等基本资料，初步查清海岸带和海涂资源的数量和质量，研究海岸带开发利用的优势、潜力和制约因素，为海岸带发展规划、工农业生产、国防建设、环境保护、国土整治和综合管理提供科学依据。该调查确定的地理范围为：①陆域，一般自海岸线向陆延伸 10 km 左右，保持乡以下单位的完整性，有的省、自治区、直辖市根据海岸的实际情况可适当延伸；②海域，一般自海岸线向海扩展至 10～15 m 等深线，水深岸陡的岸段，调查宽度不得小于 5 n mile；③河口地区，向陆至潮区界，向海至淡水舌峰缘，某些河流的潮区界距海岸线过远，则根据最大混浊带或河口形态等因素，确定其上界；④社会经济调查，以沿海省、自治区、直辖市行政区域为界。调查内容包括气候、水文（含海洋水文和陆地水文）、海水化学、地质、地貌、土壤、植被、林业、生物、环境、土地利用、社会经济等项专业调查。调查区域海陆面积共计约为 28.5×10^{4} km^{2}。

2.“我国近海海洋综合调查与评价专项”中海岸带调查确定的地理范围

2003 年，经国务院批准由国家海洋局组织实施“我国近海海洋综合调查与评价专项”。该专项实际调查范围包括近海及其全部海岛分布的海域，覆盖了之前有关我国大陆架和专属经济区所有调查专项向陆没有涵盖的近海海域，旨在摸清我国近海物理海洋与海洋气象、海洋光学与遥感、海洋化学、海洋生物与生态、海底地形地貌、底质与悬浮体、海洋地球物理等环境要素的时空分布特征和变化规律，查清海岛（礁）、海岸带、海域使用现状、沿海地区社会经济基本状况、海洋灾害、海洋可再生能源和海水资源利用的基本状况。

海岸带调查是“我国近海海洋综合调查与评价专项”中的重要专题调查任务，调查区域范围为我国大陆海岸，即北起自中朝交界的鸭绿江口、南止于中越分界的北仑河口的大陆海岸带和海南岛的海岸带。具体的调查区域是以潮间带为主，陆域为自海岸线向陆延伸1 km的范围、向海延伸至海图 0 m 等深线。调查的主要内容包括海岸线修测调查、海岸带地貌和第四纪地质调查、岸滩地貌与冲淤动态调查、潮间带底质调查、潮间带沉积物化学调查、潮间带底栖生物调查、滨海湿地调查、海岸带植被资源调查等。

3. 海岸带综合保护与利用规划确定的地理范围

2019 年，《中共中央 国务院关于建立国土空间规划体系并监督实施的若干意见》明确了五级三类（五级：国家、省、市、县、乡镇；三类：总体规划、专项规划、详细规划）的国土空间规划体系。该文件明确要求，编制海岸带专项规划。

海岸带规划是实施陆海统筹的专门安排，是沿海省级、市级海岸带专项规划和行业规划编制的重要依据。全国海岸带综合保护与利用规划确定的规划范围为：陆域为沿海（不包括香港、澳门、台湾地区）县级行政区，面积约 25×10^4 km^2；海域为内水和领海，面积约 38×10^4 km^2。地方海岸带规划和有关制度文件中也对海岸带范围做出了相应的规定（表 1-1）。

表 1-1 地方海岸带规划及有关制度文件中规定的海岸带范围

尺度范围	海岸带界定范围	文件来源
福建省	其中陆域规划范围原则上以福鼎至诏安沿海铁路通道所在乡镇为界，结合地形地貌特征，综合考虑河口岸线、自然保护区、生态敏感区、城镇建设区、港口工业区、旅游景区等规划区具体划定；海域规划范围为领海基线向陆一侧的近岸海域	《福建省海岸带保护与利用规划（2016—2020 年）》
广东省	本规划所称海岸带范围，涵盖广东沿海县级行政区的陆域行政管辖范围及领海外部界线以内的省管辖海域范围，并将佛山部分地区和东沙群岛纳入	《广东省海岸带综合保护与利用总体规划》，2017 年发布
辽宁省	海岸线向陆域延伸 10 km、向海域延伸 12 n mile（约 22 km），陆域面积 1.45×10^4 km^2，海域面积 2.1×10^4 km^2。行政区划涉及丹东、大连、营口、盘锦、锦州、葫芦岛 6 市的 28 个县（县级市、区）	《辽宁海岸带保护和利用规划》，2013 年发布
山东省	向陆范围为向陆纵深以山脊线、滨海道路、河口、湿地和潟湖等为界，在无特殊地理特征或参照物的区域，原则上不小于 2 km 划定；规划以海岸带陆域控制为主，海域部分依照《山东省海洋功能区划》执行	《山东省海岸带规划》，2007 年发布

续表

尺度范围	海岸带界定范围	文件来源
山东省青岛市	规划范围涵盖青岛市辖区内 12 240 km^2 的海域和近岸 1 021 km^2 的陆域，具体范围是滨海第一条城市干路和滨海公路至领海外部界线	《青岛市海域和海岸带保护利用规划》，2015 年发布
	本条例所称海岸带，是指胶州湾海域和本市其他近岸海域以及与前列海域毗连的相关陆域、岛屿。其范围自海岸线量起：海域至城市总体规划确定的规划区海域边界；陆域至临海第一条公路或者城市道路。具体范围由市人民政府公布。本条例所称海岸线，是指平均大潮高潮时海陆分界的痕迹线，海岸线线型以省人民政府公布的规划成果为准	《青岛市海岸带规划管理条例》，1995 年发布并实施
	本条例所称海岸带，是指海洋与陆地的交汇地带，包括海岸线两侧一定范围内的海域、海岛和陆域。 海域范围为海岸线向海洋一侧至第一条主要航道（航线）内边界；有居民海岛超出上述范围的，应当划入。 陆域范围为自海岸线向陆地一侧至临海第一条公路或者主要城市道路，其中：（一）公路或者主要城市道路邻近海岸线的，应当适当增加控制腹地；未建成区内原则上不小于 1 km；（二）河口、滩涂、湿地、沿海防护林等区域超出上述范围的，应当按照保持独立生态环境单元完整性的原则整体划入。 海岸带具体范围的划定与调整，由市人民政府研究通过并报市人民代表大会常务委员会审议后向社会公布	《青岛市海岸带保护与利用管理条例》，2019 年发布，2020 年起实施
广东省深圳市	本规划范围，即深圳市海岸带范围，结合沙滩、珊瑚等自然环境因素及海岸带用地用海等的社会经济因素，同时考虑海水入侵、人的景观视角影响范围等，划定出深圳海岸带区域总面积约 859 km^2，其中陆域面积约 299 km^2，海域面积约 560 km^2	《深圳市海岸带综合保护与利用规划（2018—2035 年）》
广东省惠州市	惠州市海岸带管控范围由陆域和海域两部分组成，总面积473 km^2。陆域以沿海公路（深惠沿海高速、中兴路、石化大道、324 国道、环岛公路等）和沿海分水岭山脊线为界，陆域纵深 1~3 km，总面积 260 km^2；海域按照海域纵深 1 km 进行控制，总面积 213 km^2	《惠州市海岸保护与利用规划管控导则》，征求意见稿

（三）本研究界定的海岸带范围

本研究的主要目标是服务于行政管理，故总体上依据行政边界来确定海岸带范围，同时适度考虑生态系统和海岸带经济功能的辐射范围。为与海岸带综合保护与利用规划及其相关要求衔接，本研究的空间范围与其保持一致，即向陆为沿海县级行政区域（即沿海地带）（表 1-2），向海为内水、领海。对于重点管制区域的设定，参照全国海岸带和海涂调查的范围，确定为潮上带、潮间带、潮下带三个部分，潮上带为岸线向陆 10 km 左右的区域，潮下带为向海至 15~20 m 等深线的浅海区域。

表 1-2　本研究涵盖的海岸带行政区域（沿海地带）

沿海省份	沿海城市	沿海地带
天津	天津	滨海新区
河北	唐山	丰南区、曹妃甸区、滦南县、乐亭县
	秦皇岛	海港区、山海关区、北戴河区、抚宁区、昌黎县
	沧州	海兴县、黄骅市
辽宁	大连	中山区、西岗区、沙河口区、甘井子区、旅顺口区、金州区、普兰店区、长海县、瓦房店市、庄河市
	丹东	振兴区、东港市
	锦州	凌海市
	营口	鲅鱼圈区、老边区、盖州市
	盘锦	大洼区、盘山县
	葫芦岛	连山区、龙港区、绥中县、兴城市
上海	上海	宝山区、浦东新区、金山区、奉贤区、崇明区
江苏	南通	通州区、海安县、如东县、启东市、海门市
	连云港	连云区、赣榆区、灌云县、灌南县
	盐城	亭湖区、大丰区、响水县、滨海县、射阳县、东台市
浙江	杭州	滨江区、萧山区
	宁波	北仑区、镇海区、鄞州区、奉化区、象山县、宁海县、余姚市、慈溪市
	温州	龙湾区、瓯海区、洞头区、平阳县、苍南县、瑞安市、乐清市
	嘉兴	海盐县、海宁市、平湖市
	绍兴	柯桥区、上虞区
	舟山	定海区、普陀区、岱山县、嵊泗县
	台州	椒江区、路桥区、玉环市、三门县、温岭市、临海市

续表

沿海地区	沿海城市	沿海地带
福建	福州	马尾区、长乐区、连江县、罗源县、平潭县、福清市
	厦门	思明区、海沧区、湖里区、集美区、同安区、翔安区
	莆田	城厢区、涵江区、荔城区、秀屿区、仙游县
	泉州	丰泽区、泉港区、惠安县、石狮市、晋江市、南安市
	漳州	云霄县、漳浦县、诏安县、东山县、龙海市
	宁德	蕉城区、霞浦县、福安市、福鼎市
山东	青岛	市南区、市北区、黄岛区、崂山区、李沧区、城阳区、胶州市、即墨市
	东营	东营区、河口区、垦利区、利津县、广饶县
	烟台	芝罘区、福山区、牟平区、莱山区、长岛县、龙口市、莱阳市、莱州市、蓬莱市、招远市、海阳市
	潍坊	寒亭区、寿光市、昌邑市
	威海	环翠区、文登区、荣成市、乳山市
	日照	东港区、岚山区
	滨州	沾化区、无棣县
广东	广州	黄埔区、番禺区、南沙区、增城区
	深圳	福田区、南山区、宝安区、龙岗区、盐田区
	珠海	香洲区、斗门区、金湾区
	汕头	龙湖区、金平区、濠江区、潮阳区、潮南区、澄海区、南澳县
	江门	蓬江区、江海区、新会区、台山市、恩平市
	湛江	赤坎区、霞山区、坡头区、麻章区、遂溪县、徐闻县、廉江市、雷州市、吴川市
	茂名	电白区
	惠州	惠阳区、惠东县
	汕尾	城区、海丰县、陆丰市
	阳江	江城区、阳东区、阳西县
	潮州	饶平县
	揭阳	榕城区、揭东区、惠来县

续表

沿海地区	沿海城市	沿海地带
广西	北海	海城区、银海区、铁山港区、合浦县
	防城港	港口区、防城区、东兴市
	钦州	钦南区
海南	海口	秀英区、龙华区、美兰区
	三亚	海棠区、吉阳区、天涯区、崖州区
	省直辖县	琼海市、文昌市、万宁市、东方市、澄迈县、临高县、昌江县、乐东县、陵水县

注：未包含香港、澳门、台湾地区。

四、海岸带区域的主要自然资源要素

陆海统筹区域内自然资源类型丰富多样，包括土地资源、岸线资源、滩涂资源、浅海资源、旅游资源、矿产资源、生物资源以及潮汐能、潮流能、波浪能等可再生资源。此处所说的自然资源，主要从法理意义上界定的“自然资源”，因而潮汐能、潮流能、波浪能等可再生资源，若没有富集到特定空间界址范围内，则不在此范围内。

从稀缺性、可明确产权、效益性这几个要素来看，海岸带区域法理意义上的自然资源要素主要包括土地、海域、森林、矿产、滩涂、湿地、海湾、入海河流、岸线、红树林、珊瑚礁、海草床等典型生态系统、主要经济种类和珍稀濒危物种的繁殖区、索饵区、洄游/迁徙区等。

第三节　用途管制在自然资源管理中的定位

“用途管制”是一种制度手段，是自然资源管理体系中的一个重要环节。因而需要明确界定的另一个事项就是用途管制在自然资源管理体系中的功能、位置及与其他制度的衔接关系。

一、用途管制的功能

国土空间用途管制是指政府为保证国土空间资源的合理利用和优化配置，促进经济、社会和生态环境的协调发展，编制空间规划，逐级规划各类农业生产空间、自然生态空间和城镇、村庄等的管制边界，直至具体土地、海域的国土空间用途和使用条件，作为各类自然资源开发和建设活动的行政许可、监督管理依据，要求并监督各类所有者、使用者严格按照空间规划所确定的用途和使用条件来利用国土空间的活动。

从上述的定义来看，国土空间用途管制既包括宏观层面的全空间区域管理，具体包括各类农业生产空间、自然生态空间、城镇村庄等空间区域的重要控制边界；还包括微观层面具体到每一宗用地、用海的具体用途和使用条件。与此同时，从另一个层面来看，从土地用途管制延伸到国土空间用途管制后，管制的要素也由单一的土地资源过渡到自然资源全要素，并且与土地管制内容涵盖“建还是种？种什么？建什么？建多少？”一样，国土空间用途管制内容也不仅包括对各类自然资源要素的保护管制要求，还包括对自然资源开发建设活动的管制要素，如果与前者对应就是“开发还是保护？保护什么？怎么保护？开发什么？开发多少？”的全口径管理体系。当然，与土地用途管制以“保护耕地”为基本出发点和主要目标一样，国土空间用途管制同样以“保护生态要素，促进各类自然资源集约节约利用”为基本出发点和主要目标。

二、用途管制在自然资源管理体系中的位置

正如第一节中辨析国土空间与自然资源的关系一样，为了搞清楚国土空间用途管制制度体系的范围在哪里，以及与其他自然资源管理制度的关系，必须从自然资源管理整体出发，分析用途管制在其中的定位。

（一）自然资源的两种利用模式

按照前述自然资源的概念及其与国土空间的关系，可以将自然资源的利用大致分为两种模式：一种是对自然资源所在空间载体的利用，即利用的重点是空间；另一种是对空间载体上所承载的物质和能量的利用。其中，对自然资源空间载体的利用，属于自然资源的一次利用，比如，温排水用海、海洋倾废用海等均属于海域空间本身的利用；对空间所承载的物质和能量的利用，通常需要以空间载体为基础，再利用空间所承载的物质能量开展行业利用，故可定义为属于自然资源的二次利用，比如，油气开采、林业采伐等既需要利用固定的空间，也需要利用空间上的资源；但也并非所有对自然资源物质和能量的利用，都需要连续固定的空间载体作为支撑，比如，远洋捕捞、采集狩猎等生产形态。无论是自然资源的一次利用，还是二次利用，都是将自然资源作为生产要素投入，通过物化劳动转化为有形产出，从而产生效用和附加值的过程。

（二）自然资源管理的三项权利

从物权理论和行政许可理论来看，自然资源的两种利用模式，都必须取得相应的使用权利之后，其开发利用才能纳入经济体系之下。以较为复杂的自然资源二次利用为例，按照其使用环节可将需取得的使用权利大致分为空间载体使用许可、空间载体使用权和行业生产许可三种[16]。

空间载体使用许可是指行政管理部门对土地、海域、海岛等空间载体是否可由自然资源所有权人交付自然资源使用权人使用，用于何种类型使用的一种审查，比如，审核空间用途、四至坐标等是否符合法定规划，各类用地用海用途的变更是否合法等；空间载体使用权以物权法为基础，是指在空间载体使用许可通过或默认许可的基础上，自然资源使用申请人依法获得相应的空间载体产权证明，并对其用益物权进行保护的过程；行业生产许可是指产权人在合法获取资源载体开发权利后，向相关管理部门申请进一步投入生产要素，将自然资源转化为劳动产品。相关自然资源监管部门将对申请的生产强度、生产形式及其他附加条件进行核准，颁发资源产品生产的行政许可，如林木采伐许可、建设项目工程许可等。

从上述分析来看，在自然资源管理的三项权利中，空间载体使用许可是源头，是空间载体使用权和行业生产许可的前置条件。国土空间用途管制应该聚焦于前置环节，即自然资源空间载体的使用许可。

（三）用途管制在自然资源管理体系中的定位

一般来看，自然资源管理遵循着“空间载体使用许可——空间载体使用权——行业生产许可”的管理流程。海岸带自然资源管理的基本流程如图 1-3 所示。国土空间用途管制的本质是对自然资源的载体进行开发管控，是政府运用行政权力对空间资源利用进行管理的行为。

在现实自然资源管理的流程中，无论是陆域空间还是海域空间，都是通过主体功能区规划、土地利用总体规划、海洋功能区划等规划体系，对空间进行分区，对陆域空间则进一步分为建设空间和非建设空间来进行管理。

在此基础上，土地建设空间的管制主要通过“一书三证”（即《建设项目选址意见书》《建设用地规划许可证》《建设工程规划许可证》和《乡村建设规划许可证》）等进行使用权的约束管理，非建设空间依靠用地初审等行政行为；海洋国土空间则主要通过项目用海预审，对用海必要性、规划符合性、计划约束性、相关利益者关系等方面进行审查。

通过用海、用地预审后，进入空间载体使用权管理阶段。具体管理事项有：国有土地使用权、集体土地使用权、海域使用权、林地权、草原使用权等的确权登记；各类使用权以招拍挂方式进行市场化配置，以及抵押、出租等二级市场的

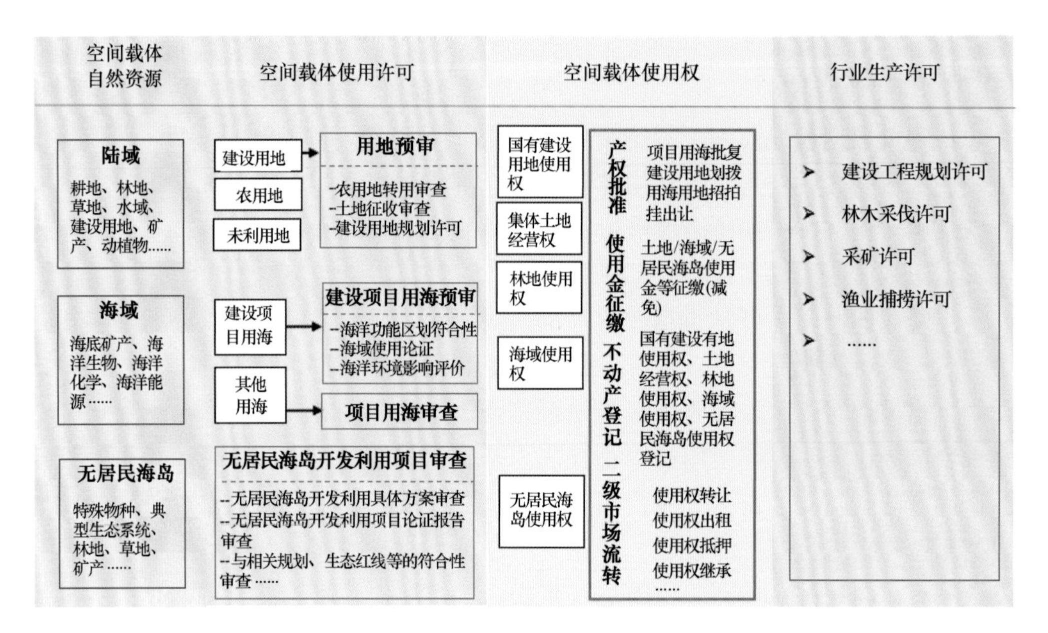

图 1-3　自然资源（空间载体）管理的基本流程

参考林坚、吴雨翔等学者的研究成果，结合海域海岛管理的特点调整绘制

管理；使用金的缴纳管理；各项自然资源使用权人权益的维护等。

获得空间载体使用权后，还需要进一步对空间载体的生产内容、规模、方式，以及其他附加条件等进行核准，如建设工程规划许可、林木采伐许可等。但在以往的海域行政审批管理中，多个部门的权力博弈，以及产品生产许可和空间载体使用权之间的管理界线不够清晰等多种原因，导致出现产品生产许可（如建设工程规划许可）的环节被提前到载体产权许可甚至载体使用许可（项目用海预审）之前，个别地方和用海人以养殖证代替海域使用权等多种问题。

三、用途管制与国土空间规划的关系

（一）两者的相关性

2013 年《中共中央关于全面深化改革若干重大问题的决定》“加快生态文明制度建设”的篇章中提出“建立空间规划体系，划定生产、生活、生态空间开发管制界限，落实用途管制……”；2014 年《生态文明体制改革总体方案》中发展为“构建以空间规划为基础、以用途管制为主要手段的国土空间开发保护制度”。由此可见，国土空间用途管制与国土空间规划是相互依存的。

关于两者的关系，相关学者主要有两种不同的观点：一种观点认为国土空间规划是基础依据，用途管制是对国土空间规划的具体实施；另一种观点则认为用途管制是核心目标，国土空间规划只是实现用途管制的一种手段。还有更多的文献研究中则将它们视为一体，足以说明两者的关系非常密切[17-21]。

从实践角度来看，实施国土空间用途管制，需要涉及规划（即方案编制）、实施（即审批许可）、监管（即监督管理）三个环节；而全链条的国土空间规划管理同样涉及规划编制、实施、监管三项核心内容。毋庸置疑，国土空间用途管制与国土空间规划在功能上有很强的对应性。

（二）两者的差异性

1. 从“三定”职责上分析

2018年自然资源部组建后，将国土空间用途管制和国土空间规划的职责分别设立在两个不同的司局，故两个司局的职责可以作为寻求两项工作关联与差异的重要切入点。当然，海域、海岛、海岸带的空间规划和用途管制还涉及多个海洋相关业务司，但其职责设定并非从这两个角度出发考虑的，故在此不做分析。

国土空间用途管制司负责拟定国土空间用途管制制度规范和技术标准。提出土地、海洋年度利用计划并组织实施。组织拟定耕地、林地、草地、湿地、海域、海岛等国土空间用途转用政策，指导建设项目用地预审工作。承担报国务院审批的各类土地用途转用的审核、报批工作。拟定开展城乡规划管理等用途管制政策并监督实施。

国土空间规划局负责拟订国土空间规划相关政策，承担建立空间规划体系工作并监督实施。组织编制全国国土空间规划和相关专项规划并监督实施。承担报国务院审批的地方国土空间规划的审核、报批工作，指导和审核涉及国土空间开发利用的国家重大专项规划。开展国土空间开发适宜性评价，建立国土空间规划实施监测、评估和预警体系。

从自然资源部的“三定”（定职能、定机构、定编制）职责分析来看，国土空间规划更侧重于规划的体系构建、整体性的空间分区等；而国土空间用途管制更侧重于规划实施中具体政策的设计（如国土空间用途转用），具体建设项目实施的前置性审查（如指导用地预审、用途转用审核等）。

2. 从管理着眼点上来看

国土空间规划主张强化空间维护，聚焦空间融合，综合考虑自然资源、生态环境和经济社会等多种因素，协调引导空间发展方向。

国土空间用途管制强调“耕地、林地、草地、湿地、海域、海岛”等各类要素的管制，既包括确定某类要素保护与开发的总量，也包括某一地域空间内对具体要素保护与利用行为、秩序、方向等的约束和调节。同时，国土空间用途转用等具体政策，也应该是针对具体要素的转换，而非通过规划调整进行空间分区转换。

参考文献

[1] 林聚任，申丛丛．后现代理论与社会空间理论的耦合和创新［J］．社会学评论，2019，7（5）：15-24.

[2] 孙兴丽，刘晓煌，刘晓洁，等．面向统一管理的自然资源分类体系研究［J］．资源科学，2020，42（10）：1860-1869.

[3] 郝爱兵，殷志强，彭令，等．学理与法理和管理相结合的自然资源分类刍议［J］．水文地质工程地质，2020，47（6）：1-7.

[4] 林坚，刘松雪，刘诗毅．区域—要素统筹：构建国土空间开发保护制度的关键［J］．中国土地科学，2018，32（6）：1-7.

[5] 林坚，李东，杨凌，等．“区域—要素”统筹视角下“多规合一”实践的思考与展望［J］. 规划师，2019，35（13）：28-34.

[6] 张海峰．海陆统筹 兴海强国：实施海陆统筹战略，树立科学的能源观［J］．太平洋学报，2005（3）：27-33.

[7] 曹忠祥，高国力．我国陆海统筹发展的战略内涵、思路与对策［J］．中国软科学，2015（2）：1-12.

[8] 徐质斌．构架海陆一体化社会生产的经济动因研究［J］．太平洋学报，2010，18（1）：73-80.

[9] 栾维新，沈正平．以江海联动为重点推进陆海统筹［J］．群众，2017（22）：33-34.

[10] 王曙光．国家海洋经济战略下的商务岛规划探索：浙江舟山群岛新区小干岛商务区城市设计［J］．上海城市规划，2012（6）：66-70.

[11] 王倩．我国沿海地区的“海陆统筹”问题研究［D］．青岛：中国海洋大学，2014.

[12] 文超祥，刘健枭．基于陆海统筹的海岸带空间规划研究综述与展望［J］．规划师，2019，35（7）：5-11.

[13] 张灵杰．海岸带综合管理的边界特征及其划分方法［J］．海洋地质前沿，2009，25（7）：37-41.

[14] 陈述彭．海岸带及其持续发展［J］．遥感信息，1996（3）：6-12+38.

[15] 杨金森．海岸带管理指南：基本概念、分析方法、规划模式［M］．北京：海洋出版社，1999.

[16] 林坚，吴宇翔，吴佳雨，等．论空间规划体系的构建：兼析空间规划、国土空间用途管制与自然资源监管的关系［J］．城市规划，2018，42（5）：9-17.

[17] 岳文泽，王田雨．中国国土空间用途管制的基础性问题思考［J］．中国土地科学，2019，33（8）：8-15.

[18] 林坚，武婷，张叶笑，等．统一国土空间用途管制制度的思考［J］．自然资源学报，2019，34（10）：2200-2208.

[19]　汪毅，何淼．新时期国土空间用途管制制度体系构建的几点建议［J］．城市发展研究，2020，27（2）：25-29.

[20]　黄征学，蒋仁开，吴九兴．国土空间用途管制的演进历程、发展趋势与政策创新［J］．中国土地科学，2019，33（6）：1-9.

[21]　张晓玲，吕晓．国土空间用途管制的改革逻辑及其规划响应路径［J］．自然资源学报，2020，35（6）：1261-1272.

第二章　陆海统筹用途管制的相关制度与案例分析

生态文明是工业文明发展到一定阶段的产物。保护和发展的取舍与平衡是终极拷问。用途管制的相关制度也由此分成两种不同的类型。

第一种类型是以约束开发利用行为为主，也是主流意义上的用途管制。其中，最为成熟的是土地用途管制制度，包括用途分类、指标管控、功能分区管制、用途转用审查、用地预审及其相应的“一书三证”规划许可，等等。海域用途管制也形成了较为成熟的制度体系，包括海洋功能区划的分区管控、围填海管控、自然岸线管控和项目用海预审等。海域和土地在相应管制制度和要求上的衔接，是陆海统筹用途管制的关键。除此之外，林地、河口等其他资源的管制要求，也具有相当的借鉴意义。

第二种类型是以保护修复为主的用途管制，正是国土空间用途管制迈向“全域全要素”的重要体现。以保护为主的相关管制制度主要有国务院颁布的自然保护区制度、国家海洋局的海洋特别保护区、国家林业和草原局的湿地保护区、农业农村部的水产种质资源保护区等。保护区的相关制度整合以来，先后出台了自然生态空间用途管制办法、以国家公园为主体的自然保护地制度，初步建立了从自然生态空间、自然保护地、生态保护红线到国家公园逐步严格的用途管制制度。

就陆海统筹用途管制而言，国内外尚无直接对应的制度，土地、海域的管制制度是其重要的组成部分，同时它与具有区域特色的海岸带综合管理的关系更为密切。联合国、欧洲、美国等均以生态优先、维护公众利益为原则制定海岸带综合管理的制度要求。我国从20世纪80年代江苏出台的海岸带管理条例，到近期海南、福建等地出台的海岸带保护与利用管理制度中，可以明显地看到，地方实践从以发展为主到保护优先的转变。但是，管制制度的制定与空间尺度、自然地理特征、发展愿景等密切相关，不能一概而论。

第一节　以约束开发利用为主的用途管制制度

国土空间用途管制来源于土地用途管制制度，始于19世纪末期西欧和北美，为解决城市化快速发展过程中土地利用负外部性和公共用地短缺等问题应运而生[1]。我国现行用途管制制度中，土地用途管制（主要是耕地和城乡建设用地）相比之下最为完备，海域、林地、水域岸线等也制定了相应的管制措施。

一、土地用途管制制度

《中华人民共和国土地管理法》（以下简称《土地管理法》）第四条，提出“国家实行土地用途管制制度”，从而以法律的形式将用途管制确定为我国土地管理的根本制度。土地用途管制的首要目标是保护耕地，控制建设用地总量，限制不合理利用土地的行为。

土地用途管制的具体方法是通过编制土地利用规划，对土地进行分类和分区管制，限制特定土地的用途，制订土地利用年度计划对建设用地总量进行严格控制，利用农用地转用审批、建设立项审查、用地审批等行政手段，保证土地用途管制制度的落实。土地用途管制的基本管理链条见图 2-1。

土地利用总体规划在实施自上而下的指标控制的同时，以“功能分区+管制规制+控制指标”实施土地用途控制，是唯一将用途管制落实到地块的全域空间规划。

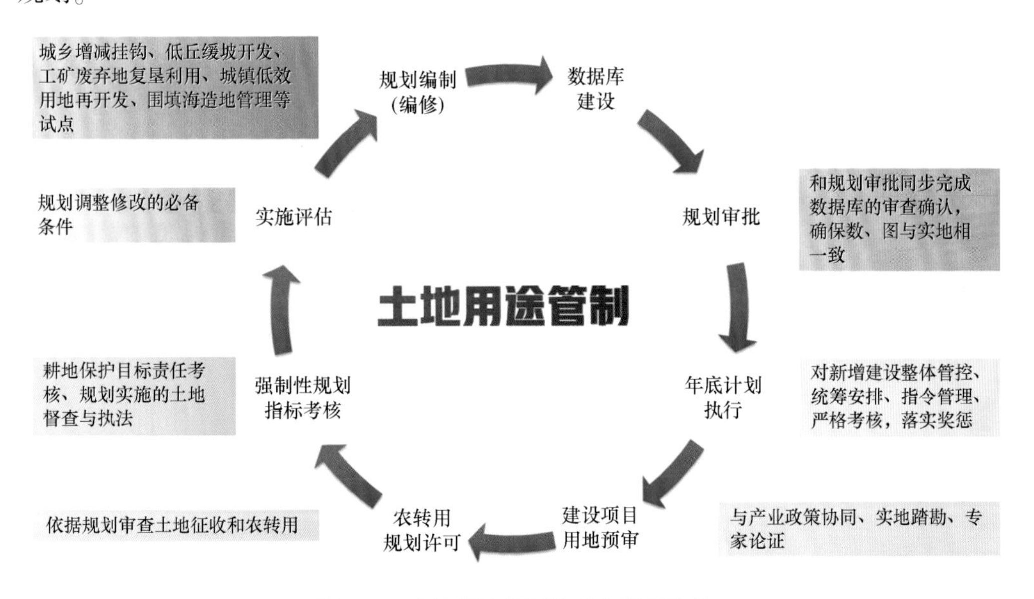

图 2-1 土地用途管制的基本管理链条

（一）土地用途分类管制

土地用途分类是实施土地用途管制的基础。《土地管理法》将土地按照用途分为农用地、建设用地和未利用地三大类。其中，农用地指直接用于农业生产的土地，包括耕地、林地、草地、农田水利用地、养殖水面等；建设用地是指建造建筑物、构筑物的土地，包括城乡住宅和公共设施用地、工矿用地、交通水利设施用地、旅游用地、军事设施用地等；未利用地指农用地和建设用地以外的土地。

针对不同类别的土地，分别采用不同的管制要求。比如，对于农用地中的“基本农田”和“一般耕地”设定了不一样的管制规则。《土地管理法》《基本农田保护条例》均规定，禁止占用耕地建窑、建坟或者擅自在耕地上建房、挖砂、采石、采矿、取土等；而对于基本农田则在上述基础上，进一步要求禁止占用永久基本农田发展林果业和挖塘养鱼。

除《土地管理法》明确规定外，各类文件对土地利用类型的细分并不一致，比较常见的几种分类体系见表2-1。

表2-1　土地利用相关分类体系

《全国土地分类》（2002年）	《土地利用现状分类》（2007年）	《土地规划分类及含义》（2009年）
1. 农用地：包括耕地、园地、林地、牧草地及其他农用地； 2. 建设用地：包括商服、工矿仓储、公用设施、公共建筑、住宅、特殊用地、交通用地、水利建设用地； 3. 未利用地：包括未利用地、其他土地	1. 耕地 2. 园地 3. 林地 4. 草地 5. 商服用地 6. 工矿仓储用地 7. 住宅用地 8. 公共管理与公共服务用地 9. 特殊用地 10. 交通运输用地 11. 水域及水利设施用地 12. 其他土地	1. 农用地：耕地、园地、林地、牧草地、其他农用地； 2. 建设用地：城乡建设用地、交通水利用地、其他建设用地； 3. 未利用地：水域、滩涂沼泽、自然保留地

（二）土地用途分区管制

如果说土地用途分类用于建立基础性的、普适性的管制要求，那么土地用途分区管制则是针对土地资源位置固定、基本属性差异化特征的一种制度设计。

《土地管理法》突出对用地的分区控制，要求在国家级和省级或某些地级的土地利用总体规划中一般划分出土地利用地域，宏观性地调控土地利用方向。而在县级土地利用总体规划中应当划分土地利用区，明确土地用途。乡（镇）土地利用总体规划应当划分土地利用区，根据土地使用条件，明确每一块土地的用途，并予以公告。土地用途分区管制制度的实施在空间上加强了对土地利用的控制。

（三）土地利用计划指标控制

土地利用年度计划是土地用途管制的另一项宏观调控政策。《土地管理法》第二十三条规定，“各级人民政府应当加强土地利用计划管理，实行建设用地总量控制。土地利用年度计划，根据国民经济和社会发展计划、国家产业政策、土地利用总体规划以及建设用地和土地利用的实际状况编制”。

在土地利用年度计划中，国家对新增建设用地计划指标（包括新增建设用地总量和新增建设用地占用农用地及耕地指标）、土地开发整理计划指标（包括土地开发补充耕地指标和土地整理复垦补充耕地指标）、耕地保有量计划指标做出具体安排，以作为农用地转用审批、建设立项审查、用地审批和土地开发、整理审批的依据。土地利用计划指标由国家总体把关，自上而下层层控制。

（四）农用地转用审查

有学者认为，土地用途变更管制是我国土地用途管制制度的主要内容[2]。而在农用地、建设用地和未利用地三大类土地中，目前主要是针对农用地转用建设用地的管制，而对于农用地内部的转用管制、建设用地内部的转用管制，以及未利用地与农用地和建设用地之间的转用管制都缺少规定。因而，农用地转用审批是实现土地用途管制的关键。当前，农用地转用审查为政府内部审批事项，而非狭义的行政许可事项。农用地转为建设用地，首先需要符合土地利用总体规划确定的用途，即该农用地在建设用地范围之内；其次，农用地转用应在年度土地利用计划指标内；同时，对于占用耕地需落实占补平衡制度，按照“占一补一”的原则，落实补充耕地方案。

《土地管理法》第四十四条规定，“建设占用土地，涉及农用地转为建设用地的，应当办理农用地转用审批手续”“在土地利用总体规划确定的城市和村庄、集镇建设用地规模范围内，为实施该规划而将永久基本农田以外的农用地转为建设用地的，按土地利用年度计划分批次按照国务院规定由原批准土地利用总体规划的机关或者其授权的机关批准。”国务院、省级人民政府及市县人民政府被分别赋予了不同的审批权限。

（1）国务院的审批权限包括：永久基本农田转为建设用地的；需要征用永久基本农田的；需要征用永久基本农田以外的耕地超过 35 hm^2 的；需要征用其他土地超过 70 hm^2 的。

（2）省级人民政府的审批权限包括：省级批准的土地利用总体规划确定的城市和村庄、集镇建设用地规模范围内，为实施规划而将永久基本农田以外的农用地占用建设用地的审批权均由省级政府行使。同时，除征用永久基本农田、永久基本农田以外的耕地超过 35 hm^2 的和其他土地超过 70 hm^2 的三种情况外，征用其他土地的，均由省级人民政府批准。

(3) 市县人民政府的审批权限包括：在已批准的农用地专用范围内，具体建设项目用地可以由市县人民政府批准。

（五）土地征收审查

土地征收审查也属于政府内部审批事项。《土地管理法》第二条规定，“国家为了公共利益的需要，可以依法对土地实行征收或者征用并给予补偿”。实行征用土地由国务院与省政府两级审批，农用地转用批准权属国务院的，则征地批准权也属国务院；农用地转用批准权属省级政府的，则征地批准权也属省政府。土地征用的补偿费用包括土地补偿费、安置补助费以及地上附着物和青苗的补偿费。同时，自2006年起，原国土资源部推出城乡建设用地增减挂钩试点工作，将若干拟整理复垦为耕地的农村建设用地地块（即拆旧地块）和拟用于城镇建设的地块（即建新地块）等面积共同组成建新拆旧区，通过建新拆旧和土地整理复垦等措施，保证项目区内各类土地面积平衡。

（六）城乡规划许可与用地审批的整合优化

建设用地开发管制的审批环节，主要体现在依据《土地管理法》《中华人民共和国城乡规划法》（以下简称《城乡规划法》）实施建设用地预审和城乡规划许可制度。2018年国务院机构改革之后，自然资源部整合了国土资源和城乡规划管理的有关职责，将建设用地预审和规划许可进行了“多审合一”。

1. 城乡规划许可

城乡规划许可是指在城市、镇规划区内对新建、扩建项目是否符合城乡规划进行的审查，通过颁发选址意见书、建设用地规划许可证、建设工程规划许可证及乡村建设规划许可证（即“一书三证”），对符合规划的项目做出准许设计施工决定的法律行为。

选址意见书是根据城市规划和建设项目的内容要求确定建设地址。《城乡规划法》第三十六条提出，“按照国家规定需要有关部门批准或者核准的建设项目，以划拨方式提供国有土地使用权的，建设单位在报送有关部门批准或核准前，应当向城乡规划主管部门申请核发选址意见书。前款规定之外的建设项目不需要申请选址意见书”。该条款要求的“需要有关部门批准或者核准的建设项目”和“以划拨方式提供国有土地使用权的”，一般涉及的都是使用政府投资资金开发建设的限制类和重大固定资产投资项目，如能源开发、交通运输、信息产业、水利工程、原材料的开发利用等。这些项目往往对城市经济发展、功能发挥和空间形态布局影响重大，甚至是首要环节与关键环节，因此，选址问题便显得尤为重要。建设项目选址的主要依据包括：经批准的项目建议书；建设项目与城市规划布局的协调；建设项目与城市交通、通信、能源、市政、防灾规划的衔接与协调；建设项目配套的生活设施与城市居住区以及公共服务设施规划的衔接与协调；建设项目对城市环境可能造成的污染影响，以及与城市环境保护规划和风景名胜、文物古迹保护规划的协调等。

建设用地规划许可证分别对划拨和出让两类土地使用权取得方式做出了有关规定。以划拨方式提供国有土地使用权的建设项目，经有关部门批准、核准、备案后，由建设单位提出建设用地规划许可申请，依据控制性详细规划核发；以出让方式提供国有土地使用权的，出让前规划主管部门应依据控制性详细规划，提出规划条件，作为国有土地使用权出让合同的组成部分，签订合同后领取建设用地规划许可证。控制性详细规划是建设用地规划许可的主要依据，核定的内容一般包括土地使用性质、建筑容积率、建筑密度、建筑高度、主要入口和绿地比例等。

建设工程规划许可证是指在土地利用规划区域内兴建工程设施时，应该依照法定程序，提交相关材料向土地利用规划行政主管部门提出许可申请，行政主管部门依法审核，核发建设工程规划许可证。建筑单位或者个人在取得许可证后，可以申请办理开工手续。《城乡规划法》第四十条规定，建设单位在申请和办理建设工程规划许可证的过程中，应当提交使用土地的相关证明文件和建设工程设计方案等资料，需要编制修建性详细规划等。由于这个环节已经直接涉及建筑单位以及其他与规划用地相关的利益团体，因此最有可能出现利益冲突。

乡村建设规划许可证是指在乡、村庄规划区内进行乡镇企业、乡村公共设施和公益事业建设的，建设单位或者个人应当向乡、镇人民政府提出申请，由乡、镇人民政府报城市、县人民政府城乡规划主管部门核发。该证书是建设单位和个人用地的法律凭证。

2. 整合建设用地审批与城乡利用规划许可

一是整合建设项目用地预审和规划选址环节。用地预审权限在省级以下自然资源部门的，将建设项目用地预审意见和选址意见书合并为建设项目用地预审意见（选址意见书），实行“一表申请、一窗受理、合并办理”；用地预审权限在自然资源部的，建设单位可以一并向地方自然资源主管部门提出用地预审和选址意见书的申请。有自然资源部核发用地预审意见，地方自然资源主管部门核发选址意见书，建设单位可选择一并领取。同时，《国务院关于授权和委托用地审批权的决定》（国发〔2020〕4号）指出，结合法律、法规的修订，将适时下放用地预审权限。

二是统筹建设用地供应管理和建设用地规划许可环节。以划拨方式取得国有土地的，将国有土地划拨决定书、建设用地批准书和建设用地规划许可证整合，实行“一表申请、一窗受理、合并办理”；以出让方式取得国有土地的，市县自然资源主管部门应依据详细规划编制土地有偿使用方案，经依法批准后组织土地供应，将规划条件纳入国有建设用地使用权出让合同后，向建设单位同步核发用地批准书和建设用地规划许可证。

同时，进一步优化了建设工程规划许可和乡村建设规划许可的有关要求。

二、海域用途管制制度

《中华人民共和国海域使用管理法》（以下简称《海域使用管理法》）作为海域管理工作的基本遵循，虽未直接提及“海域用途管制”的字样，但对照土地用途管制的相关制度可见，海域管理实质上通过海洋功能分区、围填海计划管理、项目用海预审，以及围填海和自然岸线管控相关政策，共同构成了以“严控围填海”为重点的海域用途管制制度体系。

（一）海洋功能区划

海洋功能区划制度是《海域使用管理法》确立的三项基本制度之一，海域使用必须符合海洋功能区划。功能分区是海洋功能区划的基本政策设计。海洋功能区共分为两级八类。8 个一级类分别为：农渔业区、港口航运区、工业与城镇用海区、矿产与能源区、旅游休闲娱乐区、海洋保护区、特殊利用区和保留区。在此基础上，进一步划分了 22 个二级类（表 2-2）。

表 2-2 海洋功能分区

一级功能区	二级功能区
农渔业区	农业围垦区
	养殖区
	增殖区
	捕捞区
	水产种质资源保护区
	渔业基础设施区
港口航运区	港口区
	航道区
	锚地区

续表

一级功能区	二级功能区
工业与城镇用海区	工业用海区
	城镇用海区
矿产与能源区	油气区
	固体矿产区
	盐田区
	可再生能源区
旅游休闲娱乐区	风景旅游区
	文体休闲娱乐区
海洋保护区	海洋自然保护区
	海洋特别保护区
特殊利用区	军事区
	其他特殊利用区
保留区	保留区

海洋功能区划分的目的是确定海域开发利用的最佳功能。每一类功能分区，并未对海域开发的方式、强度、效能等做出统一的、直接的安排。对海域使用的管控主要体现在，海域功能区登记表中对每一个四至坐标明确的功能区，提出具体的海域管理要求和海洋环境保护要求，具体包含了有关用海方式控制、兼容功能、整治修复、生态保护目标、环境质量要求等内容。

（二）围填海计划管理与史上最严围填海管控措施

为加强围填海管理和宏观调控，自 2010 年起，围填海计划正式纳入国民经济和社会发展规划，实行年度总量控制管理。2011 年，国家发展和改革委员会和国家海洋局联合印发《围填海计划管理办法》。该办法提出，围填海活动必须纳入围填海计划管理，围填海计划指标实行指令性管理，不得擅自突破。针对监督检查措施提出，超计划指标进行围填海活动的，一经查实，按照“超一扣五”的比例在该地区下一年度核定计划指标中予以相应扣减。沿海各省海洋功能区划（2011—2020 年）规定了全国建设用围填海控制规模为 25×10^4 hm^2。

面对围填海“高热不退”的势头，自 2016 年以来，国家先后出台了一系列密集严格的管控措施。2018 年 4 月，国务院印发了《关于加强滨海湿地保护　严格管控围填海的通知》。该通知要求，完善围填海总量管控，取消围填海地方年度计划指标，除国家重大战略项目外，全面停止新增围填海项目审批；有关省级人民政府按照“生态优先、节约集约、分类施策、积极稳妥”的原则，制定围填海历史遗留问题处理方案，严格限制围填海用于房地产开发、低水平重复建设旅游休闲娱乐项目及污染海洋生态环境的项目；已经完成围填海的，原则上应集约利用，进行必要的生态修复，在2017年底前，批准而尚未完成围填海的，最大限度地控制围填海面积，并进行必要的生态修复。由此，国家上收了各省围填海计划指标安排的权力，原则上停止了新增围填海项目审批，实施堪称史上最严格的围填海管控措施。

（三）自然岸线管控

与围填海控制指标一样，大陆自然岸线（含经整治修复后具有自然海岸生态功能的人工岸线）保有率也是海洋功能区划确定的一项刚性约束指标。2012年，国务院批准的《全国海洋功能区划（2011—2020年）》提出，到2020年大陆自然岸线保有率不低于35%，各省（自治区、直辖市）也制定了量化指标，但对于自然岸线的具体区域位置、管控要求、监督检查机制等并未做进一步明确的规定。

自2016年以来，随着生态文明建设的深入推进和中央全面深化改革工作任务的落实，自然岸线管控力度进一步加大，2017年，国家海洋局出台了《海岸线保护与利用管理办法》，并组织启动了海岸线调查、自然岸线认定和海岸线修测等工作。该办法提出，根据自然资源条件和开发程度，海岸线分为严格保护、限制开发和优化利用三个类别，实施分类管控。自然形态保持完好、生态功能与资源价值显著的自然岸线，主要包括优质沙滩、典型地质地貌景观、重要滨海、红树林、珊瑚礁等所在海岸线，划为严格保护岸线。严格保护岸线的保护范围内禁止构建永久性建筑物、围填海、开采海砂、设置排污口等损害海岸地形地貌和生态环境的活动。同时要求，省级海洋管理部门制订自然岸线保护与控制的年度计划，并分解落实。

（四）项目用海预审

项目用海预审是落实海洋功能区划、围填海和海岸线管控制度最为直接的行政手段。《海域使用权管理规定》对“用海预审”做出专章规定。国务院或国务院投资主管部门审批、核准的建设项目需要使用海域的，申请人应当在项目审批、核准前向国家海洋行政主管部门提出海域使用申请，取得用海预审意见。地方人民政府或其投资主管部门审批、核准的建设项目需要使用海域的，用海预审程序由地方人民政府的海洋行政主管部门自行制定。用海预审意见有效期两年。有效期内，项目拟用海面积、位置和用途等发生改变的，应当重新提出海域使用申请。

预审意见主要依据海洋功能区划、海域使用论证报告、专家评审意见等提出，围填海计划管理制度实施以来，对涉及围填海的项目用海，进一步要求预审意见明确是否安排围填海计划指标及其相应的额度。

三、其他开发建设相关的用途管制制度

除土地、海域以及自然生态空间的用途管制制度外，林地、河口水域等也是海岸带用途管制面对的典型区域和关键要素，借鉴相应管理策略、做好相关制度衔接具有重要意义。

（一）林地用途管制制度

林地用途管制的目标是严格控制林地转为建设用地，严格限制林地转为其他农用地，严格保护公益林地、合理利用商品林地，加大对临时占用林地和灾毁林地的修复力度等，以充分发挥林地的生态效益、经济效益和社会效益[3]。林地用途管制制度体系主要包括林地保护利用规划、建设项目使用林地定额管理、建设项目使用林地审核审批等。其中，林地保护利用规划是林地用途管制的基本依据。它划定了林地的范围、明确了林地用途规划布局以及林地保护利用的方向，尤其是通过林地保护等级等规划内容，明确了各类建设项目可使用林地的范围；建设项目使用林地定额管理，管控全国或一定区域内林地转为建设用地的总量，目的是减少林地的流失，保障森林资源发展空间的林地总量；建设项目使用林地审核审批，管控转为建设用地的具体区域或地块，目的是既要保护好生态区位重要、生态脆弱、生态敏感区域的林地，防止造成生态破坏，又要尽可能地支持建设项目使用林地的需求。林地相关分类体系见表 2-3，林地分级保护管理内容见表 2-4。

同时，提出森林面积占补平衡、征占用林地项目禁限目录等政策。实行建设项目所在县级行政区域内的森林（有林地和国家特别规定的灌木林）占补平衡，征占林地收缴的森林植被恢复费，必须优先用于统一安排植树造林，恢复的森林植被不得少于因征占林地而减少的森林面积，并且不降低林地的生产力。根据国家产业发展政策、土地供应政策等，在国家发布的《限制用地项目目录》和《禁止用地项目目录》的基础上，定期细化制定、颁布、实施限制和禁止使用林地项目目录。

表 2-3 林地相关分类体系

《林地分类》（2009 年）	《公益林与商品林分类技术指标》（2000 年）
1. 有林地。包括乔木林地、竹林地、红树林地。 2. 疏林地。 3. 灌木林地。包括国家特别规定的灌木林、其他灌木林。 4. 未成林造林地。包括人工造林未成林地、封育未成林地。 5. 苗圃地。 6. 无立木林地。包括采伐迹地、火烧迹地、其他无立木林地。 7. 宜林地。包括宜林荒山荒地、宜林沙荒地、其他宜林地。 8. 辅助生产林地	1. 公益林 1.1 特种用途林。包括国防林、科教实验林、种质资源林、环境保护林、风景林、文化林、自然保存林。 1.2 防护林。包括水土保持林、水源涵养林、护路护岸林、防风固沙林、农田牧场防护林、其他防护林。 2. 商品林 2.1 用材林。包括一般用材林、工业纤维林。 2.2 薪炭林。 2.3 经济林。包括果品林、油料林、化工原料林、其他经济林

表 2-4 林地分级保护管理

级别	定义	管控要求
Ⅰ级	我国重要生态功能区内予以特殊保护和严格控制生产活动的区域，以保护生物多样性、特有自然景观为主要目的	实行全面封禁保护，禁止生产性经营活动，禁止改变林地用途
Ⅱ级	我国重要生态调节功能区内予以保护和限制经营利用的区域，以生态修复、生态治理、构建生态屏障为主要目的	实施局部封禁管护，鼓励和引导抚育性管理，改善林分质量和森林健康状况，禁止商业性采伐。除必需的工程建设占用外，不得以其他任何方式改变林地用途，禁止建设工程占用森林，其他地类严格控制
Ⅲ级	维护区域生态平衡和保障主要林产品生产基地建设的重要区域，包括除Ⅰ级、Ⅱ级保护林地以外的地方公益林地，以及国家、地方规划建设的丰产优质用材林、木本粮油林、生物质能源林培育基地	严格控制征占森林。适度保障能源、交通、水利等基础设施和城乡建设用地，从严控制商业性经营设施建设用地，限制勘查、开采矿藏和其他项目用地。重点商品林实行集约经营、定向培育。公益林地在确保生态系统健康和活力不受威胁或损害下，允许适度经营和更新采伐
Ⅳ级	需予以保护并引导合理、适度利用的区域，包括未纳入上述Ⅰ级、Ⅱ级、Ⅲ级保护范围的各类林地	严格控制林地非法转用和逆转，限制采石取土等用地。推进集约经营、农林复合经营，在法律允许的范围内合理安排各类生产活动，最大限度地挖掘林地生产力

（二）河湖水域岸线用途管制制度

河湖水域岸线用途管制是由水利部主管的水资源用途管制制度中的重要一环[4]。河湖水域岸线是河湖两侧水陆边界一定范围内的带状区域，是水陆交界的过渡带，也是河湖生态系统的重要载体。2016 年 12 月，由中共中央办公厅、国务院办公厅印发的《关于全面推行河长制的意见》明确提出，“加强河湖水域岸线管理保护。严格水域岸线等水生态空间管控，依法划定河湖管理范围。落实规划岸线分区管理要求，强化岸线保护和节约集约利用。严禁以各种名义侵占河道、围垦湖泊、非法采砂，对岸线乱占滥用、多占少用、占而不用等突出问题开展清理整治，恢复河湖水域岸线生态功能”。

《全国河道（湖泊）岸线利用管理规划技术细则》提出，河道（湖泊）岸线由临水控制线和外缘控制线共同确定，两者之间的带状区域即岸线。其中，临水控制线是为满足稳定河势、保障行洪安全和维护河流健康生命的基本要求，在河岸临水一侧顺水流方向或湖泊沿岸临水一侧划定的管理控制线，是岸线利用的“高压线”。除防洪及河势控制工程外，任何阻水的实体建筑物原则上不允许逾越临水控制线；确需越过临水控制线穿越河道的岸线利用建设项目，必须充分论证项目其影响，提出穿越方案，并经有审批权限的行政主管部门审查同意后方可实施；桥梁、码头、管线、渡口、取水、排水等基础设施需超越临水控制线的项目，超越临水控制线的部分应尽量采取架空、贴地或下沉等方式，尽量减小占用河道过流断面。外缘控制线是岸线资源保护和管理的外缘边界线。任何进入外缘控制线以内的岸线区域的开发利用行为都必须符合岸线功能区划的规定，符合岸线利用功能分区要求及其他规范或审批管理要求，且原则上不得逾越临水控制线。同时，正在逐步推进建设项目占用水利设施和水域岸线补偿制度，通过经济杠杆的作用实现岸线资源的集约化利用，对防洪、洪水、航运、水生态环境及河势稳定等有不利影响的岸线利用项目，应限期整改。

四、现行各类用途管制的比对分析

土地用途管制和海域用途管制是构建国土空间用途管制制度的重要基础。虽然两者都已各自形成了相对完整的制度体系，但在管制目标设置的全面性、陆海空间的衔接性等方面都存在着一定的改进空间。比如，①基于我国人多地少的基本国情，多年来土地用途管制以耕地保护为核心，土地用途分类、用途变更等均围绕农用地管制，忽视生态保护要求，并不能完全适应当前生态文明发展的要求。②海域用途管制制度与土地用途管制制度有一定的相似之外，但在岸线管控、用海预审等方面的制度仍不够精细。同时，与土地用途管制不同的是，从功能分区来看，海域用途管制与用海产业之间的相关性更大。③土地用途管制和海域用途管制存在众多不衔接之处。两者管控的空间范围有重叠，虽然原则上以海岸线为界，但对海岸线的认定往往并不相同。两者管控的尺度不同，土地审批所依据的详规和海域审批所依据的海洋功能区划不在一个比例尺上。另外，两者审核的要求也不同。围填海计划管理和土地利用计划、用地预审和用海预审等相同类型的制度之间存在着很多不衔接之处。

总体来看，长期以来用途管制中土地以耕地保护为主线，海域以围填海为主线。土地用途管制主要依托的是土地利用总体规划，关键是“建与不建”的问题。城乡规划虽然形成了更加详细的体系，但其实质是发展规划包裹下的建设规划，更多地囿于“建与不建”的问题，具体体现在：①分区分类中都缺少与产业衔接的内容；②无论是“一事一议，单独报批”“约束指标+分区准入”还是“详细规划+规划许可”，实质上约束的都是建设用地的审批行为，对于建设用地具体用于哪类产业，以及其他用地类型之间的转换都缺乏约束。海域用途管制虽通过海洋功能区划将与用海产业的衔接作为其主要目标之一，海洋功能分区中对港口、旅游等用海产业都单列，但对于具体的控制指标、管控措施并未做进一步的差异化区分。

除土地用途管制和海域用途管制之外，林地、河湖水域岸线等都是构建全域全要素国土空间用途管制制度的重要组成部分。同时，林地管控中有关建设项目使用林地审核审批、禁止和限制使用林地项目目录等都对陆海统筹区域关键自然资源要素的管控有较大的借鉴意义。而河湖岸线中临水控制线和外缘控制线的划定，以及不同区域内的分级管控措施设定，与海岸线这一陆海统筹区域核心要素的管控有较大的相似之处。

第二节　以加强生态保护为主的用途管制相关制度

一、自然保护区制度

1994 年，国际自然与自然资源保护联盟（IUCN）提出“保护区”的定义，“通过法律或其他有效手段，致力于生物多样性、自然资源以及相关文化资源保护的陆地或海洋”（IUCN，1994）。根据管理目标的不同，保护区可归纳为六种类型[5]（表 2-5）。

表 2-5　IUCN 保护区分类

类型	名称	管理目标
类型Ⅰ	严格意义的保护区，以及荒野区	主要为了科学研究和荒野地保护
类型Ⅱ	国家公园	主要为了生态系统的保护和娱乐
类型Ⅲ	自然纪念物保护区	主要为了特殊自然特征的保护
类型Ⅳ	生境/物种管理区	主要为了通过管理干预，对生境和物种加以保护
类型Ⅴ	陆地/海洋景观保护区	主要为了陆地/海洋景观的保护和娱乐
类型Ⅵ	资源管理保护区	主要为了自然生态系统的持续利用

为自然环境和自然资源保护，加强自然保护区的建设和管理，1994 年，国务院颁布《中华人民共和国自然保护区条例》。该条例规定，自然保护区是指对有代表性的自然生态系统、珍稀濒危野生动植物物种的天然集中分布区、有特殊意义的自然遗迹等保护对象所在的陆地、陆地水体和海域，依法划出一定面积予以特殊保护和管理的区域。自然保护区按级别分为两类，国家级自然保护区由国务院批准；地方级自然保护区由省（自治区、直辖市）人民政府批准，并报国务院环境保护行政主管部门和国务院有关自然保护区行政主管部门备案。同时，规定“建立海上自然保护区，须经国务院批准”。

依据《中华人民共和国自然保护区条例》，1995 年，国家海洋局发布了《海洋自然保护区管理办法》，对包括对象在内的一定面积的海岸、河口、岛屿、湿地或海域划分出来，进行特殊保护和管理。依据《自然保护区类型与级别划分原则》（GB/T 14529—93），自然保护区的类型划分见表 2-6。

表 2-6　自然保护区类型划分

类别	类型
自然生态系统自然保护区	森林生态系统类型自然保护区
	草原与草甸生态系统类型自然保护区
	荒漠生态系统类型自然保护区
	内陆湿地和水域生态系统类型自然保护区
	海洋和海岸生态系统类型自然保护区
野生生物类自然保护区	野生动物类型自然保护区
	野生植物类型自然保护区
自然遗迹类自然保护区	地质遗迹类型自然保护区
	古生物遗迹类型自然保护区

续表

类别	类型
海洋和海岸自然生态系统	河口生态系统
	潮间带生态系统
	盐沼（咸水、半咸水）生态系统
	红树林生态系统
	海湾生态系统
	海草床生态系统
	珊瑚礁生态系统
	上升流生态系统
	大陆架生态系统
	岛屿生态系统
海洋生物物种	海洋珍稀、濒危生物物种
	海洋经济生物物种
海洋自然遗迹和非生物资源	海洋地质遗迹
	海洋古生物遗迹
	海洋自然景观
	海洋非生物资源

二、海洋特别保护区制度

为进一步健全开发与保护相协调的海洋生态保护法规制度，根据《中华人民共和国海洋环境保护法》（以下简称《海洋环境保护法》），2010年国家海洋局印发了《海洋特别保护区管理办法》。海洋特别保护区是指具有特殊地理条件、生态系统、生物与非生物资源及满足海洋资源利用特殊要求，需采取有效保护措施和科学利用方式予以特殊管理的区域。

国家海洋局负责全国海洋特别保护区的监督管理，会同沿海省（自治区、直辖市）人民政府和国务院部门制定国家级海洋特别保护区建设发展规划并监督实施，指导地方级海洋特别保护区的建设发展。沿海省（自治区、直辖市）人民政府海洋行政主管部门根据国家级海洋特别保护区建设发展规划，建立、建设和管理本行政区近岸海域国家级海洋特别保护区；建立、建设和管理省（自治区、直辖市）级海洋特别保护区。

依据《海洋特别保护区分类分级标准》（HY/T 117—2010），海洋特别保护区分类分级标准见表 2-7。

表 2-7 海洋特别保护区分类分级标准

类别	解释
特殊地理条件保护区	为维护国防安全和海洋权益或生态系统稳定，在具有独特的地理位置或生态环境条件的海域划定的区域
海洋生态保护区	为维护生物多样性及海洋生态服务功能持续发挥，在具有丰富的生态系统多样性以及人为开发活动对敏感或脆弱的海域划定的区域
海洋资源保护区	为持续发挥海洋资源对海洋经济的重要支撑作用，在具有丰富的生物与非生物资源分布海域划定的区域
海洋公园	为保护海洋生态系统、自然文化景观，发挥其生态旅游功能，在特殊海洋生态景观、历史文化遗迹、独特地质地貌景观及其周边海域划定的区域

三、湿地保护区制度

为加强湿地保护管理，履行《关于特别是作为水禽栖息地的国际重要湿地公约》（以下简称《国际湿地公约》），国家林业局（现为国家林业和草原局）制定印发了《湿地保护管理规定》。该规定所称的湿地为“常年或者季节性积水地带、水域和低潮时水深不超过 6 m 的海域，包括沼泽湿地、湖泊湿地、河流湿地、滨海湿地等自然湿地，以及重点保护野生动物栖息地或者重点保护野生植物原生地等人工湿地”。

湿地可分为国家重要湿地、地方重要湿地和一般湿地[6]。国家林业和草原局会同国务院有关部门制定国家重要湿地认定标准和管理办法，明确相关管理规则和程序，发布国家重要湿地名录。省（自治区、直辖市）人民政府林业主管部门发布地方重要湿地和一般湿地名录。符合《国际湿地公约》国际重要湿地标准的，可以申请指定为国际重要湿地。建设项目应当不占或少占湿地，经批准确需征收、占用湿地并转为其他用途的，用地单位应当按照“先补后占，占补平衡”的原则，依法办理相关手续。

《全国湿地资源调查与监测技术规程（试行）》（林湿发〔2008〕265 号）对我国湿地的分类见表 2-8。

表 2-8 湿地类、型划分

湿地类	湿地型
近海与海岸湿地	浅海水域
	潮下水生层
	珊瑚礁
	岩石海岸
	沙石海滩
	淤泥质海滩
	潮间盐水沼泽
	红树林
	河口水域
	三角洲/沙洲/沙岛
	海岸性咸水湖
	海岸性淡水湖
河流湿地	永久性河流
	季节性或间歇性河流
	洪泛平原湿地
	喀斯特溶洞湿地
湖泊湿地	永久性淡水湖
	永久性咸水湖
	季节性淡水湖
	季节性咸水湖
沼泽湿地	藓类沼泽
	草本沼泽
	灌丛沼泽
	森林沼泽
	内陆盐沼
	季节性咸水沼泽
	沼泽化草甸
	地热湿地
	淡水泉/绿洲湿地
人工湿地	库塘
	运河、输水河
	水产养殖场
	稻田/冬水田
	盐田

《中国湿地保护行动计划》（2000）将我国海岸带湿地划分为5大类，分别是沼泽湿地，湖泊湿地，河流湿地，浅海、滩涂湿地和人工湿地。

四、水产种质资源保护区制度

2011年，农业部（现为农业农村部）发布了《水产种质资源保护区管理暂行办法》，2016年修正。该办法所称的水产种质资源保护区，是指“为保护水产种质资源及其生存环境，在具有较高经济价值和遗传育种价值的水产种质资源的主要生长繁育区域，依法划定并予以特殊保护和管理的水域、滩涂及其毗邻的岛礁、陆域”。

农业农村部组织省级人民政府渔业行政主管部门制定全国水产种质资源保护区总体规划，科学制定本行政区域内水产种质资源保护区具体实施计划，并组织落实。省级人民政府渔业行政主管部门应当根据全国水产种质资源保护区总体规划，科学划定本行政区域内水产种质资源保护区具体实施计划，并组织落实。

水产种质资源保护区分为国家级和省级，可划分为核心区和实验区。核心区是指在保护对象的产卵场、索饵场、越冬场、洄游通道等主要生长繁育场所设立的保护区域；实验区是核心区以外的区域，可以有计划地开展以恢复资源和修复水域生态环境为主要目的的水生生物资源增殖、科学研究和适度开发活动。

五、自然生态空间管制制度

2017年，国土资源部（现为自然资源部）印发了《自然生态空间用途管制办法（试行）》（以下简称《办法》），并制定了相应的技术规程，启动了试点工作。自然生态空间是指具有自然属性，以提供生态产品或生态服务为主导功能的国土空间，涵盖需要保护和合理利用的森林、草原、湿地、河流、湖泊、滩涂、岸线、海洋、荒地、荒漠、戈壁、冰川、高山冻原、无居民海岛等。

《办法》提出，国家对生态空间依法实行区域准入和用途转用许可制度，严格控制各类开发利用活动对生态空间的占用和扰动。生态保护红线原则上按禁止开发区域的要求进行管理。生态保护红线外的生态空间，原则上按限制开发区域的要求进行管理。按照生态空间用途分区，依法制定区域准入条件，明确允许、限制、禁止的产业和项目类型清单，根据空间规划确定的开发强度，提出城乡建设、工农业生产、矿产开发、旅游康体等活动的规模、强度、布局和环境保护等方面的要求，由同级人民政府予以公示。从严控制生态空间转为城镇空间和农业空间，禁止生态保护红线内空间违法转为城镇空间和农业空间。同时，《办法》提出“鉴于海洋国土空间的特殊性，海洋生态空间用途管制相关规定另行制定”。

《自然生态空间用途管制办法（试行）》，对自然生态空间的分级设定见表2-9。

表2-9 自然生态空间分级体系

生态保护红线	一般生态空间
国家级和省级禁止开发区域 包括：国家公园；自然保护区；森林公园的生态保育区和核心景观区；风景名胜区的核心景区；地质公园的地质遗迹保护区；世界自然遗产的核心区；湿地公园的湿地保育区和恢复重建区；饮用水水源地的一级保护区；水产种质资源保护区的核心区；其他类型禁止开发区的核心保护区域。 **海洋生态红线区域** 包括：重要河口、重要滨海湿地、特别保护海岛、海洋保护区、海洋自然景观与历史文化遗迹、珍稀濒危物种集中分布区、重要滨海旅游区、重要砂质岸线及邻近海域、沙源保护海域、重要渔业水域、红树林、珊瑚礁、海草床等。 **其他各类保护地** 包括：极小种群物种分布的栖息地、国家一级公益林、重要湿地（含滨海湿地）、国家级水土流失重点预防区、沙化土地封禁保护区、野生植物集中分布地、自然岸线、雪山冰川、高原冻土等重要生态保护地	1. 国家级和省级禁止开发区域中，未划入生态保护红线的区域。 2. 市县级各类保护区。 包括：市县级自然保护区和自然保护小区；市县级森林公园；市县级湿地公园；县级地质遗迹保护区。 3. 未划入海洋生态红线的重要海域生态功能区、海洋生态敏感区和海洋生态脆弱区。 4. 沙化土地封禁保护区。 5. 国家二级公益林及其他地方公益林。 6. 省级以下水土流失重点预防区。 7. 其他具有一定规模、集中连片的林地、水域、草原、荒地等具有较重要生态功能的土地

六、以国家公园为主体的自然保护地制度体系

党的十八届三中全会提出建立国家公园体制，并于2015年启动三江源、东北虎豹、大熊猫、祁连山、湖北神农架、福建武夷山、浙江钱江源、湖南南山、北京长城和云南普达措共10个国家公园体制试点。2017年9月，中共中央办公厅、国务院办公厅印发的《建立国家公园体制总体方案》指出：“研究科学的分类标准，理清各类自然保护地关系，构建以国家公园为代表的自然保护地体系。”2018年，党和国家机构改革中将各类自然保护地划转为国家林业和草原局统一管理，并加挂国家公园管理局牌子。2019年，中央深化改革委员会审议通过的《关于建立以国家公园为主体的自然保护地体系指导意见》[7]，进一步强调“按照山水林田湖草是一个生命共同体的理念，改革以部门设置、以资源分类、以行政区划分设的旧体制，整合优化现有各类自然保护地，构建新型分类体系，实施自然保护地统一设置，分级管理、分区管控，实现依法有效保护”，推动形成以国家公园为主

体、自然保护区为基础、各类自然公园为补充的自然保护地管理体系。

国家公园是指由国家批准设立并主导管理，边界清晰，以保护具有国家代表性的大面积自然生态系统为主要目的，实现自然资源科学保护和合理利用的特定陆地或海洋区域。我国建立国家公园的根本目的是，以加强自然生态系统的原真性、完整性保护为基础，以实现国家所有、全民共享、世代传承为目标，理顺管理体制，创新运营机制，健全法治保障，强化监督管理，构建统一规范高效的中国特色国家公园体制，建立分类科学、保护有利的自然保护地体系。

国家公园是我国自然保护地最重要的类型之一，属于全国主体功能区规划中的禁止开发区域，纳入全国生态保护红线区域管控范围内，实施最严格的保护。国家公园严格规划建设管控，除不损害生态系统的原住民生产生活设施改造和自然观光、科研、教育、旅游外，禁止其他开发建设活动。与一般的自然保护地相比，国家公园的自然生态系统和自然遗产更具有国家代表性和典型性，面积更大，生态系统更完整，保护更严格，管理层级更高[8]。

对于一般自然保护地，要对自然保护区、风景名胜区、文化自然遗产、地质公园、森林公园等现行自然保护地保护管理效能进行评估，逐步改革按照资源类型分类设置自然保护地体系，研究科学的分类标准，厘清各类自然保护地之间的关系。

七、自然生态空间保护制度间的关系

在以国家公园为主体的自然保护地制度体系构建之前，各类自然保护区在维护我国自然生态系统和保护生物多样性方面发挥了重要作用，但也在保护地交叉重叠、多头管理等方面存在较严重的问题。仅海洋类的保护区就涉及海洋、国土、林业、生态环境、农业农村等多个部门，不利于生态环境的整体性保护。在自然保护地制度之外，我国还出台了生态保护红线制度和自然生态空间用途管制制度，当前都还属于试行阶段。已批复的陆域生态保护红线，多数分为一级管控区和二级管控区两级；而海洋生态保护红线对应管控级别在海洋自然保护区内划分了核心区、缓冲区和实验区，在海洋特别保护区内划分了重点保护区、适度利用区、生态与资源恢复区和预留区。根据《海洋自然保护区管理办法》规定，核心区内除经批准的调查观测和科学研究活动外，禁止其他一切可能对保护区造成危害或不良影响的活动；缓冲区内，在保护对象不遭人为破坏和污染的前提下，经批准，可在限定期间和范围内适当进行渔业生产、旅游观光、科学研究等活动；实验区内，在统一规划和指导下，可有计划地进行适度开发活动。根据《海洋特别保护区管理办法》规定，重点保护区内禁止实施各种与保护无关的工程建设活动；适度利用区内，在确保海洋生态系统安全的前提下，允许适度利用海洋资源；在生态与资源恢复区内，可适当开展人工生态整治与修复措施；在预留区内，严格控制人为干扰，禁止实施改变区内自然生态条件的生产活动和任何形式的工程建设活动。对陆地上的二级管控区，海洋自然保护区的缓冲区和实验区，海洋特别保护区内适度利用区和生态资源恢复区的管控政策并非严格禁止，这也在一定程度上造成了“红线不红”。

自然保护地制度体系与自然生态空间用途管制制度出台之后，以生态保护为主的用途管制要求更加严格，笔者对现行各类制度之间的关系理解如下：①国家公园是自然生态空间中最重要、最精华的部分，是国家软实力和国家形象的重要载体，在维护国家生态安全中居于核心地位，是自然保护地体系的主体；②自然保护地是生态保护红线的重要组成部分，在红线管控的基础上，通过设立特定机构进一步加强管理；③生态保护红线是原则上严禁开发的区域，包括自然保护地以及自然保护地之外其他具有较高生态价值的区域；④自然生态空间包括生态保护红线和一般生态空间，即未纳入生态保护红线的一些较为重要的生态功能区、生态敏感区、经整治修复后具有生态功能的区域等。①~④之间的关系见图 2-2。

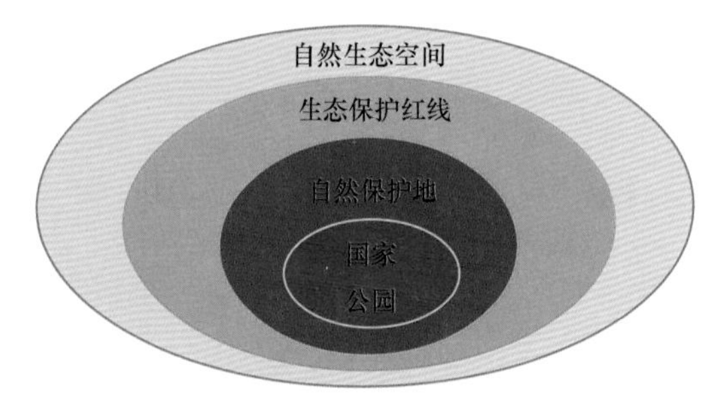

图 2-2　自然生态空间保护制度间的相关关系

第三节　海岸带综合管理相关制度

目前，国内外尚没有与陆海统筹用途管制直接对应的制度体系。关于陆海统筹的管理措施，比较典型的提法是海岸带综合管理（Integrated Coastal Zone Management，ICZM）[9]，而海岸带用途管制正是海岸带综合管理得以实施的重要抓手[10]。

一、海岸带国土空间的特殊性

（一）海岸带具有不可替代的生态价值

生态系统中凡处于两种或两种以上的物质体系、结构体系、能量体系与功能体系之间所形成的生态界面，以及围绕该界面向外延伸的过渡带，都属于生态交错带，它往往可以提供更加丰富的生物多样性和典型生境的分布。海岸带处于海陆交汇的地带，是十分典型的生态交错带，具有很高的自然能量和生物生产力。整个海岸带地区占全球面积的18%，海岸带地区水体只占8%的海洋表面积、0.5%的海洋水体，却占全球初级生产力的1/4，世界90%的渔获量都来自该地区。

尽管不同地域海岸带的生态系统不完全相同，但其生态系统多样性的程度通常高于其他内陆区域。以热带地区为例，其海岸带内至少包含有红树林-湿地及其他潮间带系统、海草系统、珊瑚礁系统、沙滩系统、潟湖和河口系统等自然生态系统。这些生态系统不仅为大量的物种提供了栖息地，造就了丰富的生物多样性，还具有极大的经济价值。例如，在20世纪90年代，马来西亚半岛30%以上的渔业与红树林生态系统有一定的联系；澳大利亚大堡礁每年的旅游观光产值约有10亿美元。

（二）海岸带是生态脆弱、灾害多发的地带

海洋是地球上位能最低的储圈，人类的活动最终都将影响到海洋，河流中的沉积物、营养盐、污染物等不断流入海洋，海洋污染物的绝大多数又都集中在近岸海域，这使得海岸带生态系统变得相当脆弱，极易失去平衡。2005年发布的《新千年生态系统评估报告》通过诊断，认为将生境、气候、入侵物种、过度开发和污染5项因素综合起来看，海岸带面临的环境压力居全球各生态系统之首。

海岸带是侵蚀作用最剧烈的地带，也是地质构造最活跃的地带，地震频繁、火山活跃、风暴潮、寒潮、赤潮等灾害高发，对海岸带的资源、环境和人民生命财产均产生较大的危害。我国沿岸海域大都属于东亚海域，为自然灾害较为频发的区域，因自然灾害造成的经济损失，东亚地区占全球的42%，相应死亡率达到了全球的85%。

（三）海岸带是区位优势最显著的地带

海岸带处于海洋和陆地的结合部位，这里的边缘效应、枢纽效应和扩散效应显著。它依靠廉价的海运可以和世界各国相通，发展海上贸易，促进海洋经济发展；依靠沿海陆地方便的交通运输网络，有利于促进沿海经济的发展；利用特有的边缘效应和枢纽效应在扩大对外开放的同时，也有利于搞活内陆经济，有利于发挥两个扇面的辐射作用。海岸带还处于国防的前沿，对保护国防、抵御外来侵略十分重要。

（四）海岸带开发与保护的矛盾更为集中

沿海化指人口与经济活动在海岸带空间上的集聚，它是人类社会发展的重要趋势。20世纪后期，在城市化、工业化的驱动下，这一趋势愈加明显。尽管国际

上对海岸带的界定不同，但对世界上几乎所有的沿海国家而言，海岸带地区是一个强大的国家经济的重要组成部分。世界的沿海化趋势也存在地区差异，印度和亚洲次大陆是人口向沿海地区聚集最为强烈的地区，而澳大利亚海岸带的人口则呈分散状态。目前，世界沿海地区有20座人口超过1 000万人的超大型城市，它们多数位于东南亚。

全球范围内对海岸带的占用和开发，一方面吸引了大量的人口定居，导致居住、旅游、商业、工业、交通、娱乐和农业等活动对海岸带资源的激烈争夺，产生了土地资源流失、海岸侵蚀、海水污染、海水入侵、生物多样性丧失等一系列问题，使海岸带面临资源日渐枯竭和环境持续恶化的危险，给海岸带的可持续发展带来了严重隐患。

二、欧美国家的海岸带综合管理政策

海岸带规划脱胎于海岸带综合管理，后者正是20世纪70年代起，世界沿海国家和地区用以协调不同行业、部门和群体在海岸带开发与保护上的复杂矛盾，实现海岸带可持续发展的主要理论框架与实践方法。

（一）美国

美国是世界上第一个制定和实施综合性海岸带管理法的国家。早在1972年10月，美国国会率先通过《海岸带管理法》。次年，美国政府在国家海洋与大气管理局设立了全国海岸带办公室，对海岸带实施综合管理。美国是实行联邦制的国家，联邦、州和地方政府分享海岸带利益、分工管理海岸带事务，但以州为主；联邦的主要作用是向州提供财政援助，制定州海岸带管理规划的指导方针。《海岸带管理法》据此较为详细地规定了联邦、州和地方政府以及其他利益相关团体之间的相互协调与合作关系[11]。

《海岸带管理法》为海岸带综合管理开创了法制管理的先例，创立了海岸带管理补助金制度和海岸带管理规划。该法中大量篇幅是关于联邦海岸带补助金颁发和受领的条件、程序、数额比例、记录与审计等问题的规定。按规定，联邦海岸带补助金主要用于制定和执行海岸带管理规划、沿岸能源规划、州际海岸带管理合作项目、河口自然保护区海滩通道、海岸带管理的研究与技术援助等。对于海岸带管理规划，该法规定了国家海岸带管理规划的指导方针，州海岸带管理规划必须具备的条件、内容和程序等。根据实际情况的差异性，各州的资源管理优先级、管理技术手段和组织结构都有所区别。例如，在北卡罗来纳州的海岸带管理计划中，优先级最高的两项是保护留存的沿海湿地和减少由飓风造成的生命和建筑物的损失；在马萨诸塞州具有最高优先权的是在沿海地区的发展和娱乐用途间获得平衡，海滨休闲区域的游览管控、受保护的公众接近通道、非点源污染控制能力、海洋资源管理计划的制定成为规划的主题。

（二）法国

1979年，法国政府制定了《关于海岸带保护及整治的方针》，作为政府令执行。该方针由4项政策目标组成：①有组织、有秩序地实施海岸带的城市规划，提议避免沿海岸线的线性开发；②保护、开发自然空间，并有义务对在湿地进行的填埋、开垦事业进行环境影响评价；③根据海岸带特点建设有关设施，海岸必须向公众开放，原则上禁止在距海岸线2 000 m以内新设过往道路；④注意构筑物的质量。1986年，制定《关于海岸带整治、保护及开发的法律》，其目的在于努力推进海岸带资源的开发，保护生物及生态系的平衡，制定海岸带侵蚀政策，保护名胜、景观及历史遗产；保护和发展水上经济活动；维护和发展海岸带空间的农业、林业、工业、手工业及观光业[12]。

（三）英国

英国将环境优美的未开发海岸带地区作为遗产永久留给后代，并规划将未开发地区海岸带总长度的40%左右（约1 300 km）划为保护区，划定34个海岸保护区，大约保护了1 000 km长的海岸及面积为8.1×10^4 km^2的海岸带地区。1993年出台了《沿海规划的政策指导说明草案》，划分出4类与规划有关的海岸：①风景优美的未开发海岸区，因它们的景观价值及其自然保护利益而基本得到保护；②其他未开发海岸区，往往属低地，它们因其高度的自然保护价值而受到保护；③可能适合于开发的部分开发海岸区，因其沿海位置重要而应留作开发；④通常已都市化的但仍含有重大开发价值的海岸区，这些地方的进一步开发，可能有助于改进环境。

（四）荷兰

荷兰把海岸带管理政策列入国家可持续发展战略，海岸带管理政策的重点已从早期的海岸带单一防护和土地开垦，向注重自然资源的保护和可持续利用的方向发展。通过苏伊德海计划和瓦登海计划，就可以看出这种政策的转变。苏伊德海计划所体现的政策是对海岸的防御和出于经济目的的土地开垦活动。瓦登海计划则包括大部分地区不批准土地开垦计划，沙丘、潮坪、堤坝外的陆地纳入自然保护管理范围，工业发展符合生态和自然保护利益，娱乐开发项目限制在现有水平上，渔业生产保持现有水平等。此外，瑞典、挪威等国家均根据其《规划和建筑法》，在划定海岸带范围的基础上，鼓励海岸带开展整合的、可持续的规划，沿海地区被要求制定海岸带规划。

总体来看，欧洲绝大部分国家均未出台全国范围的海岸带规划管理法规，而是采用大量局部性的法规。各国海岸带规划中也普遍将土地管制作为重点，并将公众参与作为海岸带综合管理的重要内容[13]。

三、基于生态系统的海岸带综合管理

（一）基本概念及内涵

基于生态系统的管理（Ecosystem-Based Management，EBM）是合理利用和保护资源、实现可持续发展的有效途径，起源于传统的自然资源管理和利用领域，形成于20世纪90年代，并且越来越受到各国政府和国际组织的高度重视。1992年，联合国环境与发展大会通过的《21世纪议程》呼吁沿海国家开展海岸带综合管理以实现可持续发展，正式提出了海岸带综合管理的概念和框架，并强调从生态系统的整体性角度进行海洋管理[14]。

随着基于生态系统的理念和方法在海洋管理中的地位不断凸显，国际社会日益认识到海岸带的资源和环境管理必须走基于生态系统管理的道路。2002年，欧盟通过了关于在欧洲实施海岸带综合管理的建议，倡导用基于生态系统的方法可持续地管理海岸带地区的空间和资源。2009年，美国环境法协会发布《扩大海洋生态系统管理在海岸带管理法中的作用》白皮书，提出在《海岸带管理法》的诸多方面融入海洋生态系统管理的理念。2010年，美国出台《海洋、海岸和大湖区国家管理政策》报告，提出采用有利于海洋生态系统的健康方式加强对海岸带的保护和可持续利用。此后，沿海各国和国际组织在海岸带管理和规划中对基于生态系统方法的应用日益广泛。2020年2月，世界自然基金会发布了一份题为《实现基于生态系统的海洋空间规划》的文件，该文件基于欧盟海洋空间规划的法律背景和专家知识，总结了实施基于生态系统的海洋空间规划的关键原则，强调了保障重要生态区域、减轻海洋生态系统整体压力的重要性。

基于生态系统的海岸带综合管理的内涵可以理解为坚持系统观念，以维护海岸带生态系统健康和安全、实现可持续发展、促进人与自然和谐共生为目标，采用综合的治理策略和方法，规范人类保护与开发利用海岸带空间的活动。

（二）基本理念

1. 海陆一体，区域统筹

海岸带是陆海开发与保护矛盾集中突出的区域，统筹海岸带地区开发与保护具有现实迫切性。在开发利用上，要综合考虑海岸带地区资源及社会经济发展的需求确定产业和城市发展的方向；在生态环境保护上，要以海岸带生态环境容量确定陆域产业和城市规模、空间布局、开发强度及开发时序，使其与海岸带地区资源环境承载能力相匹配，强化海岸带地区资源环境刚性约束。

2. 目标驱动，生态优先

生态系统方法强调目标驱动的管理，建立和细化特定生态系统的管理目标体系是逐步把“生态系统管理”从纯哲学概念转化为方法体系的必然途径，明确而有效的目标是成功管理计划的直接驱动力，科学合理的目标还可以用于评估管理绩效。在现阶段海岸带生态环境普遍遭受破坏的情况下，应遵循生态优先的原则。

3. 以人为本，人海和谐

基于生态系统的海岸带综合管理要以公平促进海岸带地区人们生产生活质量改善、增强民生福祉为前提，充分考虑利益相关者的诉求，加强公共服务建设，提升地区防灾减灾能力，促进人与自然和谐发展。构建海岸带综合开发与保护管理体制机制是保障，要明确管理职责，形成专家、社会团体、利益相关者全过程参与的工作格局，实现共建、共治、共享。

（三）管控特征

基于生态系统的海岸带综合管理与传统意义海岸带综合管理的核心区别在于，前者已从单纯解决人类自身对海岸带资源利用的冲突，演变为更加注重保护和维持生态系统对人类提供的产品和服务，在保护的前提下协调各类海岸带地区用地用海冲突。各界关于基于生态系统的海岸带综合管理的论述较多，现将较为广泛、适用于我国海岸带现状的管控原则，归纳为以下四个方面。

1. 保护与利用并存

基于生态系统的海岸带综合管理不是绝对保护，转变了以往管控只有严格保护和非保护两种极端方式，而是采取较为灵活、易操作的机制手段，考虑人类生存与发展的合理需求，在生态系统保护和利用之间寻求平衡，探索从严格保护到多用途开发的多级措施。

2. 依托生态系统特征划分空间管理单元

空间用途管制应在恰当的时空尺度内应用生态系统方法。生态系统具有一定的连通性，且要便于后续的综合管理，因此，基于生态系统的管理可打破传统的由行政边界形成的管理范围，在适宜尺度划定管理边界。

3. 体现陆海关联性

建立陆海关联性与相对独立性的政策机制，既要认识在某些空间要素上陆海进行统一管理的必要性，也要承认在空间特质、人类需求等方面陆海存在的差异性，因此，需要健全区域协调管理机制，加强协作联动。

4. 体现生态价值

将生态系统保护修复的成本和收益内部化。在海岸带空间用途管制方面，应从生态产品价值实现角度识别和估算生态系统产品和服务，并将体现生态价值的指标作为管理评价的要素进行考核。

四、我国海岸带综合管理的有关制度

（一）国家的有关政策制度

在全国海岸带和海涂资源综合调查的基础上，经国务院法制局批准、由国家海洋局负责组织全国海岸带管理法起草工作，并于 1986 年提交了“海岸带管理条例（送审稿）”，但由于种种原因，该条例中途搁置并未出台。到目前为止，在全国层面上尚无关于海岸带管理或海岸带综合管理的专门性法律、法规。《海域使用管理法》《土地管理法》《中华人民共和国渔业法》《中华人民共和国港口法》《城乡规划法》《中华人民共和国水法》《中华人民共和国森林法》《中华人民共和国防洪法》《中华人民共和国环境保护法》和《海洋环境保护法》等最基本的部门法与涉海法律、法规，共同构成了我国海岸带管理的基本法律规范。各部门和各行业不可避免地将本部门、本行业的利益置于优先级别，综合协调、统筹规划的难度自然加大[15]。

除法律、法规外，国务院文件及部门规章、规范性文件等也是海岸带管理的重要依据。特别是 2016 年以来，《海岸线保护与利用管理办法》《围填海管控办法》和《关于海域、无居民海岛有偿使用的意见》作为中央全面深化改革委员会确定的三项重要改革事项，先后通过领导小组审议并印发实施。2018 年，国务院印发《关于加强滨海湿地保护严格管控围填海的通知》，进一步强调对滨海湿地（含沿海滩涂、河口、浅海、红树林、珊瑚礁等）这一海岸带地区的重要生态资源实施严格保护，建立围填海管控、湿地保护的制度体系。2019 年，《中共中央 国务院关于建立国土空间规划体系并监督实施的若干意见》提出编制海岸带专项规划，其为国土空间规划“五级三类”体系中的专项规划。

（二）地方的政策探索

相比国家的政策制度，沿海地方有关海岸带管理的探索实践走在了前列，但形成地方法规条例的仍属少数。最早为江苏省于 1985 年 11 月率先颁布了《江苏省海岸带管理暂行规定》，1991 年又在此基础上出台了《江苏省海岸带管理条例》（1997 年修订），该条例提出“海岸带资源的开发实行统一规划、综合利用、配套建设、分布实施的方针，坚持开发利用与治理保护相结合的原则”，对海岸带资源的合理开发利用给予鼓励并依法保护，并提出海岸带总体规划编制要求、海岸带地区优先的基础建设项目及审查内容、程序等相关内容。20 世纪 90 年代前后，辽宁、山东、海南、天津等省份也都曾提出过海岸带管理的办法或条例。1986 年，上海市人民政府发布了《上海市滩涂管理暂行规定》，本规定的主要内容包括滩涂的开发利用、促淤工程、滩涂的圈围、滩涂管理机构的职责等。1992 年，辽宁省兴城市人民政府发布了《兴城市浅海滩涂管理暂行规定》，规定浅海、滩涂属国家所有，实行有偿使用，明确了浅海、滩涂使用权的审批、使用金的收缴等具体事项。这一轮的海岸带管理对于明确海岸带资源的权属、各级政府和各部门的管理权限具有重要作用，并基于当时的经济社会发展状况提出了以开发利用为主导的管理政策。

21 世纪以来，也有不少地方政府致力于推动新一轮的海岸带法制和规划工作。2013 年，海南省人民代表大会常务委员会通过了《海南经济特区海岸带保护与开发管理规定》，2016 年进一步发布了实施细则。该规定提出，省级编制海岸带总体规划，市县级编制海岸带规定；确定了海岸带的具体范围；要求沿海区域自平均大潮高潮线起向陆地延伸最少 200 m 范围内，特殊岸段 100 m 范围内，不得新建、扩建、改建建筑物，具体界线由省人民政府确定；提出海岸带土地成片开发应当依法编制土地成片开发总体规划和土地成片开发控制性详细规划，经省人民政府批准实施，并在实施细则中明确了近岸区域的管控要求和可开发项目名录；同时，将对海岸带生态环境损害实行权责一致、终身追究作为基本原则之一。2017 年，福建省人民代表大会常务委员会通过《福建省海岸带保护与利用管理条例》。该条例提出海岸带具体界线范围由省人民政府批准并公布；明确编制海岸带保护与利用规划，将海岸带划分为严格保护区域、限制开发区域和优化开发区域，实行分类保护利用；限制开发区域与优化利用区域还应当合理设置建筑后退线；将海岸带的保护要求纳入控制性详细规划加以落实；建立以海湾为单元的跨区域海洋环境保护协调机制等。在市级层面，2015 年 12 月葫芦岛市人民政府发布了《葫芦岛市海岸带保护与开发管理暂行办法》，2017 年 11 月惠州市人民政府发布了《惠州市海岸带保护与利用管理规定》，2019 年青岛市和日照市人民政府也先后发布了本市的海岸带保护与利用管理条例，各地均对海岸带的具体范围进行了界定，提出了开展海岸带规划，并强化了海岸带保护治理，对开发利用提出了严格的要求。本轮地方海岸带制度，对于海岸带开发利用的管制力度明显增大，并且多数制度对保护与修复做出了更加详细明确的规定。

（三）海岸带管理的特殊性

纵观国内外海岸带综合管理的政策制度，其复杂性可见一斑。首先，海岸带综合管理要解决条块切割的问题，海岸带是一个统一的地理区域，但长期以来用途管制由不同的部门分而治之，不同部门分头对不同的要素资源进行管控[16]。自然资源管理部门成立之前，海域由海洋部门管理，耕地由国土部门管理，林地由林业部门管理，草原由农业部门管理，城乡建设用地内部由城乡建设部门管理，同时涉及水利、农业、交通、能源等多个部门。在2018年机构改革之后，大部分职能进行了整合，但仍然涉及有关管理政策的延续性和衔接性的问题。其次，要解决“划线而治”的问题，实现海岸线两侧的土地和海域两类管理政策的有效衔接与缝合。

从规划角度来看，陆域分总体规划和详细规划，分层级进行管理，国家侧重于总量管控，地方落实具体布局；海域开发利用程度较低，保护要求更高，国家规划就会直接提出空间布局的有关要求，地方逐级细化功能区，且不再编制详细规划[17]；对应的用途管制措施，陆域主要是“规划许可”，而海域主要是“分区准入”。

从用海用地审批角度来看，用地审批主要按批次来，一般不直接面向具体项目，在符合土地利用总体规划确定的用地规模范围内，为实施该规划按土地利用年度计划分批次用地审查，在“放管服”改革的总体要求下，用地审批权呈进一步“下放”的态势；而用海审批是直接对项目的审查，特别是围填海计划管理指标取消后，不再是针对总量的管理，更多的是具体区域的管理，用海审批层级也呈不断“上收”的态势，对海岸线、浅海水域等区位不可替代的稀缺资源供给也更加严格谨慎；两者无论是在政策导向上，还是在操作方式上都有较大的差异。正是由于多个层面上的分治，造成陆海空间开发成本、治理成本都存在很大差异。

第四节　国内外海岸带用途管制的具体案例

从湾区、市域、岸段三个不同的尺度，分别选取日本濑户内海、惠州海岸带、日照沙滩岸段的用途管制政策，分析管制制度的制定与空间尺度、自然地理特征、发展愿景等的关系。

一、海湾管制：日本濑户内海管制措施

濑户内海是半封闭的内海，原本也是天然的渔仓，是日本列岛最富足的海湾。“二战”后，日本全力发展经济，工业布局开始向沿海集中。濑户内海沿岸被选为

最重要的工业基地，钢铁、石化、火力发电等主要工业的生产能力均占了全国的40%以上，10 m 浅海水域的面积约有 13% 被填埋，自然海岸线减少约 45%，工业和生活污水大量排入海中。致使濑户内海环境严重恶化，水产资源衰退、赤潮频发，甚至发生了震惊世界的水俣病，一度被称为“濒死之海”。自 1970 年起，日本实施了一系列管控措施，使得濑户内海水质得到极大提升，渔获量也有较大增加。日本濑户内海的原貌、遭受污染及治理污染的过程，与渤海有许多相似之处，在当前巩固深化我国渤海综合治理攻坚战之际，具有重要的借鉴意义[18-20]。

（一）基本情况

濑户内海环绕日本本州、四国、九州，面积为 23 000 km^2 余，平均水深35 m，容积 8×10^{11} m^3，是日本最大的内海。濑户内海周边被陆地环抱，仅有纪伊水道、丰后水道和关门海峡与太平洋、日本海相通，属于封闭型海域，生态环境较为脆弱。濑户内海周边为 13 个府、县所围绕，总面积为 68 000 km^2 余，人口约3 500万人，人口密度为日本全国的 1.9 倍。

图 2-3 日本濑户内海地理区位示意图

在日本明治时代以来的近代化过程中，濑户内海沿岸地区变成了工厂用地，特别是经济高度发展期以来，大量布局化学重工业，同时人口也逐步密集，很多自然海岸被填埋，1950—1973 年的 23 年间，累计填海面积 225 km^2，大量具有自然净化功能和养育多种生物功能的海滩和海藻场都消失了。同时，20 世纪 80—90 年代以来，由于产业结构发生变化，一部分填埋地又出现了闲置状态。另外，大量生产、大量消费以及大量废弃的社会经济体系虽然带来了物质的丰富和便利，其结果也带来了濑户内海的重大负荷。物质循环上的问题更使水质恶化、赤潮发生及海岸和海底的垃圾乱弃日趋显著。

20 世纪 70 年代至今，日本政府相继制定了《濑户内海环境保护特别措施法》

《公有水面填埋法》《水质污染防治法》《海岸法》等一系列法律、法规。其中，最具影响力的是《濑户内海环境保护特别措施法》。经过30多年的努力，濑户内海地区产业结构日趋合理，主要污染行业的工业产值，除石油和煤炭行业外，占全国的比重都有所下降；填海活动得到有效控制；水质状况有了明显改善，自然生态环境也得到了极大的恢复。

（二）主要管制措施

以濑户内海兵库县沿岸环境保护与创建策略为例，主要采取了如下管制措施。

1. 确定沿岸地区理想建设目标

通过民意调查，选出当地居民由衷喜欢的最埋想的5个沿岸地区景象，将这些景象作为发展建设的定量目标。分别为：自然富足的滩涂和海岸（如新舞子滩涂、赤穗御崎）、白砂青松之海岸（如庆野松原）、充满潮香的生活之景（如丸山渔港）、接近自然的人工海滨（如大藏海岸）、快乐兴旺的港湾和亲水空间（如神户港湾）。

2. 设定环境水平目标

一是设定水质和底质的改善指标，在完成COD、氮和磷等环境标准制定的基础上，还要看到在这个地区由于过剩的输入负荷而导致的富营养化，因此，把底层的溶存氧量（DO）选定为改善目标。二是设定生物及其栖息空间、人和自然的相互接触以及关于景观的指标，均以海藻场和滩涂面积以及海岸的自然程度作为评价要素。

3. 将沿岸地区的海域和陆地当作一个整体进行环境治理

超越原有的海域、海岸线和河口或河川等管理分区或行政界线等框架，采取大区域综合的配套措施。发展能适当利用环境资源的生态旅游或绿色旅游等观光产业，同时还要发展与接触大自然、体验大自然以及与学习和教育有关的软件产业，并积极开展包括这些事项在内的生态项目。从沿岸地区出发，配合解决好上游河川存在的问题，依靠有效措施的落实，达到森林、农地、都市、河川和海域健全的循环体系。

4. 削减排入濑户内海沿岸地区污染物负荷量

沿岸地区赤潮或缺氧的发生以及水质和底质的恶化，大多是因为直接或间接地来自陆地区域的污染负荷引起的。在生活污水污染负荷量削减方面：推行把生活排水处理率提高到99%的措施，引进高度处理技术，进一步提高氮和磷的去除率；在工业污水污染负荷量削减方面：削减 COD 及氮、磷的污染负荷量，同时还要抑制有害化学物质的排出；在农业、畜产业及养殖渔业污染物负荷量的削减方面：努力对“环境三法”（即《关于促进持续性很高的农业生产方式的引进法》《关于促进家畜排泄物的适当化管理和利用法》和《保持持续的养殖生产法》）等法律进行适当地运用；在其他污染物负荷量的削减方面：降低雨水的污染物负荷，改善合流式地下水道，积极进行分流式下水道的设施配备，努力运用自然净化机能。

5. 控制填海规模

尽力回避填埋，把必须填埋的规模最小化。对于不可避免的填埋，依据环境影响评价尽量科学实施填埋。为进一步提高这种制度的实效性，要广泛地重新评估都市机能和物流机能等。要超越现存的框架，研究出最合适而理想的土地利用方案。另外，还要重新评估空闲地的用途等。对于补偿措施，开发行为中需包含义务性地创造被损失的生态价值。

6. 保护尚存的自然环境

积极开展大范围、全方位的保护，对于一旦失去就不可复原的珍贵的海滨沙滩或礁石海岸、滩涂或浅海等自然地貌以及海藻场等，要将其作为保护对象，增设自然公园、自然海滨保护地区等指定地区。对于已被定为半自然海岸的地方，如能判断其状态良好或可以作为人与大自然接触场所的话，可指定其为保护地区。在保护珍贵自然的同时，把它作为与生物接触以及体验大自然的场所（如赶海活动场所等），促进其环境型利用。

7. 积极进行环境创建

（1）依靠恢复河川、河口和滩涂等浅海生态系以及自然净化能力求得水质改善，通过疏浚、翻砂等物理方法改善恶化了的底质。

（2）把海滨沙滩和多石海岸以及滩涂等恢复到曾经存在过的状态或重新建造，使用的砂石可采用航路疏浚土或水库堆积的土砂等，避免采用其他场所的新土砂或海砂。努力恢复和创建海滨植被和海藻场，海藻场要配合渔场、港湾选址建造。

（3）现有海岸构造物的改良和港湾内外环境的恢复。把现有的海岸构造物以及港湾和渔港设施有计划地置换为近自然形态，利用透过式防波堤促进港湾内外的海水交换。改造建设缓慢倾斜和多孔质化的护岸防波堤等构筑物，恢复水质净化能力。

（4）在临海部分的空闲地上营造森林，以求创建出良好的景观。

（5）建造人与大海可以接触的海岸。确保一般不能靠近大海的人们能有接触到大海的通道，同时在海边安置的海岸设施要亲水构造化。建造海水垂钓设施和亲水公园等。

（6）把环境的恢复和创新纳入海岸、港湾以及渔港等各项建设事业中，并在现存设施改修改建的同时，为恢复环境而建立制度。

（7）在新恢复和新创建的场地上开展环境型利用，作为休闲场所，用于环境学习、垂钓和海水浴等。

8. 海边公共化

（1）推行海边公共化。进行沿岸土地利用价值的重新评估，对必须功能用地（如港湾或渔港等）之外的场所推行海边公共化，特别是使填埋地中的空闲地公共化。比如，接受土地所有者的提供，依靠居民支持和管理，取得一切主体参与筹划和协作，从而推进海岸的公共化和共有化。

（2）建造居民的海边。确保以空闲地为核心的公众海岸。把那些空间有机地连接起来以形成带状，建造出居民的带状海边，同时还要保证通向海边的公众通道。

（3）为进行居民共有的海边建设事业建立制度。为了把海边作为居民共有的财产而确立公共化制度，就需取得业主和居民的合作，把海岸部分的土地买过来或借过来执行公共制度。对空闲地可规定为环境建设用地而使其公共化，为环境建设事业的实施建立土地使用制度，设立优惠政策。

（4）推进居民海边环境的利用。建立海边空间网状长廊，把公众空间用诸如散步路或自行车路等连接起来，让更多居民能与大海和生物相互接触。

9. 河川流域的配合措施

（1）包括河川流域在内的综合调查与数据积累。

（2）从沿岸地区上溯，开展源头森林建设。对河川上游的森林、依靠森林的水源涵养功能、稳定水的流量问题、用防止砂土崩溃来防止污水的排出问题，以及由于其营养成分的供给产生对沿海地区水产资源的影响等问题进行调查和研究。

（3）河川流域水环境的保护与创建。

（4）沿岸地区的环保草坪购入制度。

10. 包括河川流域在内的废弃物对策

对于以淡路岛为首的沿岸各处漂到海岸的散乱垃圾问题，倡导不制造、不丢弃和拾回来的文明行为；对于海岸区域和海岸上的漂浮垃圾，利用正在实施的“三千万人濑户内海绿色行动”和“提高兵库的绿色运动”实现对垃圾的清除，并在此基础上进一步开展海岸利用者、海水浴场游客和垂钓人等捡拾垃圾活动；

在排水系统和河流系统地区开展以居民为主体的不向河川丢弃垃圾的文明行为活动。

11. 普及启发教育和环境学习

对于河川和海面的污染以及赤潮的发生等环境问题，通过媒体报道等提高一般居民的认识；对于沿岸地区环境保护创建活动进行人力和物力的支援；制造集体劳动的机会；培育相关人才。

对于县境内沿海地区，针对不同的地理特性、历史文化背景、产业人口聚集情况、地区固有价值观等分成9个地区，每个地区设置特定的目标图像，采取更有针对性的措施。

（三）实施成效

实践证明，针对濑户内海制定特殊的管制措施是卓有成效的。自《濑户内海环境保护特别措施法》颁布实施以来，濑户内海的环境有了极大的改善：填海造地活动得到遏制，填海造地面积大大减少，从1973年以前的2 000~3 700 hm^2下降到2000年的100 km^2余，到2000年赤潮发生数也减少到1970年的1/3左右，海洋油污染逐年减轻，原来受到破坏的海水浴场得以恢复，大部分区域被规划为国家公园，并建立了800多个野生动物保护区。直到2020年左右，濑户内海甚至发生了由于过度干净而被政府“勒令整改”的情况。濑户内海变得美丽干净了，但并不富饶，部分海域由于过度干净，氮、磷等营养盐浓度不足，导致一些鱼类的捕获量减少，海苔养殖质量下降且产量减少。由此可见，生态环境保护同样讲究“平衡”，要根据科学认知以及现实状况不断调整管理行为。

二、市域管制：惠州市海岸带管制措施

（一）基本情况

惠州市海岸带位于广东省中南沿海，南临大亚湾，毗邻深圳、香港等国际大都市，是珠三角重要的滨海旅游胜地。惠州下辖惠东县和大亚湾经济技术开发区两个临海的县级行政单元，共有海岸线281 km，拥有丰富的沙滩和景点资源，珠三角旅游潜在市场巨大。

惠州市海岸带保护与利用规划将海岸带核心区域作为规划范围，陆域以沿海公路和沿海分水岭山脊线为界，纵深1~3 km；海域以海岸线为界，纵深1 km，总面积约470 km^2。

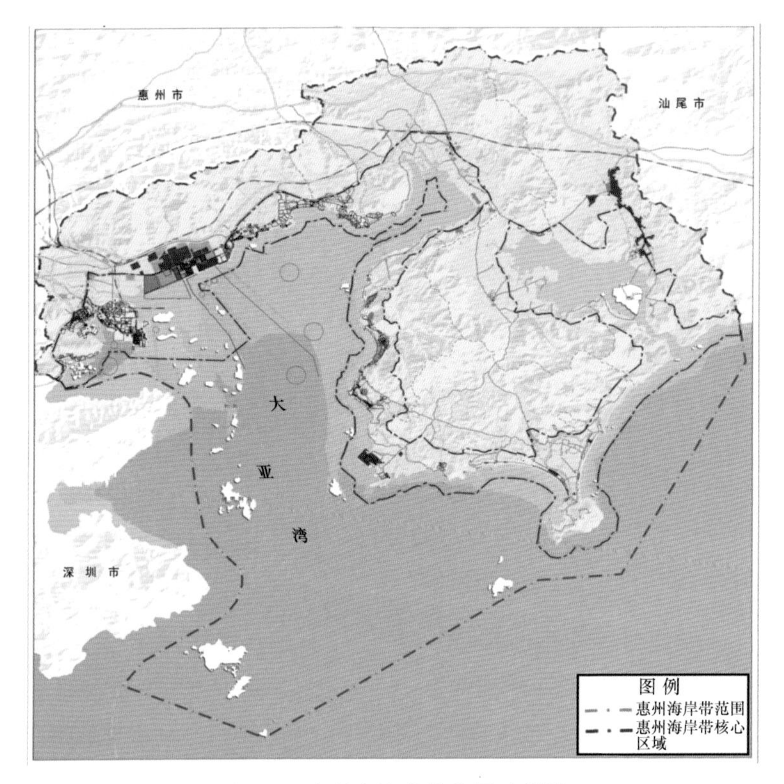

图 2-4 惠州市海岸带范围示意图

（二）主要管制措施

2018 年 12 月，惠州市人民政府出台了《惠州市海岸带保护与利用管理规定》，对于海岸带规划和用途管制政策具有重要的示范作用。惠州市海岸带依据地理环境、资源禀赋和经济社会发展需求等构建了“一轴、一带、四湾、多岛”的空间布局结构，囊括了综合交通、产业、旅游、港口、水环境、安全与防灾等各类的专题内容，在管控措施上核心是“两区四线”，两区为禁建区和限建区，四线分别为近岸建设协调控制线、生态控制线、河道及湿地保护蓝线、海岸建设后退线（也称“海岸建筑退缩线”）。其中，海岸建设后退线的退缩距离分别为：人工生活型岸线 100 m，人工生产型岸线 20 m，砂质岸线分为 100 m、150 m 和 200 m 三档，基岩岸线 100 m，淤泥岸线 400 m，生物岸线 100 m。与此同时，对沙滩资源进行了特别管控，分为开放型沙滩和不开放型沙滩，尽量推动沙滩资源的公共化。

（三）实施成效

惠州市海岸带规划及管理制度的实施，在推动海岸带综合保护与开发利用中发挥了重要作用。第一，由市人民政府牵头确保了不同管理主体对海岸带管理形成共识，确保了“两区四线”及相关管控指标的落实，解决了原来海岸带管理中标准不一的问题；第二，强化了对新建项目的引导，要求沿海新建项目必须与海岸带规划充分衔接，从而修正了原本无序开发的状态；第三，政府以此为依据，对海岸带范围内的违建项目进行拆除，保障了工程建设的合规性；第四，整顿了酒店违规“私有化”沙滩的问题，将滨海一线沙滩公共资源还于公众，打通了沙滩步行休闲长廊，有效地保障了公众亲海权益；第五，依据规划还开展了考洲洋等沿海的水质、生态环境综合整治，恢复了红树林的种植，将滨海宜人的生态环境还于公众。

惠州市海岸带规划和管制措施在推行过程中，也有部分政策受到较大阻力，需要相关配套措施、专项资金等一并予以保障。例如，在海岸建设后退线执行中，由于腹地空间小，后退难度大，且大量已挂牌出让土地位于退缩线内，需要以资金赔偿、异地置换等方式补偿，受政府资金和可置换空间等因素的影响，操作难度大；开放型沙滩等公共空间的管理问题和资金保障；整治修复后的生态岸线缺乏认定标准不利于后期保护与利用等。

三、岸段管制：日照市沙滩管制措施

（一）基本情况

日照市海岸带拥有山东省最好的优质沙滩，但由于城市的扩张和当地养殖经济的迅猛发展，沙滩资源的保护与合理利用面临巨大的压力。沿海沙滩被永久性的建筑所覆盖，海滨大道的部分路段直接建在沙滩上，加之海岸线的自然退缩，致使海滨沙滩面积急剧缩小。

（二）主要管制措施

日照市沙滩用途管制的范围是指沿海滨内陆地区至平均高潮线以上的海滨沙丘及砂质海岸用地，包括海滨已开发的海水浴场地区以及在沙丘上已建设的临时设施用地。

日照市海岸带有大小沙滩 14 处，这些沙滩质量高低不一。依据沙滩的砂质、规模、坡度，受干扰情况等，将海岸带沙滩资源分为一级优质沙滩、二级优良沙滩、三级普通沙滩、四级受污染或严重景观干扰沙滩。

对具有较高景观价值的一级和二级沙滩岸线进行严格保护，禁止在这些沙滩岸线进行近岸养殖和工厂化养殖。

在自然沙滩与旅游接待设施、村镇的养殖利用区、盐田设施等之间，应设有宽 200~500 m 的缓冲隔离带，减少人工设施对沙滩景观的干扰。

避免在沙丘和沙坝上进行人工建设，保护沙滩生态环境不受海岸侵蚀。

开发项目应与沙滩保持适当距离，长度在 500 m 以下的沙滩只允许建设 1 个项目，其正面长度不得超过沙滩全长的 1/3；长度在 500~1 000 m 的沙滩允许建设 2 个项目，两者间距在 500 m 以上，建设项目的总长度不得超过沙滩全长的 1/3；长度在 1 000~2 000 m 的沙滩允许建设 3 个项目，项目最小间距为 500 m，其正面总长度不超过沙滩全长的 1/3；对于其他长度较大的沙滩，总体可分为若干段，项目建设参照上述原则。

开发项目要从平均高线向陆地一侧至少退 50 m，以保护沙滩。沙滩背后 100 m 为沙滩保护地带，适当种植乔木、灌木及地被植物，用以加固表层土壤，防止沿海剥蚀风化。

（三）全国首例港口岸线退用还海修复整治

除上述管制措施对现存沙滩岸段实施有效保护外，日照市还实施了全国首例港口岸线退用还海修复整治项目，将港口岸线还原为生态化的沙滩岸线。受自然资源部首批蓝色海湾整治行动项目支持，日照市于 2016 年启动了海龙湾（图 2-5）退港还海生态修复工程，2019 年 6 月工程完工，共修复岸线长度 1 882 m，将原来的港口岸线还原为自然岸线，并对遭受破坏的沙滩进行修复，形成沙滩面积 46×10^4 m^2，预留生态缓冲区及公共服务区陆域面积 29×10^4 m^2，实现了“黑煤场”变回“金沙滩”，是全国首例港口岸线退用还海项目，实现了生态效益、经济效益、社会效益多赢。

图 2-5　山东日照市的海龙湾

工程区域原为煤炭专用码头，为港口发展、城市建设做出过巨大贡献。但随着城市规模的不断发展，港口业务量的不断提升，二者的矛盾也逐渐凸显。港口运输铁路穿越主城区及煤炭作业产生的粉尘、噪声对周边环境造成了不利影响。同时，阻断了160 km余的黄金岸线和60 km余宝贵沙滩，影响了海岸带生态和海洋生物多样性。为改善城市生态环境、有效解决港城协同发展过程中的矛盾和问题，2013年，日照市抓住瓦日铁路建设的时机，对石臼港区规划进行了调整，将进出港铁路由“北进北出”调整为“南进南出”，东区的煤炭作业全部改移至南作业区，逐步实现“东煤南移”，港口功能布局由“散集混合”优化为“北集南散”。同时，规划实施海龙湾工程，对岸线进行整治修复，实现生态修复工程与港口转型升级、同步规划、同步建设。

海龙湾退港还海工程，恢复了黄金生态海岸线，与北部岸线连成一片，进一步拓展了日照优美岸线空间，形成了以“龙山嘴”为龙头、以“海龙湾”为龙尾的绵延10 km优质砂质岸线；改善了海岸带生态环境，海洋环境、生物资源、大气环境得到显著改善，周围海域水质直接提升到国家二类海水水质标准，海水悬浮物达到国家标准。国家二级保护动物大海龟、白海豚、海鸥等10余种海洋生物频繁出现在该海域；推动了港口优化布局和转型升级，将紧邻项目后方的港区东区煤炭装卸作业区搬迁至远离城区的港区南区，实现了“南散北集”，每年直接节省航道清淤费用400万元，大幅度减少了地方政府和港口每年为降低原煤堆场对环境影响的投入，推动了港口绿色可持续发展；拓展了城市发展新空间。利用原有煤炭堆场腾出的2 000余亩①城市发展用地，建设滨海旅游港口工业展览馆、航运展览馆、煤码头工业遗址公园、邮轮码头、海上艺术长廊等，增加了日照的靓丽风景区；增强了民众的获得感，昔日与城市旅游风景区和居民生活区仅有“一墙之隔”的“黑煤场”，重新变回“金沙滩”，周边群众再也不用隔“煤”望海，实现了在家门口赶海踏浪的愿望。由此来看，保护生态与发展经济绝非零和博弈，采用恰当有效的政策措施是可以实现多赢、共赢的。

参考文献

［1］ 卢为民．城市土地用途管制制度的演变特征与趋势［J］．城市发展研究，2015，22（6）：83-88.

［2］ 邓芬艳．土地用途变更管制制度研究［D］．重庆：西南政法大学，2014.

［3］ 赵国华．新一轮林地保护利用规划的林地用途管制研究［J］．华东森林经理，2020，34（S1）：43-47.

［4］ 陈金木，汪贻飞，王晓娟．论我国水资源用途管制制度体系构建［J］．中国水利，2017（1）：23-27.

---

① 1亩约为666.67 m^2。

[5] 朱春全 . IUCN 自然保护地管理分类与管理目标［J］. 林业建设，2018（5）：19-26.

[6] 牟晓杰，刘兴土，阎百兴，等 . 中国滨海湿地分类系统［J］. 湿地科学，2015，13（1）：19-26.

[7] 新华社 . 中办国办印发《关于建立以国家公园为主体的自然保护地体系的指导意见》［J］. 林业经济，2019（6）：26-32.

[8] 黄宝荣，马永欢，黄凯，等 . 推动以国家公园为主体的自然保护地体系改革的思考［J］. 中国科学院院刊，2018，33（12）：1342-1351.

[9] 黄康宁 . 我国海岸带综合管理法律问题探讨［D］. 上海：上海海洋大学，2010.

[10] 郭振仁 . 海岸带空间规划与综合管理：面向潜在问题的创新方法［M］. 北京：科学出版社，2013.

[11] 马莎 . 美国海岸带管理法评析［J］. 公民与法：综合版，2013（6）：59-61.

[12] 韩克 . 海岸带管理法的立法对策研究［D］. 大连：大连海事大学，2006.

[13] 王小军 . 海岸带综合管理法律制度研究［M］. 北京：海洋出版社，2019.

[14] 张仕祎 .《实施 21 世纪议程，推进 21 世纪议程和落实可持续发展世界峰会成果的计划》翻译实践报告［D］. 重庆：四川外国语大学，2017.

[15] 鹿守本，艾万铸 . 海岸带综合管理：体制和运行机制研究［M］. 北京：海洋出版社，2001.

[16] 杨义勇 . 我国海岸带综合管理问题研究［D］. 湛江：广东海洋大学，2013.

[17] 叶果，李欣，王天青 . 国土空间规划体系中的涉海详细规划编制研究［J］. 规划师，2020，36（20）：45-49.

[18] 徐祥民，孔晓明 . 日本《濑户内海环境保护特别措施法》的成功经验：兼论对我国渤海治理的启示［J］. 中国海洋法学评论（英文版），2007（1）：140-150.

[19] 马彩华，游奎，高金田 . 濑户内海环境治理对中国的启迪［J］. 中国海洋大学学报：社会科学版，2008（4）：12-14.

[20] 李海清 . 渤海和濑户内海环境立法的比较研究［J］. 海洋环境科学，2006，25（2）：78-83.

第三章　我国海岸带现状及用途管制面临的问题

自然条件对社会发展起决定性作用，是决定社会发展的根本因素。在新时代以生态文明为核心的治理理念之下，海岸带自然环境对用途管制制度的制定起着至关重要的作用。对我国海岸带的自然环境特征、社会经济发展状况的了解和把握，决定了面向该区域制定的用途管制是否方向清晰。

改革开放以来，海岸带的发展作为经济发展的窗口取得了远超全国平均水平的发展成就，与此同时，在海岸带生态环境、灾害风险、资源开发、产业布局等方面也聚集了更加错综复杂的矛盾和问题①。从管理学的角度而言，国土空间用途管制涉及所有者、使用者和管理者，对应的是财产权和行政权关系的考虑和协调；从经济学的角度而言，博弈的双方是政府与市场，以及中央政府和作为“经济人”的地方政府，市场对于资源配置的决定性作用如何体现，地方政府的积极性如何发挥都是需要重点考虑的问题。

第一节　我国海岸带的基本情况

我国海岸带位于世界最大的大陆——欧亚大陆的东部，濒临世界最大的大洋——太平洋，北起鸭绿江口，南迄南沙群岛，地跨 42 个纬度，海岸带地理环境独特，自然资源丰富，生态系统多样。

一、我国海岸带自然环境概况

（一）地理条件

我国海岸带由北向南依次为渤海、黄海、东海和南海，拥有辽东、山东、雷州三大半岛，渤海、琼州、台湾三大海峡，面积大于500 m^2的海岛有 7 300 多个，拥有众多海湾。在《中国海湾志》中共记录海湾 101 个，其中面积大于 1 000 hm^2的海湾

① 本章涉及数据，除有特殊说明外，其余暂未包括香港、澳门和台湾地区。

89个，面积大于5 000 hm^2的海湾60个，面积大于10 000 hm^2的海湾46个，面积大于50 000 hm^2的海湾10个，面积大于100 000 hm^2的海湾2个，所有这些海湾都是我国宝贵的资源，在我国经济建设、社会发展、国防安全上均发挥着重要作用[1]。

（二）地质构造

地质构造是决定海岸带轮廓的关键因素。我国海岸带轮廓主要受中生代以来的新华夏构造体系以及新第三纪末期以来的新构造运动所影响。新华夏隆起带和沉降带相间雁列式排列的特点，反映在地形上则造成正负地形亦相间对应分布，而反映在海岸类型上则形成山地海岸与平原海岸交错的格局[2,3]。

宏观来看，我国海岸带的展布，大体可以杭州湾为界分南北两大部分。杭州湾以北，苏北平原紧邻黄海，胶东半岛和辽东半岛南北对峙，下辽河平原和华北平原隔海相望，而燕山余脉则直逼辽西、冀东海岸。海岸线跨越了几个不同的构造带。由于隆起带和沉降带的块断差异运动，在海岸类型上表现为山地与平原海岸交错分布的显著差异性；杭州湾以南，即由浙东至桂南的东南沿海，丘陵台地峰峦起伏，低山点缀。由于海岸走向与浙闽粤隆起带的弧形构造走向一致，海岸外形也顺应构造方向而作弧形弯曲。同时又因杭州湾以南的海岸同处于同一构造隆起带上，同一构造带的整体抬升作用，致使东南沿海的海岸地形具有相对一致性特点。而台湾岛则取与新华夏构造一致的北北东向。

（三）气候特征

我国海岸带漫长，南北纬度跨距大，地形复杂，造成我国海岸带气候南北差异显著，气候类型多样。就全国而言，其地理位置正处于典型的季风气候区域。冬季偏北季风几乎控制了整个海岸带，等温线呈纬向分布，南北温差很大。夏季温差减小，气候等值线与岸线平行。由于冬、夏季节气候差异很大，对海岸带影响显著。主要表现在：冬季南北温差大，致使海岸带南北岸段农作物生长期不同，如辽东半岛与雷州半岛农作物生长期相差1倍；渤海和北黄海冬季有冰冻现象，妨碍航行、影响渔业生产等；夏、秋季节，粤、闽、浙等省岸段遭受台风灾害更加频繁；另外，沿海降水分布不均，降水量北少南多，与我国秦岭—淮河的地理分界线一致，同时受季风影响，降水季节分配差异较大，易发生旱、涝灾害。

（四）水文特征

海岸带水文要素以地区性分布和季节性变化为主要特征。在水温方面，年均值随纬度增加而降低，年均差随纬度增加而加大。冬季水温沿岸低，而外海高，南北温差大；夏季水温沿岸高而外海低，河口区水温亦高，南北温差小。在盐度方面，沿岸低而外海高，最低值出现在河口区，盐度等值线与海岸线基本平行。

我国沿海潮汐类型复杂，全日潮、正规半日潮、不正规半日潮均有分布；潮差变化显著，东海潮差最大（平均潮差 1.65～5.5 m），黄海、渤海次之（分别为 0.79～3.71 m 和 0.71～2.71 m），南海最小（0.72～2.48 m）。我国沿岸大于 8 m 的最大潮差有：江苏如东小洋口外 9.28 m，杭州湾内澉浦 8.93 m，乐清湾内漩门港 8.43 m，福建三都澳 8.54 m；我国沿岸的波浪大多以风浪为主，黄海沿岸的成山角—石臼所一带以涌浪为主，杭州湾以南沿岸风浪、涌浪出现的频率大致相同；我国沿岸的黄河口和长江口杭州湾为两个含沙量高值区，由高值区向南北两侧递减，等值线与岸线平行，河口区呈弧状外凸。

（五）地貌类型

我国海岸带地貌类型复杂多样，总体上可分为潮上带地貌、潮间带地貌、近海海底地貌和河口地貌四种一级类型，各类都可续分为二级、三级、四级类型。例如，潮上带地貌可分为火山地貌、地震地貌、侵蚀剥蚀地貌、洪积地貌、冲积地貌、海成地貌、湖成地貌、风成地貌、黄土地貌、重力地貌等；潮间带地貌可分为潮滩、海滩、岩滩、礁坪、红树林滩；近海海底地貌可分为冲积海积地貌、海蚀地貌、海蚀海积地貌、海积地貌等；河口地貌可分为近口段地貌、河口段地貌、口外段地貌。

如果缩小在海岸带范围内，从地貌角度来看可分为五大类。基岩海岸北起辽宁的大洋河口，南至广西的北仑河畔，包括台湾、海南和平潭等岛均有分布；砂砾质海岸主要分布于辽（黄龙尾至盖平角、小凌河口以西）、冀（大清河口以东）、鲁（山东半岛）、闽（闽江口以南）、台（西岸）、粤（大亚湾以东、漠阳江口以西、海南岛沿岸）和桂（包括陆岸和岛屿）等省份。另外，苏（连云港以北）、浙也有少量砂砾质海岸；淤泥质海岸主要分布在渤海湾、莱州湾、苏北、长江口、珠江口等岸段；红树林海岸北边界为福建福鼎，人工引种可达浙江苍南；珊瑚礁海岸主要分布在南海诸岛，台、澎沿海和两广沿岸。

二、我国海岸带自然资源状况[4]

（一）空间资源

1. 土地资源

按照沿海县级行政区域统计，海岸带土地面积约 26×10^4 km²，占沿海省（自治区、直辖市）陆域总面积的 20%，占全国陆域国土面积的 2.71%。从省级行政区划来看，沿海各省海岸带的土地资源由大到小依次为广东（47 086 km²）、山东（43 606 km²）、辽宁（31 175 km²）、福建（27 361 km²）、浙江（27 157 km²）、江苏（26 287 km^2）、海南（26 217 km^2）、广西（13 963 km^2）、河北（11 091 km^2）、上海（4 198 km^2）、天津（2 270 km^2）。

2. 滩涂资源

我国海岸滩涂总面积约 21 709 km^2，每年滩涂以约 300 km^2的速度淤涨（何书金等，2005），自然淤涨型滩涂以江苏、浙江最为明显。由于潮流及泥沙的作用，部分自然形成的淤涨型高涂，经过多年沉积大多已经实际成陆。

据江苏近海海洋综合调查与评价专项成果（2008 年），江苏沿海滩涂主要分布在连云港、盐城和南通沿海三市及岸外辐射沙脊群，全省沿海未围滩涂总面积 5 001 km^2（其中，潮上带滩涂面积 307 km^2，潮间带 4 694 km^2，含辐射沙脊群区域理论最低潮面以上面积 2 018 km^2）。辐射沙脊群占江苏沿海滩涂比例较大，除理论最低潮面以上的 2 018 km^2区域外，水深 0~5 m 的沙脊面积为 2 878 km^2，水深 5~15 m 的沙脊面积为 3 961 km^2，主要分布于条子泥、东沙、毛竹沙、外毛竹沙、蒋家沙、太阳沙、冷家沙、腰沙等海域。

据浙江近海海洋综合调查与评价专项成果（2008 年），浙江省海图 0 m 线以上滩涂资源为 2 285 km^2，其中分布于大陆沿岸的约为 1 853 km^2，分布于海岛四周的约为 432 km^2。其中，粉砂淤泥质滩面积达 2 160 km^2，占到了总面积的 94.5%。淤涨型滩涂主要分布在河口、比较开敞的港湾以及部分海岛的西侧，如钱塘江河口两岸、杭州湾南岸、三门湾、台州湾、隘顽湾、漩门湾、瓯江、飞云江及鳌江河口外两侧，这类滩涂目前尚在逐步堆高和向外延伸，涂地大多比较宽阔，单片面积比较大。滩涂资源变化的总趋势是在缓慢地淤涨扩大之中。据初步测算，如不考虑围涂工程造成的促淤效果，全省年均淤涨面积在 40 km^2左右。随着围垦步伐的加快及人工促淤工程措施的实施，滩涂资源的再生面积将达到每年近 53 km^2。

3. 岸线资源

依据 2018 年全国海岸线修测数据，全国大陆自然岸线占总岸线的长度约 40%。大陆自然岸线中原生自然岸线和具有自然海岸形态和生态功能的准自然岸线分别占七成和三成，原生自然岸线以砂质岸线和基岩岸线为主（表 3-1）。

表 3-1　全国自然岸线分类型占比统计

海岸类型		占大陆自然岸线总长度的比重
原生自然岸线	砂质岸线	28.61%
	淤泥质岸线	8.30%
	基岩岸线	30.64%
	河口岸线	1.58%
具有自然海岸形态和生态功能的准自然岸线		30.87%

按照海岸线的自然属性划分，基岩岸线主要分布在福建、山东、浙江、广东和辽宁五个省份，这五个省份的基岩岸线长度约占全国基岩大陆岸线总长度的98%。砂砾质岸线主要分布在山东、广东、福建、辽宁和广西五个省份，这五个省份的砂砾质岸线长度合计约占全国砂砾质大陆岸线总长度的97%。粉砂淤泥质岸线主要分布在广东、山东和福建三个省份，这三个省份的粉砂淤泥质岸线长度约占全国粉砂淤泥质大陆岸线总长度的78%。

4. 浅海海域资源

我国渤海、黄海、东海和南海四大海区，水深分布差异较大。渤海的北界属辽宁省，西界属河北省和天津市，南界为山东省，东以辽东半岛的老铁山西南角与山东半岛的蓬莱间的连线——渤海海峡为界，海域面积约 7.7×10^4 km^2。渤海有三大海湾，辽东湾、渤海湾和莱州湾。辽东湾湾底地形平缓，最大水深 32 m；渤海湾水深较浅，一般小于 20 m；莱州湾最大水深 23 m。黄海是一个浅的半封闭型的边缘海，它的西面是苏北平原和山东半岛，西北面是与渤海相通的渤海海峡，北面是辽东半岛，东面是朝鲜半岛，南面与东海相连，以长江口北角的启东嘴与朝鲜济州岛的西南端连线为界，总面积为 38×10^4 km^2，平均水深 44 m。东海是中国大陆、朝鲜半岛、日本九州和琉球群岛围绕的一个大型边缘海，东海北以长江口北岸的启东嘴至韩国的济州岛西南角的连线为界与黄海相连；东北与济州岛东南端至日本福江岛及长崎半岛野母角的连线为界，并经朝鲜海峡、对马海峡与日本海相通；东及东南以日本的福江岛、南侧的琉球群岛及中国的台湾岛的连线为界与太平洋相接，之间还有许多超过 24 n mile 宽的海峡和水道，如大隅海峡、横奄水道、宫古水道以及那国岛西水道等与太平洋沟通；西接上海市、浙江省、福建省；西南由广东省与福建省交界处广东的南澳岛至台湾猫鼻头的连线为界与南海相通。东海面积约 77×10^4 km^2，平均水深 370 m，最大水深 2 322 m。南海是被中国大陆、中南半岛、大巽他群岛与菲律宾群岛所包围的边缘海。它的北部沿岸有我国的广东、广西、海南三省；西部沿岸有越南、柬埔寨、泰国、马来西亚、新加坡五国；南面有印度尼西亚的苏门答腊岛、勿里洞岛，印度尼西亚、文莱与马来西亚的加里曼丹岛，菲律宾的巴拉望岛；东部有我国的台湾岛和菲律宾的吕宋岛。南海面积约350×10^4 km^2。南海是一个面积广大的深海海盆，四周较浅，中间深陷，平均水深1 140 m，最大水深 5 567 m。

渤海 10～30 m 是其面积较为集中的等深线区间。黄海、东海、南海 50 m 以浅海域面积均大于渤海。东海各等深线海域的面积分布是四海区中最为平均的。南海则呈现出面积随深度的增加而增加的趋势。总体来看，我国领海基线内 50 m等深线以上的浅海面积各海区差别不甚明显；50 m 等深线以下，我国领海基线内各等深线范围内海域面积统计详见表 3-2。

表 3-2　我国领海基线内等深线海域面积分海区统计　　单位：$\times10^4$ km^2

	0~5 m	5~10 m	10~20 m	20~30 m	30~50 m	合计
渤海	0.76	0.92	2.36	3.13	0.37	7.54
黄海	0.71	1.14	2.22	1.92	2.13	8.12
东海	1.01	1.98	1.73	1.33	2.01	8.06
南海	0.89	1.15	1.93	2.47	3.10	9.54

注：数据来源于《我国近海海洋综合调查与评价专项综合报告》。

5. 海岛资源

我国面积在 500 m^{2}以上的海岛共有 7 300 余个（含海南岛本岛和香港、澳门、台湾所属岛屿），总面积约 8×10^4 km^2，约占我国陆地面积的 8%，其中有居民海岛 400 余个。我国海岛分布南北跨越 38 个纬度，东西跨越 17 个经度，最北端的岛屿是辽宁省的小笔架山，最南端的岛群是海南省的南沙群岛，若以海区统计，东海最多，约占 66%；南海次之，约占 25%；黄海居第三，渤海最少。若从各省的海岛数量分布来看，第一位是浙江省，岛屿数量约占全国海岛数量的 42%；其次是福建省，约占 21%；以下依次是广东、广西、山东、辽宁、海南、台湾、河北、江苏、上海和天津。

从海岛的行政区分区来看，省级建制的有香港、澳门两个特别行政区，以及海南和台湾两省。以海岛组成的地市级建制的有舟山和厦门两市。全国海岛县（区）共 14 个，浙江 6 个，福建 3 个，广东 2 个，山东、辽宁和上海各 1 个；全国海岛乡（镇）191 个，以浙江最多（不含海南省本岛，以及香港、澳门、台湾所辖的岛屿）。

除行政区域分布以外，我国海岛还具有以下特征：①大部分海岛分布在沿岸海域，距离大陆小于 10 km 的海岛约占我国海岛总数的 68%以上；②基岩岛的数量最多，占全国海岛总数的 93%左右；沙泥岛（冲积岛）占 6%左右，主要分布在渤海和一些大河河口处；珊瑚岛数量很少，仅占 1.6%，主要分布在台湾海峡以南海区；③岛屿呈明显的链状或群状分布，大多数以列岛或群岛的形式出现；④面积小于 5 km^{2}的小岛数量最多，约占全国海岛总数的 98%。

（二）水资源

1. 淡水资源

我国淡水资源总量为 2.8×10^{12} m^3，居世界第 6 位，但人均水量仅为世界人均占有量的 1/4，居世界第 109 位。按照流域水系划分，沿海包括辽河流域、滦海河流域、黄河流域、淮河流域、长江流域、浙闽台诸河、珠江流域 7 大片区，各片区的总降水量占全国的 35.8%。降水深度由北向南增长，南方的降水深度约为北方的 3 倍。产水量即淡水资源量，包括地表水和地下水，同降水量相应地也是由北向南增长。沿海各片区的总产水量为 $10\ 156\times10^8$ m^3，占全国的 37.3%，其中地表水 $7\ 654\times10^8$ m^3，占全国的 38.0%，地下水 $2\ 502\times10^8$ m^3，占全国的 35.5%。

2. 海水资源

地球表面积约 70% 被海水覆盖，若以海洋平均深度为 4 000 m 计算，则世界海洋中海水总量约达 141.3×10^{16} m^3。储量巨大就是海水资源的第一个特点；第二个特点是海水的组成恒定，即远离河口的大洋海水所溶存的各种盐类的比例几乎是固定不变的；第三个特点是海水中所含各种元素的浓度相差甚大，除了氧和氢（以水的形式存在）外，在海水中氯和钠的浓度占 1%～2%，其余元素镁、硫、钙、钾、溴等的浓度占 0.01%～0.1%。

随着人们对水资源需求量的不断攀升，发展海水淡化和直接利用海水成为海水资源利用的两个主要方向。据《2021 年全国海水利用报告》，截至 2021 年底，全国现有海水淡化工程 144 个，工程规模约 186×10^4 t/d。海水淡化成本大幅度压减，经济可行性提升明显。在海水直接利用方面，发电、石油、化工等多个行业都已经广泛使用海水作为冷却水。除此之外，海盐和盐化工也是海水资源利用的传统领域，我国北方地区降水量小、蒸发量大，海盐生产能力和生产成本均优于南方。

（三）生物资源[5]

据我国近海海洋综合调查与评价专项综合报告，我国海岸带共有 4 000 余种植物，隶属 250 科 1 570 属，其中经济植物有 1 500 余种。根据植物体的化学性质及其用途可以分为：药用植物、油料植物、纤维植物、淀粉植物、用材植物、牧草植物、单宁植物、香料植物 8 类。我国海岸带地区野生经济植物中，纤维资源植物种类有 140 余种，淀粉资源植物种类约 70 种，油料资源植物种类约 120 种，药用植物种类近 1 400 种，香料资源植物种类约 59 种，牧草植物种类约 140 种。此外，还有观赏花卉、绿化植物和野生果、山茶类等植物。

潮间带是海岸带高生产力区域，生物种类多，生物量大。潮间带底栖生物有787种，总体以软体动物的生物量和生物密度最高。我国近海有鱼类近2 000种，其中300余种是重要经济鱼类，60余种是最为常见而产量又较高的主要经济鱼类。南海的鱼种最多，有1 000余种，具有捕捞价值的有100~200种；东海鱼类有700余种，但产量却比南海高，主要经济鱼类近百种；黄海和渤海共有鱼类250余种，主要经济鱼类约40种。此外，还有许多如对虾、毛虾、鹰爪虾、海蟹、扇贝、乌贼（墨鱼）、海蜇等重要的无脊椎动物资源，其门类很多，经济价值较高的有百余种。

（四）矿产资源[5]

我国海岸带矿产资源丰富，内生、外生和变生矿产均有分布，矿产种类包括黑色金属、有色金属、稀有分散元素、燃料、冶金辅助原料、化工原料、建筑材料、特种非金属和其他非金属矿产等。海岸带优势矿产主要有石油、天然气、金、金刚石、明矾石、菱镁矿、滑石、石墨、高岭土、钛铁砂矿、锆英石砂矿、型砂、标准砂和玻璃砂等。

（五）可再生能源

我国海岸带地区海洋可再生能源主要有潮汐能、波浪能、风能，以及潮流能、温差能、盐差能等。根据我国近海海洋综合调查与评价专项相关调查研究成果[5]，除台湾省外，我国近海海洋可再生能源总蕴藏量为 15.80×10^{8} kW，总技术可开发装机容量为 6.47×10^{8} kW。

三、我国海岸带重要的生态系统

红树林、珊瑚礁、海草床等是典型海洋生态系统，是海洋生态和生物多样性保护的关键对象，它们是滨海湿地中最重要的组成部分。除此之外，柽柳、碱蓬、芦苇等盐沼、河口三角洲、沿海滩涂等属于滨海湿地的一部分，也具有重要的生态价值和社会服务功能。

（一）红树林生态系统

红树林被称为“海底森林”，是海洋生物资源的宝库之一。红树林可以为鸟类、鱼类和其他海洋生物提供丰富的食物和良好的栖息环境，在维护改善海湾、河口地区生态环境，防浪护岸，净化陆地径流，防治近海水域污染，维护近海渔业的稳产高产，保护沿海湿地多样性等方面具有不可替代的重要作用。

红树林生长在热带、亚热带海岸潮间带上部，受周期性潮水浸淹，以红树植物为主体的常绿灌木或乔木组成的潮滩湿地木本生物群落，属常绿阔叶林，主要分布于淤泥深厚的海湾或河口盐渍土壤上。红树植物可分为真红树植物和半红树植物，真红树植物只能在潮间带生境中生长，半红树植物是可以在潮间带沿岸陆地生长并在潮间带形成优势种群的两栖性木本植物。

我国红树林主要分布在广东、广西、福建、海南等地，共有21科25属37种，包括12科15属26种真红树植物和9科10属11种半红树植物。2001年，全国红树林资源调查结果显示（图3-1），全国红树林面积约 2.2×10^4 hm^2[6]。广东红树林主要分布在英罗港、安铺港、广海湾、镇海湾、海陵山湾、雷州湾等气温高、水温高、滩涂面积广的区域，以次生林为主，群落外貌结构简单。广西是我国目前红树林分布面积最广的地区，达6 170 hm^2，有红树植物12种，分布于英罗港、丹兜海、铁山港、钦州湾、江平以及北仑河口等地。福建省福鼎市是红树林自然分布的最北界，分布面积和种类均较少，主要分布于厦门、云霄、晋江、莆田等地。海南省是我国红树植物种类最多、生长最高大的地区，主要分布于东寨港、清澜港等地，共有29种，面积4 836 hm^2。此外，浙江省于20世纪80年代成功引

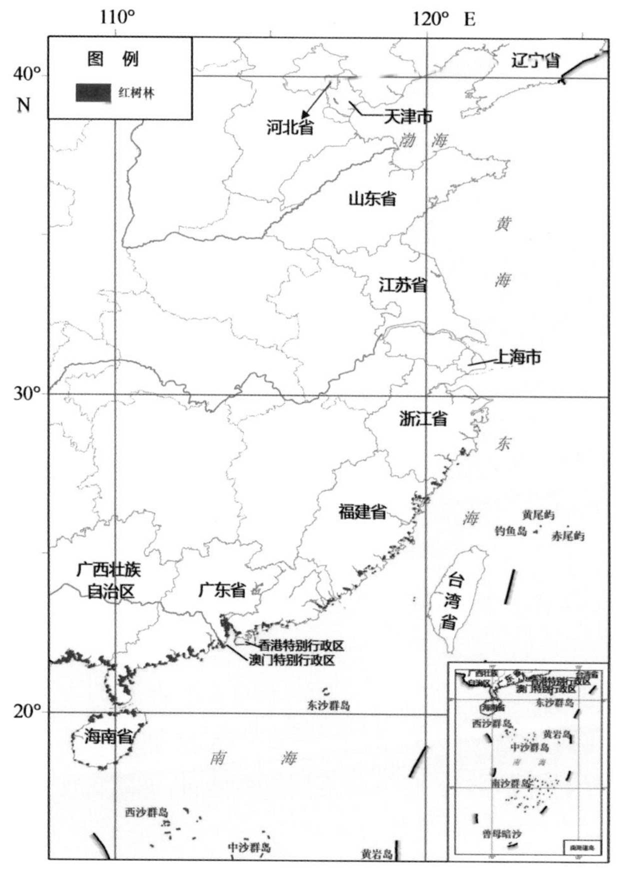

图3-1 我国红树林主要分布区域（数据资料暂不包括香港、澳门、台湾地区）示意图

种了秋茄，在温州市瑞安、苍南、平阳等县市红树林有零星分布，唯一有点规模的成片分布区位于温州市乐清湾西门岛[7]。

（二）珊瑚礁生态系统[8]

珊瑚礁广泛分布于热带海洋中，珊瑚礁生态系统初级生产力水平为自然生态系统之最。珊瑚礁生态系统为人类提供食物、药物、旅游、美学和海岸带方案等多方面的生态服务功能，是人类赖以生存和发展的生命支持系统。

由于对自然环境条件有严格的要求，造礁珊瑚主要分布在两大区系：大西洋-加勒比海区系和印度-太平洋区系，两者分别占全球珊瑚礁总面积的8%和78%。我国珊瑚礁属于印度-太平洋区系，主要分布于台湾岛、海南岛、雷州半岛南部及南海诸岛。按照世界资源研究所2002年利用1 km^2网格量算的珊瑚礁面积，我国合计为73 001 km^2，占世界珊瑚礁总面积的2.57%，居世界第8位，位列印度尼西亚、澳大利亚、菲律宾、法国、巴布亚新几内亚、斐济、马尔代夫之后。

我国近海海洋综合调查与评价专项于2005—2006年对我国华南沿岸、海南岛及西沙群岛海域进行了系统的珊瑚礁生态系统调查。该次调查造礁石珊瑚类型：亚热带造礁石珊瑚群落区为福建东山和广东大亚湾；珊瑚礁分布北缘区域为广西涠洲岛和广东徐闻；珊瑚礁岸礁区域为海南岛沿岸；珊瑚岛礁海域是西沙群岛。海南岛珊瑚礁岸线总长约200 km，约占海南岛及其离岛岸线的11.5%。南海诸岛中，西沙群岛、中沙群岛、东沙群岛和南沙群岛绝大多数由珊瑚礁组成，可分为环礁和台礁两类，共有环礁65座、台礁42座。此外，还有埋藏于水域较深处、性质待定的滩或暗沙11座。

（三）海草床生态系统

海草是单子叶草本植物，通常生长在浅海和河口水域，最大海草分布深度为水下90 m处，大多数海草种类分布在浅海海域深度20 m内，大面积的连片海草被称为海草床。

海草床是遍布世界浅海水域最显著和广泛的群落之一，是一类具有极高生产力的浅海生态系统，其主要的结构成分是海草。海草是只适应于海洋环境生活的水生种子植物，一般生活在潮下带浅水6 m以上的环境。海草是许多动物的直接食物来源，同时也是许多动植物的重要栖息地和隐蔽场。海草从海水和表层沉积物中吸收养分的效率很高，是控制浅水水质的关键植物，但如果海湾或河口的海草大量生长，也会造成河道堵塞，影响航道通行。

中国现有海草22种，隶属于10属4科，约占全球海草种类数的30%。中国海草分布区可划分为两个大区：南海海草分布区和黄渤海海草分布区。前者包括海南、广西、广东、香港、台湾和福建沿海；后者包括山东、河北、天津和辽宁沿海。中国现有海草场的总面积约为 8 700 hm^2，其中海南、广东和广西分别占 64%、11% 和 10%，南海区海草场在数量和面积上明显大于黄渤海区。南海区海草场主要分布于海南东部、广东湛江市、广西北海市等沿海；黄渤海区海草场主要分布于山东荣成市和辽宁长海县沿海。[9]

（四）滨海湿地生态系统[10,11]

据《中国滨海湿地》，2007 年我国滨海湿地（海岸线到水深 6 m 等深线）面积为 693×10^4 hm^2（各海区滨海湿地面积统计详见表 3-3），其中自然滨海湿地面积为 669×10^4 hm^2，占滨海湿地总面积的 97%。自然滨海湿地中，各类型面积分别为浅海水域 499×10^4 hm^2、滩涂 46×10^4 hm^2、滨海沼泽 5×10^4 hm^2、河口水域 94×10^4 hm^2、河口三角洲 25×10^4 hm^2。我国重要滨海湿地中，芦苇湿地、碱蓬湿地、红树林湿地、珊瑚礁和海草床等较为典型。滨海芦苇湿地多以坝上苇塘为主，属人工、半人工湿地，广泛分布在杭州湾以北区域；碱蓬湿地在渤海、黄海和东海沿岸均有分布；互花米草湿地是因外来物种引入而形成的一种湿地类型，江苏、浙江、上海和福建四省份的互花米草面积占全国的 94%。我国各海区主要的滨海湿地分布如表 3-3 所示。

表 3-3 我国各海区滨海湿地面积统计 单位：$\times 10^4$ hm^2

海区	滨海湿地	自然滨海湿地				
		合计	浅海水域	滩涂	滨海沼泽	河口水域
渤海滨海湿地	165	152	99	10	1	42
黄海滨海湿地	156	150	132	11	2	5
东海滨海湿地	207	206	152	4	1	49
南海滨海湿地	165	161	116	21	1	23

注：数据来源于《中国滨海湿地》[11]。

（1）渤海滨海湿地。主要由芦苇、碱蓬、柽柳湿地等组成，包括大连西北部河口滩涂湿地、辽河三角洲、北戴河—滦河河口湿地、渤海湾西部湿地、黄河三角洲和渤海海峡群岛湿地。其中，重要的滨海湿地包括大连国际级斑海豹自然保护区、辽宁双台子河口湿地、昌黎黄金海岸湿地、天津古海岸湿地、天津北大港湿地、滦河河口沼泽区、北戴河沿海湿地、沧州南大港湿地、黄河口湿地、莱州湾湿地、庙岛群岛湿地等。

（2）黄海滨海湿地。主要由芦苇、碱蓬湿地等组成，主要滨海湿地有鸭绿江滨海湿地、大连东南沿海河口滩涂湿地、山东东南沿海河口海湾湿地、苏北沿海湿地等。具有重要作用的湿地包括鸭绿江口滨海湿地、大沽夹河河口和胶州湾湿地、黄垒河和乳山河河口湿地、荣成湿地、大丰麋鹿自然保护区、江苏盐城保护区等。

（3）东海滨海湿地。主要由芦苇、海三棱草和红树林湿地组成，主要滨海湿地包括上海崇明湿地、长江口湿地、杭州湾湿地、浙中南沿海湿地、闽东-闽南湿地等。具有重要作用的湿地包括上海崇明东滩自然保护区、上海长江口中华鲟湿地自然保护区、灵昆岛东滩湿地、乐清湾湿地、三沙湾湿地、闽江口湿地、兴化湾湿地、泉州湾湿地、九龙江河口湿地和漳江口红树林湿地等。

（4）南海滨海湿地。主要以红树林、珊瑚礁和海草床为主，具有典型的热带生态系统特征。南海滨海湿地包括粤东滨海湿地、珠江三角洲湿地、粤西及雷州半岛滨海湿地、北部湾滨海湿地、海南岛沿海湿地、西沙群岛湿地、南沙群岛湿地、中沙群岛湿地等。重要滨海湿地主要有广东湛江红树林国家级自然保护区、广东惠东港口海龟国家级自然保护区、广东海丰公平大湖省级自然保护区、珠江口湿地、东寨港红树林湿地、文昌湿地、洋浦港湿地、三亚珊瑚礁自然保护区湿地、大洲岛自然保护区湿地、西沙群岛湿地、钦州湾湿地、山口红树林区、北仑河口湿地等。

四、我国海岸带经济社会情况[12]

（一）海岸带总体情况

考虑到数据资料的易获取性和社会经济发展的辐射性，本部分内容不完全局限于海岸线县域范围。从经济发展来看，自 2001—2018 年以来，沿海地区生产总值占国内生产总值的比重保持在 56%~63%，沿海地区对全国经济增长的贡献保持在 31%~75%，是支撑国民经济的半壁江山。同期，54 个沿海城市的 GDP 占沿海地区 GDP 的比重在 60%左右，GDP 增速略高于沿海地区。沿海县是支撑沿海地区社会经济发展的重要力量之一。据国家统计局公布的统计数据，2016 年有统计数据的 127 个沿海县生产总值达 6.01 万亿元，占沿海地区的 14.1%，占沿海城市的 23.83%。127 个沿海县规模以上工业总产值 11.17 万亿元、规模以上工业企业 42 821个，分别占沿海地区的 15.8%、18.6%。

从人口规模来看，2012—2016 年沿海地区人口占全国的比重稳定保持在 43%以上，全国排名前 10 的省份中，沿海省份占据 5 席，与此同时，人口年均增速仅为 0.65%，人口增长缓慢，老龄化较为严重，人口红利逐渐消失。人口主要集中在长三角、珠三角和京津冀三大城市群，2016 年沿海城市常住总人口占全国总人口的1/5，年均增速也明显高于全国和沿海地区的平均增速。

（二）海岸带经济产业情况

20世纪80年代，国家相继设立了深圳、珠海、汕头、厦门和海南5个经济特区，以及大连、秦皇岛等14个经济技术开发区，之后又相继把长江三角洲、珠江三角洲、闽南三角洲等开辟为沿海经济开放区。进入21世纪后，国务院先后批准上海浦东新区和天津滨海新区为全国综合配套改革试验区，先行试验一些重大的改革开放措施。海岸带地区依靠临海的区位优势和改革开放的先发优势，抢抓发展机遇，实现率先发展，成为经济持续快速增长的“龙头”。

1. 港口产业

自20世纪中期以来，沿海地区的城市化进程通常以港口和相关工业活动为主。港口开发与周围新兴工业活动之间的关系取决于港口所处理的货物类型，但在一定程度上也受到较大型陆地开发状况和海运设施需求的影响。一直以来，制造业趋于全球化和贸易国际化是推动沿海地区城市化进程的一大因素，而这在东亚海域尤为明显。随着城市的经济发展，工业化港口也在不断快速地新建和扩建码头，再配套大容纳能力的陆地储存和运输区，与周边城市隔离开来，这是一种趋势，我国沿海港口分布见图3-2。

2016年底，全国沿海港口生产用码头泊位5 887个；全国沿海港口万吨级及以上泊位1 894个；全国沿海港口完成货物吞吐量84.55亿吨，增长3.8%；沿海亿吨港口达到22个。

2. 化工产业

中国石化企业空间分布具有明显的区域不均衡性，经济发达的东部沿海地区和原油产量丰富的西部地区深受石化企业的青睐，但西部地区炼厂产能较小、产品结构单一、设备落后，重工业基础雄厚的北方炼厂多于南方，空间上形成了“沿海强、内陆弱”“北方强、南方弱”的格局。目前，我国七大世界级石化产业基地，分别是上海漕泾、浙江宁波、广东惠州、福建古雷、大连长兴岛、河北曹妃甸、江苏连云港。七大基地立足于海上能源资源进口的重要通道，瞄准环渤海、长三角、珠三角三大经济圈，全部投射在沿海重点开发地区[13]，七大基地分布详见图3-3。

根据截至2020年的海域使用权属数据，全国有29个化工项目涉及用海，海域使用确权76宗，海域面积2 000 hm^2余，占用海岸线3 000 m余，其中25宗在区域建设用海规划内。

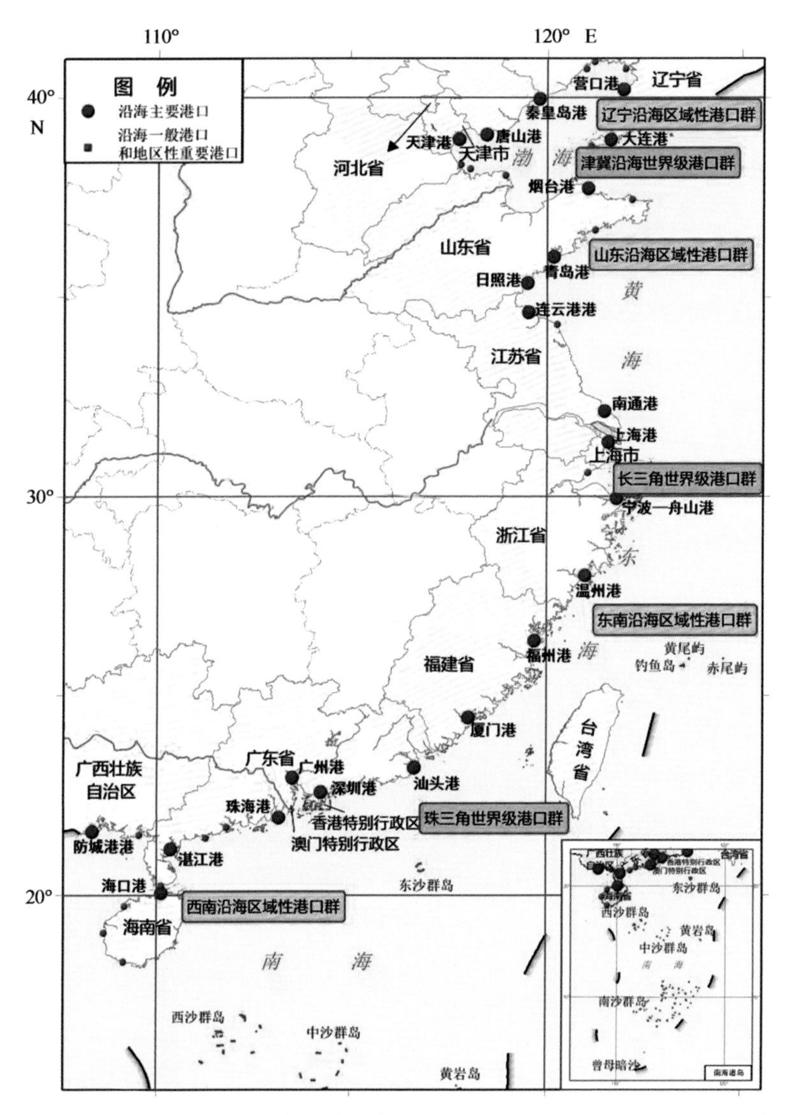

图 3-2　我国沿海港口分布（数据资料暂不包括香港、澳门、台湾地区）示意图

根据《全国沿海港口布局规划（2018—2035 年）》和 2018 年中国港口年鉴等资料绘制

3. 钢铁产业

近 20 多年来，我国钢铁工业空间格局由资源导向转变为临港导向。20 世纪 80—90 年代，辽宁、贵州、河北三省凭借丰富的铁矿石资源，成为当时中国重要的钢铁工业基地。进入 21 世纪后，我国铁矿石进口量急剧上升，出于降低运费、节省成本，以及用水便利等因素，钢铁行业向沿海地区的布局，铁矿石对外依存度已高达 80%。2018 年，粗钢产量排名第一位的为河北省，占全国总产量的 25. 56%。排名前四位的全部为沿海省份，分别为河北、江苏、山东、辽宁，占全

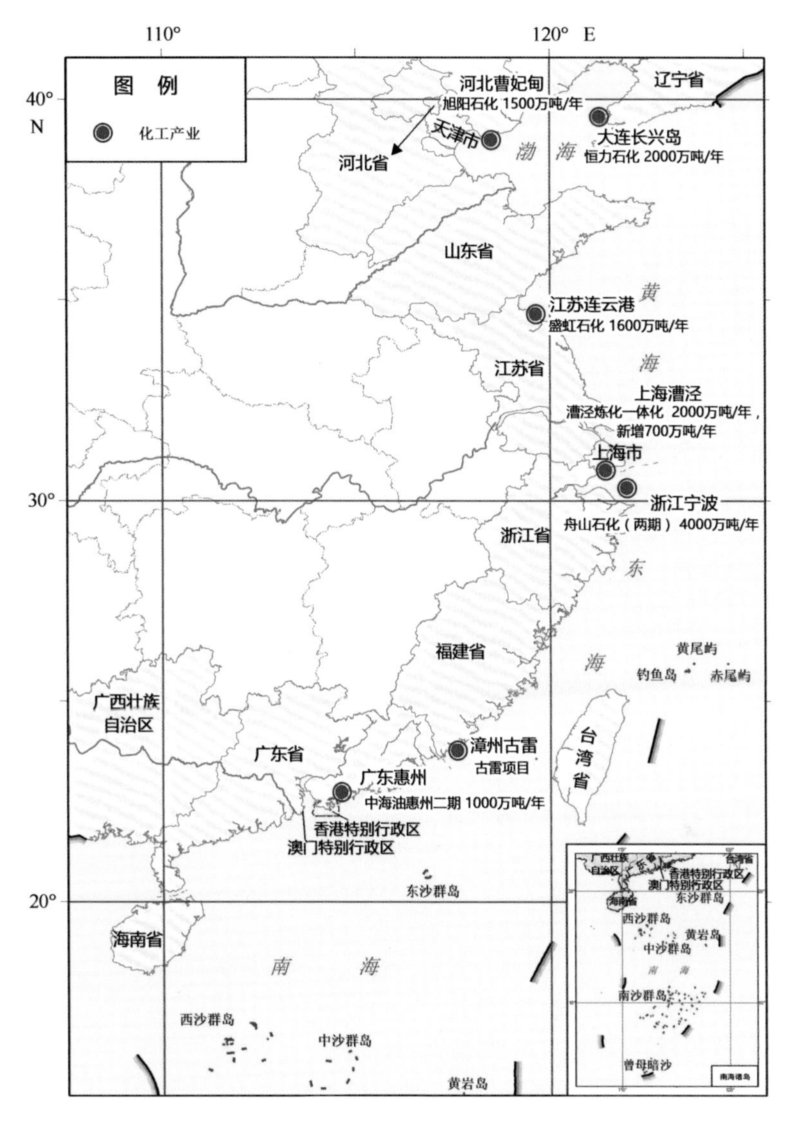

图 3-3 我国七大石化产业基地分布（数据资料暂不包括香港、澳门、台湾地区）示意图

据网络安讯思数据绘制

国总产量的 51.93%，各省份粗钢产量详见图 3-4。

沿海大型钢铁基地主要有 9 个，不完全统计总产能为 7 220×10^4 t，约占当前钢铁产能总量的七成左右。已确权用海面积 4 712 hm^2，其中填海 1 874 hm^2。已有一定建设规模的主要分布在环渤海的营口、唐山、黄骅，山东日照，以及广东湛江和广西防城港。

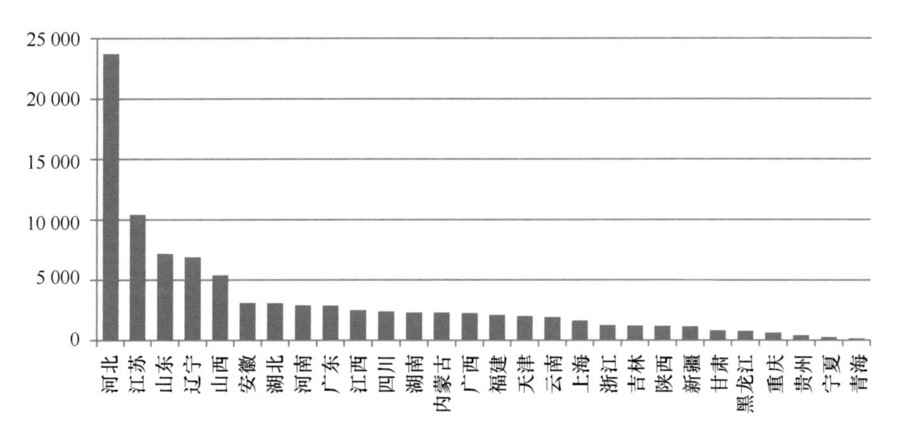

图 3-4　2018 年全国各省份粗钢产量

4. 船舶制造

2015 年，全国规模以上船舶工业企业共 1 521 家，其中，大型企业 148 家，中型企业 300 家，小型企业 1 073 家，小型企业占比为 70. 55%。我国船舶工业已形成三大产业群，分别是环渤海船舶业集群、长江三角洲船舶业集群和珠江三角洲船舶业集群，其中，造船完工量在 5 万载重吨及以上或新承接船舶在 20 万载重吨及以上、修船年销售收入前 15 名、主要船舶配套生产企业等重点企业共有 81 家，我国船舶工业用海分布见图 3-5。

5. 滨海旅游

借用产业集中度分析我国滨海旅游区域空间集中程度，在我国 53 个滨海旅游城市中的 18 个城市创造了滨海旅游产业 80%以上的收入，18 个城市分别为：上海市、广州市、天津市、杭州市、深圳市、青岛市、宁波市、大连市、厦门市、福州市、温州市、台州市、烟台市、绍兴市、泉州市、珠海市、嘉兴市和威海市，我国滨海旅游资源分布概况见表 3-4。

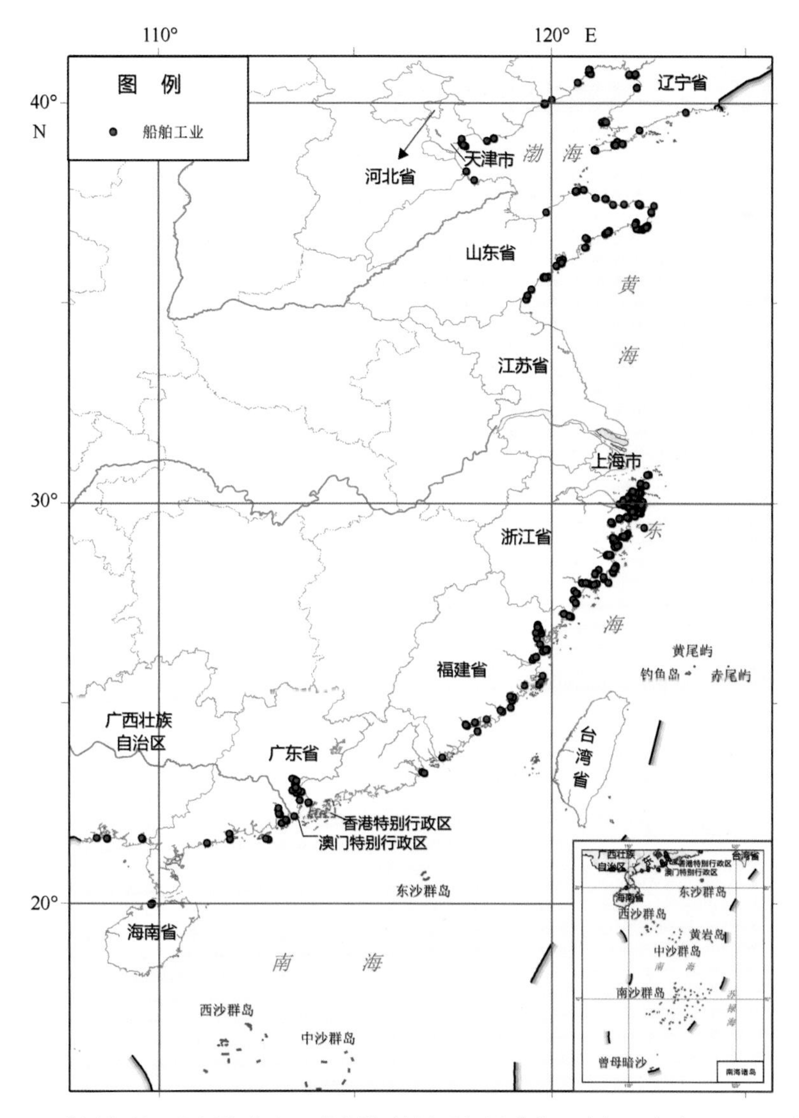

图 3-5　我国船舶工业用海分布（数据资料暂不包括香港、澳门、台湾地区）示意图

根据截至 2020 年船舶工业海域使用确权数据整理绘制

表 3-4　我国滨海旅游资源分布概况

区域	地理范围	重点旅游城市	区域优势	主要旅游功能	主要目标市场
环渤海滨海旅游区	辽宁省、河北省、山东省及天津市所属的 17 个滨海旅游城市	大连、天津、秦皇岛、青岛、烟台、威海	气候优良、资源丰富、区域紧密度高、客源市场优势	海滨观光、休闲度假	日本、韩国、环渤海湾地区

续表

区域	地理范围	重点旅游城市	区域优势	主要旅游功能	主要目标市场
长三角滨海旅游区	江苏省、上海市、浙江省所属的11个滨海旅游城市	上海、连云港、宁波、杭州	区域经济优势、对外开放优势、人文资源丰富	海滨观光、都市观光、都市休闲、商贸购物	长江三角洲、欧美
泛珠三角滨海旅游区	福建省、广东省、广西壮族自治区、海南省所属的25个滨海旅游城市	福州、厦门、泉州、广州、深圳、北海、珠海、湛江、海口、三亚	地理区位优势、宗教文化多元、民俗特色突出	海滨观光、民俗旅游、休闲度假、疗养避寒、娱乐购物	东南亚、长江三角洲、珠江三角洲、欧美

6. 海上风电

根据《风电发展“十三五”规划》，到2020年，我国海上风电开工建设规模达到1 000×10^4 kW，累计并网容量达到500×10^4 kW。截至2020年，中国11个沿海省份中有9个省份的海上风电已经得到国家能源局批复，累计批复规模约7 200×10^4 kW。其中，海南、浙江、福建、广东的海上风电发展支持力度非常大。

从布局区域上来看，江苏省海上风电项目主要集中在如东县、大丰区、滨海县和响水县等海域；浙江省海上风电项目则集中在杭州湾海域；福建省海上风电主要集中在莆田市、福清市和平潭县等近海海域；广东省集中在珠海市、阳江市和汕尾市等近海海域；天津市海上风电主要集中在滨海新区海域；河北省海上风电项目集中在乐亭县、海港区、曹妃甸区等近海海域，我国风电用海分布见图3-6。

7. 核电

截至2018年，我国已商运机组共42台，合计装机容量4 177.1×10^4 kW。核电发电量为全球第三位，仅次于美国和法国。但核电仅占国内总发电量的4.0%，远低于全球10%的平均占比和五大发达国家20%左右的占比水平。

从地区分布来看，在运核电商用机组，广东省最多，17台；浙江其次，9台。在建核电机组，山东最多，4台；广东和江苏其后，各3台。另已开展前期工作的共23台，主要在福建、辽宁、山东和广东等地，我国沿海核电分布见图3-7。

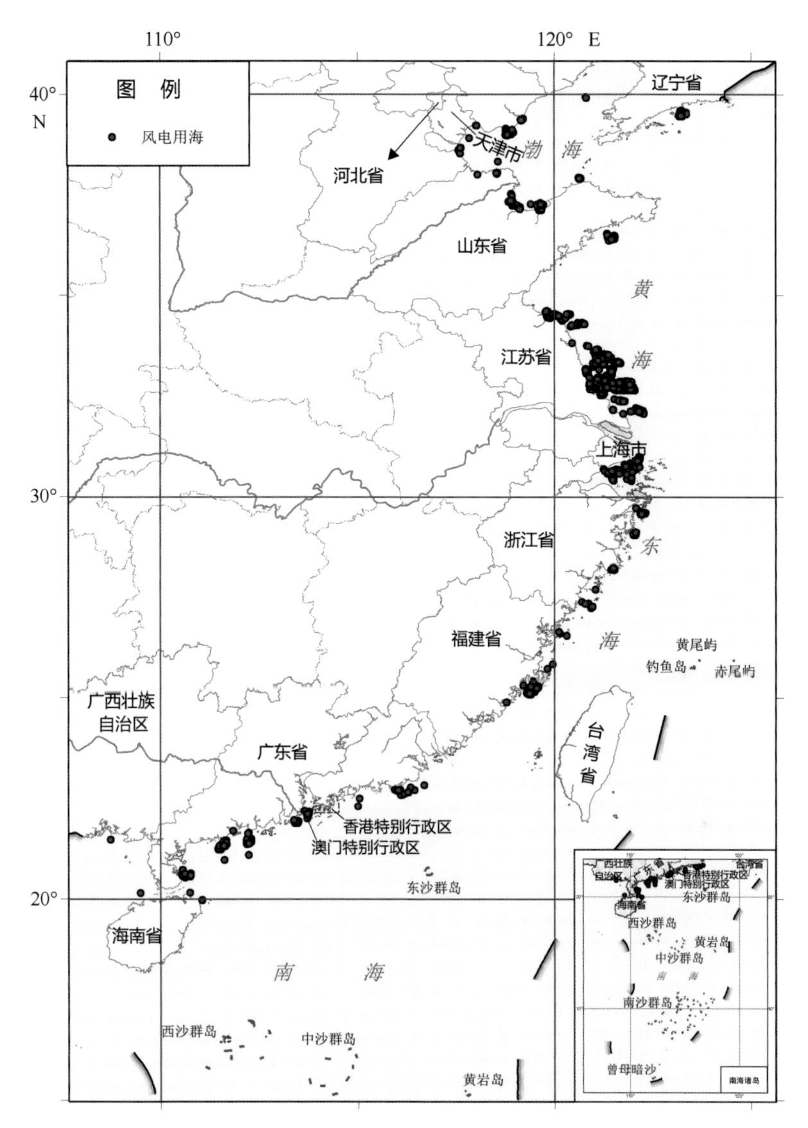

图 3-6 我国风电用海分布（数据资料暂不包括香港、澳门、台湾地区）示意图

根据截至 2020 年海上风电海域使用确权数据整理绘制

（三）海岸带开发利用情况

1. 海域开发利用基本情况

截至 2020 年底，全国海域使用确权面积为 43 068 km²。从行政区域分布上来讲，确权面积由高至低依次为：辽宁（44.69%）、山东（30.65%）、江苏（9.63%）、河北（3.81%）、福建（3.17%）、浙江（2.70%）、广东（2.44%）、广西（1.73%）、海南（0.59%）、天津（0.29%）和上海（0.16%）。此外，渤海

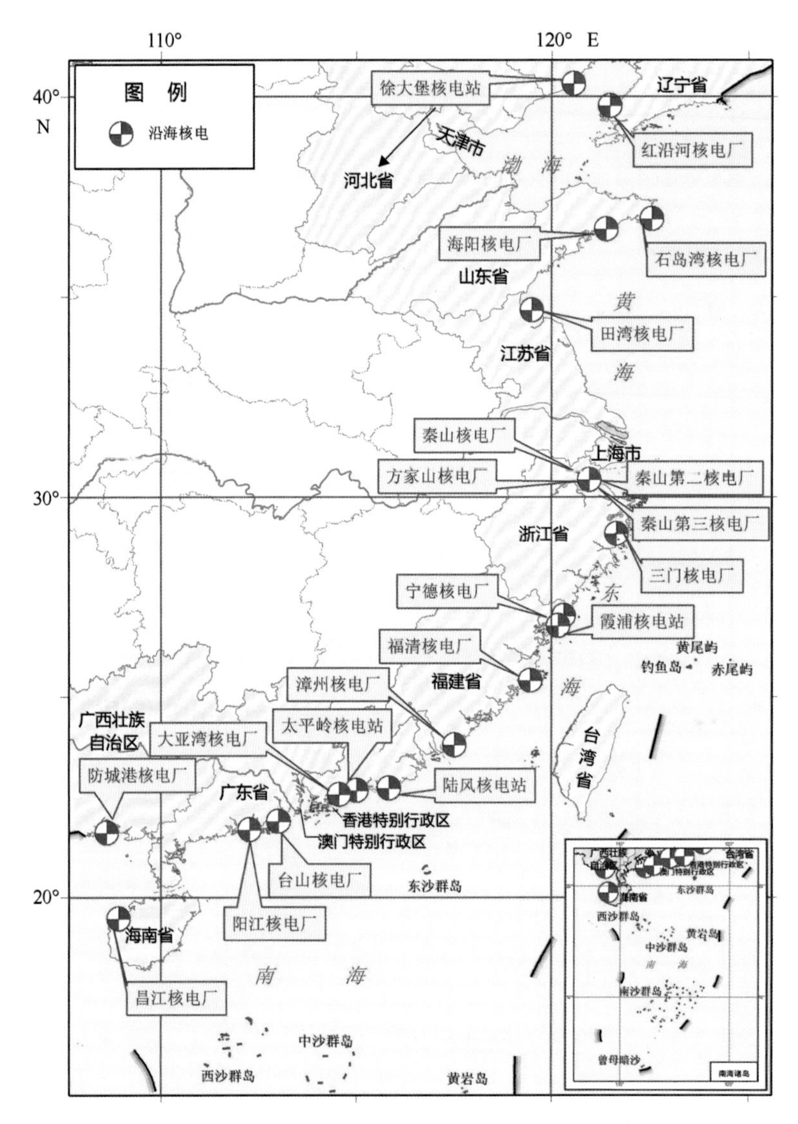

图 3-7　我国沿海核电分布（数据资料暂不包括香港、澳门、台湾地区）示意图

据中国核电网、中国核能行业协会等网络公开资料整理绘制

中部海域还存在约 0. 14%的用海，主要是海洋油气开采和海底电缆管道。从确权面积占管辖海域面积的比重来看，排名居前列的均为北方地区，辽宁（31. 08%）、山东（18. 62%）、河北（15. 14%）。除海南之外，比例最小的是上海（0. 42%），其次是广东（1. 08%）。

从用海类型来看，确权面积由高至低依次为：渔业用海（87. 24%）、工业用海（4. 18%）、交通运输用海（3. 65%）、造地工程用海（1. 93%）、海底工程用海（0. 99%）、特殊用海（0. 74%）、其他用海（0. 59%）、旅游娱乐用海（0. 58%）、排污倾倒用海（0. 08%）。若以上海为界，则其以北的区域，渔业用海占总确权面积的 84.15%；其以南地区，渔业用海仅占总确权面积的 5.49%。

从用海方式来看，开放式用海占 87.55%、围海占 5.70%、填海造地占 3.81%、其他方式占 1.81%、构筑物占 1.15%。从权属数据来看，填海造地和围海面积最大的是辽宁，其次是山东、浙江、福建、江苏，最小的为上海、天津和海南。

将 2008 年前后各省级人民政府批复的大陆海岸线向海一侧进行缓冲，每 10 km 作为一个缓冲间距。10 km 缓冲区以内的确权用海面积占确权总面积的 45.23%，20 km 缓冲区以内占 67.15%，30 km 缓冲区以内占 78.01%，40 km 缓冲区以内占 83.69%，50 km 缓冲区以内占 89.02%（图 3-8）。

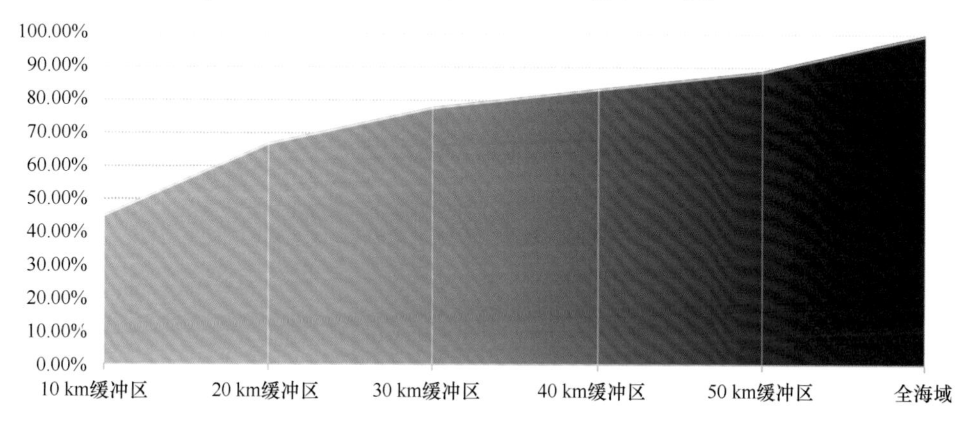

图 3-8　海岸线向海一侧不同缓冲区内确权用海面积占总确权用海面积比重

从用海类型来看，造地工程用海、旅游娱乐用海主要位于 0~10 km 缓冲区内，均占到该类型用海总量的 95%以上；交通运输用海、海底工程用海、特殊用海、其他用海等，在 0~10 km 缓冲区内也占到了该用海类型用海总量的 50%以上，并且都呈现随着离岸距离越远，用海占比越小的特点；渔业用海主要集中在 0~20 km 内，占该用海类型总确权面积的 66.19%，而 50 km 以外的还占 14.15%，为各用海类型之最；工业用海分布最为均匀，0~10 km 占 30.65%，10~20 km 占 24.64%，20~30 km 占 18.68%，30~40 km 占 18.68%，40~50 km 占 13.25%（表 3-5）。

表 3-5　各用海类型在海岸线向海一侧不同缓冲范围内的确权面积占比

用海类型	0~10 km 缓冲区占比	10~20 km 缓冲区占比	20~30 km 缓冲区占比	30~40 km 缓冲区占比	40~50 km 缓冲区占比	50 km 以外占比
渔业用海	42.85%	23.34%	9.98%	9.98%	4.38%	14.15%
工业用海	30.65%	24.64%	18.68%	18.68%	13.25%	2.86%
交通运输用海	75.91%	13.11%	6.87%	6.87%	0.32%	1.59%
旅游娱乐用海	96.65%	2.23%	0.62%	0.62%	0.01%	0.11%
海底工程用海	65.64%	4.96%	11.98%	11.98%	0.39%	3.08%

续表

用海类型	0~10 km 缓冲区占比	10~20 km 缓冲区占比	20~30 km 缓冲区占比	30~40 km 缓冲区占比	40~50 km 缓冲区占比	50 km 以外占比
排污倾倒用海	89.42%	6.61%	0.03%	0.03%	0.00%	0.00%
造地工程用海	97.25%	1.17%	1.15%	1.15%	0.16%	0.02%
特殊用海	81.29%	9.59%	4.17%	4.17%	0.02%	2.50%
其他用海	77.67%	0.62%	20.46%	20.46%	0.42%	0.24%
总计	45.23%	21.92%	10.86%	10.86%	5.33%	10.98%

2. 邻近陆域开发利用情况

根据侯西勇教授关于21世纪初中国海岸带土地利用格局特征的研究，将全国海岸线（包括台湾、海南两省区的海岸线）向陆一侧30 km缓冲区范围，作为研究边界[14]。利用2005年的土地利用现状数据分析，耕地占41.37%、林地占32.52%、建设用地占11.76%、水域占7.93%。对2 km间距进行缓冲区分析，向陆一侧划分15个条带。研究发现，0~4 km范围内两带的土地利用结构明显不同于其他13个带区，耕地和林地的绝对面积及其比例远低于其他带区，水域（以滩涂、水库坑塘为主）和建设用地（城镇建设用地、农村居民点和其他建设用地均比较突出）面积比例均远远高出其他带区。将离海岸线30 km区域作为统计单元，则50%以上的水域分布在距海岸线6 km范围内，50%以上的建设用地和未利用地分布在距海岸线10 km范围内，50%以上的草地分布在距海岸线12 km范围内，50%以上的耕地分布在距海岸线14 km的范围内，50%以上的林地分布在距海岸线16 km范围内。

第二节　海岸带国土空间用途管制面临的问题

海岸带是一个自然过程极为活跃的地带，即使在无人类活动参与的情况下，其演变也是比较剧烈的，因此，海岸带本身是脆弱的地理单元。同时，海岸带对于人类开发利用海洋又有诸多的优越性，所以海岸带又必然成为高密度、高强度开发利用的地带，这样一来，人类对海岸带的影响和损害就更加明显了。正是在自然和人类双重力量的影响下，海岸带正经历着前所未有的巨大变化，出现了许多有碍可持续发展的严重问题。

一、生态环境、灾害防范等方面的问题

（一）生态系统退化较为严重[15]

1. 滨海湿地生境破碎面积萎缩

1980年以前，沿海滩涂湿地主要用于农业、盐业和水产养殖；1980年以后，其用途逐渐扩大到港口物流、临海工业和城镇建设等，导致滨海湿地面积持续减少。根据2014年公布的全国第二次湿地资源调查，中国滨海湿地面积为57 959 km^2，占全国湿地总面积的10.85%[16]，与1995—2003年实施的首次湿地资源调查同口径相比，面积减少了13 612 km^2，减少率为22.91%。其中，辽河三角洲、黄河三角洲、胶州湾、莱州湾、苏北沿海、长江口和珠江口等区域的减少较严重。

滨海湿地的萎缩和破碎化，对生物栖息地造成了较大影响，破坏海洋底栖生物和鱼类产卵场、索饵场，严重影响了滨海湿地的生物多样性。此外，我国水鸟种类总数的80%以上生活在滨海湿地，滨海湿地的大量减少，还给依赖于滨海湿地生存、繁殖、越冬的候鸟生存带来严重的威胁。

2. 典型生态系统受损严重

2018年，全国重点监测的河口、海湾、滩涂湿地、珊瑚礁、红树林和海草床等各类海洋生态系统中，处于健康、亚健康和不健康状态的海洋生态系统分别占23.8%、71.4%和4.8%。由于乱砍滥伐、毁林养殖、陆源污染、垃圾倾倒、外来物种入侵、病虫害威胁等因素，我国红树林生态系统面临着林地面积减少、林分退化、质量下降等问题。据我国近海海洋综合调查与评价专项调查统计，天然红树林面积已由20世纪50年代初的5×10^4 hm^{2}下降到1.4×10^4 hm^2，全国60%以上的红树林处于亚健康和不健康状态。2002年，我国红树林面积为1.5×10^4 hm^2，与20世纪50年代相比，总面积减少了73%。近年来，通过人工种植和移植等手段，红树林面积有所恢复，现有红树林总面积为2.2×10^4 hm^2。由于多年来海岸带的开发活动和自然因素等影响，我国的珊瑚礁生态系统状况总体呈退化趋势。据统计，20世纪50年代以来，海南岛沿岸的珊瑚礁破坏率达80%[17]。我国西沙群岛的珊瑚礁，由于远离大陆环境，条件优越，一直以来是我国保存相当完好、极为珍贵的珊瑚礁区，然而近几年来发现，由于严重的长棘海星生物敌害、台风自然灾害和人为因素，已出现较大面积的退化，现状堪忧。海南、广西、广东部分地区的海草床由于滨海区域不合理开发造成盖度和密度下降，海草床退化日趋严重。

3. 河口海湾富营养化问题突出

根据《中国海洋生态环境状况公报》，2018 年全国面积大于 100 km^2的 44 个海湾中，有 16 个海湾四季均出现劣于第四类海水标准的水质，主要超标因子为无机氮和活性磷酸盐。辽东湾、渤海湾、莱州湾、江苏沿岸、长江口、杭州湾、浙江沿岸、珠江口等近岸海域的无机氮、活性磷酸盐和石油类等水质因子超标较为严重。2018 年，呈富营养化状态的海域面积共 56 680 km^2，其中轻度、中度和重度富营养化海域面积分别为 24 590 km^2、17 910 km^2和 14 180 km^2。重度营养化海域主要集中在辽东湾、渤海湾、长江口、杭州湾、珠江口等海域。

河口、海湾生态系统整体呈现不健康或亚健康状态，生物多样性及生态系统结构发生一定程度变化，生态系统服务功能退化。如多数河口、海湾的浮游植物密度偏高，浮游动物、底栖动物密度和生物量过低，鱼卵仔鱼密度总体偏低；部分生物体内镉、铅残留水平较高，区域水产品质量下降，产量降低，生态系统服务功能减弱。

4. 近海渔业资源衰退严重

我国近海传统渔场包括黄渤海渔场、东海区渔场（舟山渔场、温台渔场、闽南-台湾浅滩渔场）、南海沿岸渔场和北部湾渔场等渔场功能逐渐退化。东海区的大黄鱼、小黄鱼、带鱼、墨鱼四大海洋渔业鱼汛从 20 世纪 80 年代开始就基本消失。“黄、渤海地区大型洄游经济鱼虾类和各种地方性经济鱼虾蟹类产卵、繁育、索饵、育幼场所”的地位逐渐丧失。近海渔业鱼类种数减少、密度下降，低龄化、低质化、小型化趋势明显，渔业营养级逐渐下降。

近海渔业无序、高强度捕捞作业、滨海旅游资源不合理开发、近岸海域环境污染等是造成海洋渔业资源严重衰退的主要原因。我国海洋捕捞产量连续多年居世界之最，近海经济鱼类资源因过度捕捞而严重衰退。许多滨海地区的旅游业盲目开发建设，不但造成旅游资源的破坏和消失，还会致使珊瑚和贝类等水生生物遭到破坏，滨海生态平衡受到严重干扰。

5. 外来物种入侵危害加大

据统计，引进或者进入我国的海洋外来物种数量约有 119 种之多，包括浮游植物、病原生物、大型藻类、无脊椎动物、鱼类和海洋哺乳动物等。以互花米草最为典型，在我国滨海湿地的分布面积高达 345 km^2，侵占了我国滨海湿地土著物种（如红树林）生境，破坏了近海生物栖息环境，堵塞航道，影响海水交换，极大地威胁着近海生态系统和生物多样性。

（二）环境污染未能有效遏制[15]

1. 海洋环境质量状况堪忧

近岸海域环境持续恶化态势一直持续到 2014 年，之后虽然恶化趋势有所缓解，但大部分河口、海湾等近岸海域仍处于重度污染的基本面没有改变，且呈沿海岸线扩散的趋势。2018 年，夏季一类水质海域面积占管辖海域的 96.3%。劣四类水质海域面积 33 270 km^2。其中，渤海劣四类海域面积为 3 330 km^2，黄海为 1 980 km^2，东海为 22 110 km^2，南海为 5 850 km^2。2018 年，监测的近岸海域 417 个点位中，一类水质比例为 46.1%，二类为 28.5%，三类为 6.7%，四类为 3.1%，劣四类为 15.6%。从行政区域来看，天津近岸水域水质差，上海和浙江近岸水域水质极差。从地理区域来看，四类和劣四类水质海域由长江口、杭州湾、珠江口等局部海域逐渐扩大到黄海北部、辽东湾、渤海湾、莱州湾、江苏沿岸、长江口、杭州湾、珠江口等在内的大部分近岸海域。

2. 入海河流污染严重

海域水质环境与流域污染空间匹配度高，海域环境污染主要受陆地流域水质影响。渤海近岸海域水质严重污染区域集中在三大湾（辽东湾、渤海湾、莱州湾）沿岸，以承载海河流域、辽河流域污染源为主，承载污染排放压力最大的岸段平均每千米每年承载陆域总氮排放约 4 000 t，各岸段总氮污染以农业生产和城镇生活源为主。

3. 入海排污口空间布局不合理

2017 年，全国陆源入海污染源共有 9 664 个，疑似设置不合理的入海排污口近2 000个，约占入海排污源总数的 1/5，其中 1 800 余个位于保护区、重要滨海湿地、重要渔业水域等生态敏感区域。入海排污口布局不合理，平均 2 km 岸线就有一个排污口，陆源入海排污口超标现象严重，主要超标污染物为总磷、化学需氧量和氨氮，入海排污口邻近海域环境质量状况总体较差，接近 90% 的污染源无法满足所在海域海洋功能区的环境保护要求，其中近 3 年连续均有 75% 以上的排污口邻近海域水质等级为四类或劣四类。

（三）防范自然灾害的韧性不足[18]

1. 海洋动力灾害的影响

海洋动力灾害包括风暴潮、海浪、海冰、海啸等，其中风暴潮和海浪灾害在我国沿海地区从南到北都有发生，并一年四季均可成灾，海冰灾害主要发生在辽东湾、渤海湾、莱州湾沿岸及附近海域。据统计，2015—2018 年底海洋动力灾害共造成直接经济损失 234.49 亿元，死亡（含失踪）人数 180 人。其中，风暴潮共发生 60 次，造成直接经济损失占海洋灾害的 93%；造成死亡（含失踪）人数最多的是海浪灾害，占总死亡（含失踪）人数的 91%。

我国海洋灾情较为严重的区域主要在东南沿海地区，浙江、福建、广东、山东和海南等地区受风暴潮和灾难性海浪的影响，是海洋灾害死亡人数最多的省份，约占全国的 88%。广东、浙江、福建和海南是受台风风暴潮影响最严重的地区，这 4 个省份沿海地区的直接经济损失总和占全国的 84%。历史上，风暴潮、海浪、海冰、海啸都在我国沿海地区引发过重、特大海洋动力灾害。

2. 海洋地质灾害的影响

海洋地质灾害对海岸带影响较大的灾种主要有海岸侵蚀和海水入侵。海岸侵蚀主要是由沿岸泥沙亏损和海岸动力强化导致。我国 70% 的砂质海岸已受到不同程度的侵蚀，造成砂质海岸侵蚀的主要原因有海平面上升、河流泥沙供应减少、人工采砂、不合理的海岸工程等。我国大陆沿岸约有 1/4 是泥质岸线，其分布与大河三角洲密切相关。由于我国大河泥沙供应丰富，三角洲快速淤涨，潮滩年均沉积速率可达数厘米，高于相对海平面上升速率。尽管长江和珠江入海沙量近年来呈下降趋势，但潮滩仍在淤涨，只是速度有所减缓。当泥沙减少或断绝时，海岸会发生严重侵蚀，苏北废黄河三角洲由于黄河回归渤海西岸入海，沉积物供应基本断绝，自 1855 年以来，废黄河三角洲海岸平均侵蚀后退 20 km，蚀退面积达 1 400 km^2。海岸侵蚀导致淹没河口或沿岸低洼地、增大海岸洪涝概率、增大河口盐度促使土壤盐渍化；海岸生态系统遭到干扰，生物多样性随之减少；沿海公路毁坏，农田、防护林和一些近岸建筑都受到严重威胁等种种问题。

海水入侵在我国沿海地区均有发生，环渤海沿岸尤为严重，重度区域入侵距离已超过 10 km，对居民生活、农业灌溉和工业生产造成严重影响。海水入侵导致地下淡水水质咸化，使该区内淡水资源进一步减少，加剧了淡水资源匮乏，形成了“淡水资源匮乏——超采地下水——海水入侵——地下水水质恶化”的恶性循环。海水入侵后滨海河流冲积平原许多肥沃的耕地发生了盐碱化，土壤有机质含量下降，导致粮食减产。

3. 海洋生态灾害的影响

自 20 世纪 90 年代末以来，我国近海的赤潮、绿潮、水母旺发等灾害性生态异常现象频频出现。2018 年，我国海域共发生赤潮 36 次，累计面积 1 406 km^2。浙江海域发现赤潮次数最多且累计面积最大，分别为 18 次和 1 069 km^2，其次是广东省，分别为7次和202 km²。2018年，单次持续时间最长的赤潮过程发生在天津滨海新区中心渔港附近海域，持续时间为25天。赤潮破坏了海岸带生态系统，直接或间接地危害了海洋环境、海洋生物和人类健康，对渔业资源和渔产品质量、海水养殖业、滨海旅游业和休闲业构成严重威胁。2018年，引发大面积绿潮的主要藻类为浒苔。绿藻灾害主要影响我国黄海沿岸海域。随着绿潮暴发频率的增加、地理范围的扩大，其恶性繁衍给近岸生态环境带来了很大的负面影响。绿潮藻类在近海大量聚集堆积死亡后，死亡的绿藻沉入海底，在细菌分解作用下腐烂，会消耗大量的氧气，因其体内大量的蛋白质以及糖类化合物的溶出、降解，释放氨氮、硫化氢等有毒物质，对海洋生物资源和海岸带的围堰养殖、底播养殖、筏式养殖以及水产育苗产生严重危害。此外，水母旺发对海水捕捞养殖、海水冷却，以及海洋生态系统等都会造成不良影响。

4. 全球气候变化的影响

海平面上升、水温升高以及海洋酸化为已知气候变化引起海洋环境变化的重要驱动因素，这些因素将对海洋生态系统的健康和人类社会的可持续发展产生深远影响。一般认为，海平面上升最大的问题是淹没沿海低地，对沿海居民未来的生活造成严重影响。有数据显示，海平面在整个20世纪里一共上升了15 cm，21世纪迄今为止的海平面上升速度是20世纪的2倍。如果不加防范，2100年海平面将会再上升1.1 m，大约7亿人的生活受到显著影响，很多海岛国家甚至不复存在。

然而，气候变化对海洋更大的威胁来自珊瑚礁的大面积白化（死亡），此现象将直接关系到未来海洋生态系统的兴衰。有数据显示，目前地球大气温度已经比工业化开始前上升了1℃左右，这个升温幅度已经造成将近一半的珊瑚礁面临死亡威胁。如果升温幅度增加到1.5℃的话，全球70%～90%的珊瑚礁将会死亡，也正因如此，联合国气候大会把温控目标定为1.5℃以内。如果这个目标不能实现，升温幅度超过2℃的话，全球99%的珊瑚礁将会死亡。珊瑚礁是很多海洋鱼类的避难所和产卵地，珊瑚礁的灭失将使海洋生态系统面临崩溃。

二、资源开发、产业布局等方面的问题

（一）传统重工业重心在海，产能过剩凸显

由于东部沿海地区在地理区位、水源、环境等方面的优势，港口、石化、钢铁、船舶制造等传统重工业大量向海布局。随着我国经济发展步入新常态，上述各个行业结构性产能过剩的问题表现得更为突出。比如，在港口行业，自2015年

以来，全国进出口总值连续负增长，货物吞吐量增速也呈下滑趋势。但仅以2015—2017年来看，平均每年新（扩）建港口码头年吞吐量近 3.4×10^8 t，沿海港口供过于求的矛盾继续凸显。据中国港口协会统计，沿海各区域的港口集装箱产能均有不同程度的富余，其中环渤海、长三角、珠三角区域的集装箱码头利用率仅在70%左右，而东南沿海区域的形势更为严峻，利用率仅为40%。而与此同时，LNG等新型专业化码头泊位却存在基建不足的问题。石化行业在已建设的26个千万吨级项目中，有18个位于海岸带地区，低端产能已经过剩，而乙烯、芳烃等高端产品的自给率仍不足50%；钢铁行业，在沿海建设的大型钢铁基地共9个，约占钢铁产能总量的七成，产能过剩已由区域性、结构性演变为绝对过剩；船舶工业等装备制造业也普遍存在结构性产能过剩问题。

（二）海岸带产业布局雷同，无序竞争突出

经过改革开放40多年的发展，我国海岸带地区已经成为产业规模最大、门类最齐全的世界制造业基地，在市场培育和发展初期发挥了重要作用，但也同样带来了低水平重复建设、无序竞争等问题。以港口为例，从国际经验来看，200 km以内不应有同等功能的港口，在我国沿海却是平均50 km就有一个1 000吨级以上规模的大型港口[18]。有关调研资料显示，近年来部分沿海地方新建、改建、扩建码头项目过多、过热，同一港区内多家公司同时建设大吨位、同类型码头等情况均有存在。同一区域内不同港口、港区的无序竞争，是港口货源不足、效能低下的重要原因之一。又如，石化产业，仅渤海湾就聚集了唐山曹妃甸、黄骅港、辽宁盘锦、天津滨海新区等多个临海化工基地，缺乏差异性发展定位，低质重复在所难免。

（三）空间资源开发粗放，利用效能低下

海岸线、近岸海域空间等都是稀缺珍贵的资源，然而海岸带多数产业资源利用效率低下，造成空间资源的极大浪费。最典型的表现为，2016年以前的将近七八年内，沿海各省都开展了大规模的围填海活动，与此同时多数省份也大量存在填后空置的现象。据遥感影像监测，唐山曹妃甸区至2018年底，空置率约为58%；天津南港工业区空置率达90%。而已开发区域也普遍存在效能低下的问题，比如，环渤海、长三角、珠三角的集装箱码头利用率在70%左右，东南沿海区域仅为40%；石化产业平均开工率仅为72%，与全球平均的80%相比还有相当大的差距。

（四）海岸带产业发展过度挤占生活空间和生态空间

海岸带产业大规模的开发造成公众生活空间被大规模挤压、生态空间锐减。

其中，核电对生活空间的侵占表现最为显著。我国所有已运行及在建核电站全部位于海岸带，已运行、在建和筹备中的核电站共23处，按照国家标准和国际惯例推算，大约有1 800 km^2被划定为限制发展区，7 000 km^2范围内不得发展10万人以上人口集聚区域。据调查，环渤海岸线向陆10 km以内涉危化品的化工企业高达1 200多个，企业规模小、技术标准低、污染源分散，产业园区和居民生活区布局混杂交织，带来巨大安全和环境风险。近年来，大连市“7・16”等连续多次爆炸事件、天津港“8・12”事件、青岛市“11・22”事件、福建漳州“4・6”事件，都对海岸带地区城乡居民生命财产和生态环境造成了巨大损害。此外，全国70%的沿海风电场位于潮间带，降低了滩涂湿地功能，既破坏了海岸线自然景观，也对沿海地区生态环境造成严重破坏。

三、海陆协调、综合管理方面的问题

2018年自然资源部组建，从体制上解决了以往海陆分治的问题，同时随着新一轮海岸线修测、海岸带综合保护与利用规划编制等各项工作的推进，必将在制度政策和具体实施层面不断推动海陆融合，协调发展。然而，值得注意的是，由于利益关系的调整、自上而下的传导以及行为方式的惯性等种种因素，管理变革往往是一个缓慢的过程，故在此总结了以往海陆管理中存在的一些主要问题，作为此前的警示和往后完善的方向。

（一）海陆综合管理机制缺失

海陆空间治理脱节造成陆海空间开发成本、管理成本、治理成本的双重标准，使得地方发展趋利避害。比如，沿海地区把大范围的海域变成土地，主要是因为以往填海造地的成本低于土地整理，海域的保护政策与林地、耕地、草地、湿地等陆域自然空间实体相比管制相对宽松。与此同时，海陆生态环境保护范围与责任也被机械分割。陆源污染源源不断排入近岸海域，来自陆域的发展需求、开发压力与邻近海域的生态环境保护要求、资源环境承载能力不协调、不匹配。据海洋生态环境状况公报显示，2013—2017年，每年都有75%以上排污口邻近海域水质等级为四类或劣四类，陆源入海污染压力仍较大。

（二）海陆衔接空间多头管理和管理缺位并存

国土部门所依据的《第二次全国土地调查技术规程》规定，陆地与海洋的界线采用国家确定的界线，以海军司令部航海保证部提供的海图上最新0 m等深线资料作为大陆与海洋的分界线。2019年《第三次全国国土调查技术规程》（TD/T 1055—2019）也以0 m等深线（经修改的低潮线）作为图斑的边界。而海洋部门，无论是早年间的《中国海图图式》（GB 12319—1998）、《海洋学术语 海洋地质学》（GB/T 18190—2000）以及近些年发布的《全国海岸线调查统计工作方案》以及诸省的海域使用管理条例均将海岸线定义为：平均大潮高潮时水陆分界的痕迹线，一般可根据当地的海蚀阶地、海滩堆积物或海滨植物确定。两种界定方式的不同，导致高潮线和0 m等深线之间的滩涂区域难以划分。滩涂分为潮上带、潮间带、潮下带滩涂，潮上带滩涂属土地、潮下带滩涂属海域很明确，但潮间带滩涂处于高潮线和低潮线过渡地带，成了界定权属的很大难题。在起伏不大的平原和丘陵地区，平均大潮高潮线和0 m等深线之间的潮间带滩涂面积广阔，中间争议地带空间事权的行政管理存在着明显的交叉。

（三）海陆功能定位缺乏统筹

主体功能区是国土空间开发保护的重要战略区域，通过确定每个县级行政单元主体功能定位，制定实施差异化配套政策制度，引导各地严格按照主体功能区定位推动发展。自2010年以来，沿海地方依据《全国主体功能区规划》和《全国海洋主体功能区规划》相继出台对应的省级主体功能区规划。其中，陆域主体功能区分优化开发区、重点开发区、农产品主产区和重点生态功能区四类，海域主体功能区分优化开发区、重点开发区、重点渔业保障区和重点生态功能区四类，农产品主产区和重点渔业保障区的功能定位基本一致，故两者的分类可以一一对应。将222个可获取的沿海县域海陆主体功能区比对，明确海陆主体功能区不一致的共133个县，海陆主体功能导向存在明显矛盾的有63个县，比如，河北省乐亭县海域主体功能为重点生态功能区，而陆域主体功能为优化开发区；又如，连云港赣榆区陆域主体功能为农产品主产区，而海域主体功能为优化开发区。但现实情况是，海陆主体功能区在追求发展的同时，势必对另一方有一定的资源需求，如港口航运发展需要陆域的支持；城市化发展必然有向海要地的冲动；陆域工业布局同步会带来海洋环境的污染，等等。同样，对比海洋功能区划和陆域土地利用规划和城市发展总体规划，岸线两侧功能相斥的情况更是比比皆是。

（四）海陆生态系统缺乏整体性保护

沿海地方在开发利用的进程中普遍对海岸带生态系统的区域性、整体性认识不足，“陆海一盘棋”“从山顶到海洋”的治理理念仍停留在规划设计层面，海岸带整体保护体系尚未构建。海岸带由于海水的周期性淹没和退出，形成了较高的初级生产力和生物多样性，但充斥在我国海岸线上的人工岸线和硬质化海堤建设，不仅改变了自然海岸线，侵占了滨海湿地，还切断了海堤外缘潮间带随海平面上升的后撤之路，切断了海陆过渡地带的生态廊道。比如，惠东海龟国家级自然保护区对应的陆域并非保护区，海陆滑径分明的划分方式，不利于保护物种的活动区域和迁徙洄游通道等的整体保护。又如，部分海岸带生态修复工程过度注重环境整治和景观提升，而忽略海陆生态系统的整体性考量，人为阻断滩涂、水系等原有的生态廊道，结果往往是水清了、岸绿了，但海陆间生物要素的流动也被切断了。

第三节　海岸带用途管制需要考虑的相关者关系

从管理学的角度而言，海岸带用途管制就是管理者规范空间资源所有者与使用者的行为，以便于有效避免对自然资源的过度开发，由此在制度建设中需要考虑的是所有者、使用者和管理者三者之间的关系。从经济学的角度而言，用途管制实质是对控制和调配土地、海域等自然资源发展和收益权利的争夺，由此涉及的博弈方就包括政府与市场、中央与地方等。

一、所有者与管理者

自然资源管理者对自然资源行使监管权，是一种行政权力。自然资源资产所有者对自然资源资产行使所有权并进行管理，是一种民事权利。依据《中华人民共和国民法典》物权编，自然资源所有权人依法独占自然资源，并拥有占有、使用、收益、处分四种权能。鉴于自然资源具有负外部性和公共物品属性等特点，自然资源资产所有者在对自然资源资产进行配置和处置时应受到限制，要符合用途管制要求和保护生态环境等公共利益需要；自然资源管理者也不得超越用途管制要求，干预自然资源资产所有者依法行使权利。自然资源资产所有者以自然资源资产的保值增值为主要目标，自然资源监管者以自然资源的可持续利用和生态保护为主要目标。

对于全民所有的自然资源来说，所有者和管理者是相同的，两者在主要目标上也是一致的。但也有两者主体不同的情况，如集体土地所有权、集体所有森林资源所有权等。如何在满足管理需求的前提下，最大化地保证所有权人的权利，是需要考虑的一个重要问题。《中华人民共和国民法典》物权编第二百四十四条规定，“国家对耕地实行特殊保护，严格限制农用地转为建设用地，控制建设用地总量。不得违反法律规定的权限和程序征收集体所有的土地”。有众多学者认为，国家权利对集体土地所有权进行了过多的限制。2019 年新修订的《土地管理法》已经对其做出了一定的调整。

二、使用者与管理者

使用者具体来说就是指自然资源使用权人。与自然资源所有权一样，自然资源使用权是《物权法》保障的另一项重要权利。自然资源使用权（包括建设用地使用权、海域使用权、无居民海岛使用权、土地承包经营权、宅基地使用权等）是用益物权的一种。用益物权是指权利人依法对他人的物享有占有、使用和收益的权利。《中华人民共和国民法典》物权编第三百二十六条规定，“用益物权人行使权利，应当遵守法律有关保护和合理开发利用资源、保护生态环境的规定。所有权人不得干涉用益物权人行使权利”。由此，用益物权人通过法定方式获得的用益物权，具有直接支配自己的生产方式、投入等行为的权利。自然资源用益物权一旦取得，在有效期内任何单位和个人包括所有权人（含代表国家的政府部门）都不得非法妨碍其权利的正当行使。用益物权具有排他性，表现在法律赋予权利人排斥他人干涉的权利，直接表现为对使用权实施一定期限的、排他性的占有和控制，权利人独立的直接占有特定自然资源进行自主经营、从事自然开发利用活动并取得其利益。这种对他人的排除，同样包括行政机关的干涉。

由此，自然资源使用者与管理者之间表现为财产权和行政权之间的关系。在现实管理中，已经依法取得自然资源产权，在产权有效期间的具体使用情况、效率、收益等，以及自然资源产权许可中是否能够设置有关效率、收益性的指标，这类事项是否属于行政管理的范畴是一个值得讨论的问题。

三、政府与市场

实施国土空间用途管制的一个基本前提是基于自然资源的稀缺性，解决自然资源有限性与人类需求无限性的矛盾，调节因自然资源使用而产生的暴利与暴损。众所周知，市场的基本属性是逐利，没有政府管制任由市场对资源使用进行调控和配置，就不会有需要保护的生态区域，同样由于农业收益远低于其他产业，耕地大量流失也会变得不足为奇。然而，市场同样是保持活力，保证经济繁荣发展的第一因素。党的第十八届三中全会中提出“要紧紧围绕使市场在资源配置中起决定性作用”，这是符合深化经济体制改革这一时代要求的重大理论突破和实践创新。

如果用途管制不恰当地对自然资源的分类、比例、使用方式等进行行政配置，不仅会违背市场的平等原则，而且会损害自然资源使用效益，在实际运作当中引发不利后果。由此，用途管制并不是自然资源的基本配置方式，它并不能超越市场配置的制度框架，而只是矫正市场的失灵。

四、中央与地方

中央和地方是实施国土空间用途管制行政权的两级行政体系。中央和地方行政部门具有不同的站位和管理目标，中央和地方之间的博弈，同样来自对控制和调配自然资源发展和收益权力的争夺。在土地用途管制问题上，地方政府的行为更多地具有“经济人”的特征，特别是市场化改革在地方政府之间形成了一种高度竞争的环境，地方政府有偏离中央政府管制目标寻求地方利益最大化的冲动。中央政府的角色定位有“道德人”的特征，是整个社会公共利益的代表者，其用途管制的主要目标是寻求自然资源生态效益、社会效益稳定下的经济效益最大化[20]。但是如果其管制权力过于集中，不能为地方预留足够的权力空间，也同样会严重制约地方经济社会的发展。

由此可见，国土空间用途管制制度要充分考虑各级政府、各级自然资源部门间的事权划分。国家层面的国土空间用途管制是中央治理地方或者调控地方的基本依据，调控总量、空间分区等关系全局的权力不能下放。地方层面的国土空间用途管制是具体调控市场的依据，具体项目自然资源使用的行政许可、监督管理等应该由地方主导。同时，还要建立好不同层级之间的传导机制，由此做到宏观和微观、整体和局部的统筹。

参考文献

[1] 中国海湾志编纂委员会．中国海湾志［M］．北京：海洋出版社，1999.

[2] 张振．江苏海岸带晚第四纪沉积演化研究［D］．青岛：山东科技大学，2016.

[3] 吴富强，徐小连，周硕．广东台山海岸带构造特征研究［J］．西北地质，2018，51（4）：53-59.

[4] 全国海岸带和海涂资源综合调查成果编委会．中国海岸带和海涂资源综合调查报告［R］．北京，1991.

[5] 《专项综合报告》编写组．我国近海海洋综合调查与评价专项综合报告［R］．北京，2012.

[6] 国家林业局森林资源管理司．全国红树林资源报告［R］．北京，2002.

[7] 吕佳．中国红树林分布及其经营对策研究［D］．北京：北京林业大学，2008.

[8] 余克服．珊瑚礁科学概论［M］．北京：科学出版社，2018.

[9] 郑凤英，邱广龙，范航清，等．中国海草的多样性、分布及保护［J］．生物多样性，2013，21（5）：517-526.

[10] 李荣冠，王建军，林和山．中国典型滨海湿地［M］．北京：科学出版社，2015.

[11] 国家海洋局．中国滨海湿地［R］．北京，2011.

[12] 中华人民共和国国家统计局．中国统计年鉴（2002—2019 年）［M］．北京：中国统计出版社，2020.

[13] 《石化产业规划布局方案》锁定三领域［J］．中国石油和化工，2014（7）：23.

[14] 侯西勇，徐新良．21 世纪初中国海岸带土地利用空间格局特征［J］．地理研究，2011，30（8）：1370-1379.

[15] 生态环境部 . 2018 年中国海洋生态环境状况公报［R］. 北京，2019.
[16] 耿国彪 . 我国湿地保护形势不容乐观：第二次全国湿地资源调查结果公布［J］. 绿色中国，2014（3）：8-11.
[17] 傅秀梅，邵长伦，王长云，等 . 中国珊瑚礁资源状况及其药用研究调查 Ⅱ. 资源衰退状况、保护与管理［J］. 中国海洋大学学报：自然科学版，2009，39（4）：685-690.
[18] 自然资源部海洋预警监测司 . 2018 中国海洋灾害公报［R］. 北京，2019.
[19] 林备战 . 我国港口布局优化迫在眉睫［J］. 港口经济，2017（8）：1.
[20] 杨博远 . 经济活动中"道德人"与"经济人"假设的统一性研究［D］. 西安：西安工业大学，2016.

第四章　基于陆海统筹的海岸带空间用途管制制度框架设计

陆海统筹国土空间用途管制制度设计的逻辑起点是国土空间与自然资源，以及国土空间规划与国土空间用途管制的关系，由此引出“空间导向+要素落地”的国土空间用途管制制度框架。“空间”的强项在于综合确定海岸带保护与发展的方向，其核心是国土空间规划，它是开展国土空间用途管制的基础，宏观类的用途管制制度也对其实施具有辅助作用；与之对应，“要素”的强项在于对某类资源或特定事物进行具象的、落地式管理，国土空间用途管制是其核心，而国土空间规划仅为辅助。

“空间”管制的核心是空间分区。海岸带国土空间分区首先应遵循国土空间规划分区要求，省级主要为“三区三线”（生态空间、农业空间、城镇空间，以及生态保护红线、永久基本农田、城镇开发边界），其中海域部分主要体现“两空间内部一红线”（海洋生态空间、海洋开发利用空间，以及海洋生态保护红线）。“要素”管制的核心是要素分类。按照各类自然资源的可开发利用程度，划分为保护类要素、限制类要素和发展类要素，并作为后续制定各类用途管制制度的起点和基础。国土空间用途管制制度设计就是以自然资源载体开发许可为主线，对保护类要素、限制类要素、发展类要素分别设计刚柔并济的差异化管制政策。

第一节　海岸带空间用途管制的基本思路

一、基本目标：全域全要素管制

全面贯彻习近平生态文明思想，坚持保护优先、节约集约，立足海岸带，统筹考虑陆海资源互补、生态互通、产业互动的特征，将国土空间用途管制扩展到陆海空间的全域全要素，划定生态保护、开发利用等不同空间类型，形成面向海岸带地区土地、海域、岸线、沙滩、湿地等各要素的综合管制思路，建立涵盖“开发还是保护？保护什么？怎么保护？开发什么？开发多少”的全口径管理框架，既做到与国土空间用途管制各类制度衔接，又切实面向海岸带特定问题，服务海岸带生态环境保护和海洋经济高质量发展。

二、初步框架："空间+要素"，空间定方向，要素是核心

如第一章第一节的论述，国土空间的内涵有着"空间"型和"要素"型的特性之分，延续现有的主体功能区规划、国土空间规划、土地用途管制的思想，将陆海统筹国土空间用途管制定位于"空间+要素"两个层面[1,2]，如图4-1所示。

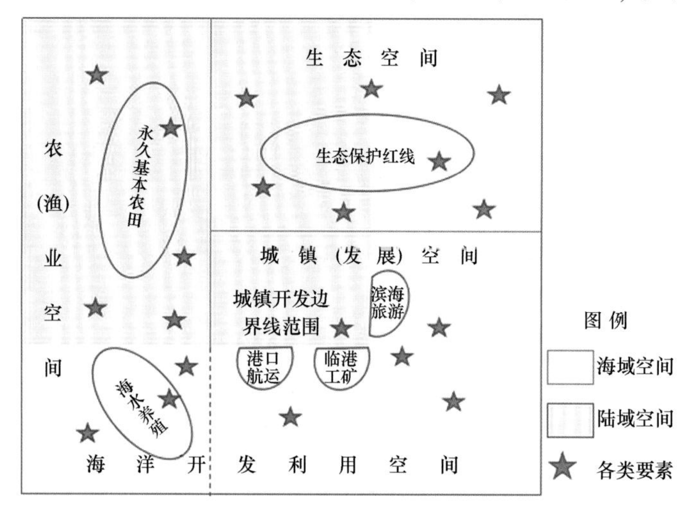

图4-1 海岸带用途管制中"空间"与"要素"的概念图

"空间"是一种较为宏观、抽象的概念，代表着"蓝图""愿景"，是根据主要适宜功能来划定，是相对集中的地理空间区域，用于引导发展方向。陆海统筹国土空间从海陆一体化的角度出发，以主导功能为主进行空间分区，保持相对不变。

"要素"属于微观层面，代表客观事物本身，从自然资源现状的角度出发，可以零散分布在某一类或某几类"空间"之中。从海岸带典型要素保护的角度出发，基于特定自然资源的特殊性和稀缺性，强调特定自然资源的保护和节约集约开发利用要求。如果说"空间"侧重于落实国土空间规划，那么"要素"则更加贴近于国土空间用途管制。

三、方向引导：陆海统筹国土空间分区

陆域主要划分为"三区三线"，即生态空间、农业空间和城镇空间三大类功能区，以及生态保护红线、永久基本农田和城镇开发边界三条控制线。海域主要划分为"两空间内部一红线"。"两空间"分别为海洋生态空间和海洋开发利用空间，在海洋生态空间内划定生态保护红线。生态保护红线内原则上禁止人为活动，

在海洋生态空间内生态保护红线外限制开发，开发空间加强有效管控，适度留白。以“三区三线”和“两空间内部一红线”为基础，再进一步进行功能区的细分[3]。

四、落地抓手：自然资源要素分类管制

在空间“全域”覆盖的基础上，全面梳理海岸带自然资源要素，以现有土地、海域分类和管控制度为基础，逐步扩展到海岸带自然资源全要素，重点针对滨海、土地海岸线、滨海湿地、滩涂、近岸浅海、围填海存量资源及典型海洋生态系统等海岸带特有自然资源进行分类分析，按照其资源稀缺程度和保护开发要求，划分为限制性要素、控制性要素和发展性要素等级别，分别制定不同的管制措施。

五、制度手段：以自然资源载体开发许可为主线

用途管制在自然资源管理权利体系中对应自然资源载体开发许可权利。首要解决的问题是“开发还是保护”，采用的制度手段主要是“空间分区”，即确定开发和保护的边界，乃至具体土地、海域空间斑块的主导用途；二是“保护什么，怎么保护”，采用的制度手段可以包括自然资源要素分类、特定要素总量控制、计划供给以及区域准入要求等；三是“开发什么，开发多少”，采用的制度手段可以包括正负面清单、发展质量约束等管理要求，国土空间开发行政审批环节和事项的设计，以及与现有行政许可事项的衔接。

六、立足解决的几个关键问题

一是，如何衔接陆海国土空间，摒弃原有的按照行政岸线，将海洋和陆地硬性划分为两个空间管制的思路，重点考虑淤涨型滩涂、存量围填海资源等与土地管控政策的衔接；滩涂湿地、入海河口、海洋自然保护区、海洋特别保护区等与自然保护地体系的衔接。

二是，如何强化对海岸带典型生态系统的管控，对于自然岸线、重要滨海旅游区、重要渔业水域、沙源保护海域、红树林、珊瑚礁、海草床等特有的稀缺性要素，如何按照国土空间用途管制体系强化保护和修复。

三是，如何兼顾国家和地方自然资源监管部门、自然资源所有权人、自然资源使用权人等多个利益主体的诉求，在坚持“让市场在资源配置中发挥决定性作用”这一基本原则的前提下，国土空间用途管制在市场经济中做好补位，适度矫正市场失灵。

第二节 海岸带国土空间的分区体系

一、现有各类规划的空间分区体系

（一）主体功能区规划分区

主体功能区规划重在强调形成人口、经济、资源和环境可持续发展的空间格局，其覆盖范围包括陆域和海域，以行政辖区为单元。按照空间管制要求，划分为优化开发区、重点开发区、限制开发区、禁止开发区四类[4]，如图 4-2 所示。

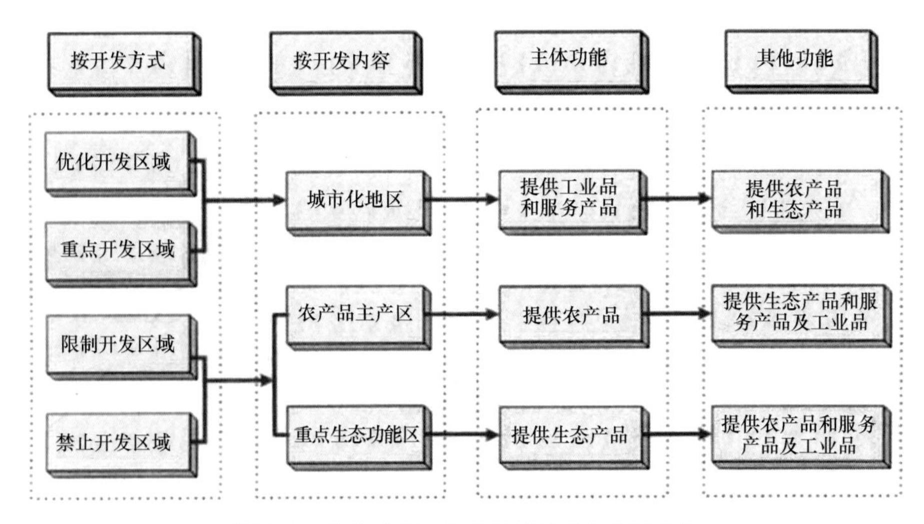

图 4-2 主体功能区分类及其对应的主要功能

（二）省级国土空间规划分区

省级国土空间规划主要以主体功能区规划为基础，划定生态空间、农业空间、城镇空间（“三区”），以及生态保护红线、永久基本农田、城镇开发边界（“三线”）。而海洋国土空间则划分为“两空间内部一红线”，“两空间”分别为海洋生态空间和海洋开发利用空间，在海洋生态空间内划定海洋生态保护红线。

（三）市县级国土空间规划分区

按照《市县级国土空间总体规划编制指南（试行）》，市县级国土空间规划分区以体现国家意志和社会公共利益为基本出发点，遵从陆海统筹的原则，划分为7类，若干二级类，具体见表4-1。

表4-1　市县级国土空间规划分区

<table>
<tr><th>规划一级分区</th><th colspan="2">规划二级分区</th><th>含义</th></tr>
<tr><td>生态红线区</td><td colspan="2"></td><td>具有特殊重要生态功能或生态敏感脆弱、必须强制性严格保护的陆地和海洋自然区域，包括陆域生态保护红线、海洋生态保护红线集中划定的区域</td></tr>
<tr><td>生态控制区</td><td colspan="2"></td><td>生态保护红线外，需要予以保留原貌、强化生态保育和生态建设、限制开发建设的陆地和海洋自然区域</td></tr>
<tr><td>农田保护区</td><td colspan="2"></td><td>永久基本农田相对集中需严格保护的区域</td></tr>
<tr><td rowspan="12">城镇发展区</td><td colspan="2"></td><td>城镇开发边界围合的范围，是城镇集中开发建设并可满足城镇生产、生活需要的区域</td></tr>
<tr><td rowspan="8">城镇集中建设区</td><td>居住生活区</td><td>以住宅建筑和居住配套设施为主要功能导向的区域</td></tr>
<tr><td>综合服务区</td><td>以提供行政办公、文化、教育、医疗等服务为主要功能导向的区域</td></tr>
<tr><td>商业商务区</td><td>以提供商业、商务办公等就业岗位为主要功能导向的区域</td></tr>
<tr><td>工业发展区</td><td>以工业及其配套产业为主要功能导向的区域</td></tr>
<tr><td>仓储物流区</td><td>以物流仓储及其配套产业为主要功能导向的区域</td></tr>
<tr><td>绿地休闲区</td><td>以公园绿地、广场用地、滨水开敞空间、防护绿地等为主要功能导向的区域</td></tr>
<tr><td>交通枢纽区</td><td>以机场、港口、铁路客货运站等大型交通设施为主要功能导向的区域</td></tr>
<tr><td>战略预留区</td><td>在城镇集中建设区中，为城镇重大战略性功能控制的留白区域</td></tr>
<tr><td colspan="2">城镇弹性发展区</td><td>为应对城镇发展的不确定性，在满足特定条件下方可进行城镇开发和集中建设的区域</td></tr>
<tr><td colspan="2">特别用途区</td><td>为完善城镇功能，提升人居环境品质，保持城镇开发边界的完整性，根据规划管理需划入开发边界内的重点地区，主要包括与城镇关联密切的生态涵养、休闲游憩、防护隔离、自然和历史文化保护等区域</td></tr>
<tr><td colspan="2" style="display:none"></td></tr>
<tr><td rowspan="5">乡村发展区</td><td colspan="2"></td><td>除农田保护区外，以满足农林牧渔等农业发展以及农民集中生活和生产配套为主的区域</td></tr>
<tr><td colspan="2">村庄建设区</td><td>城镇开发边界外，规划重点发展的村庄用地区域</td></tr>
<tr><td colspan="2">一般农业区</td><td>以农业生产发展为主要利用功能导向划定的区域</td></tr>
<tr><td colspan="2">林业发展区</td><td>以规模化林业生产为主要利用功能导向划定的区域</td></tr>
<tr><td colspan="2">牧业发展区</td><td>以草原畜牧业发展为主要利用功能导向划定的区域</td></tr>
</table>

续表

规划一级分区	规划二级分区	含义
海洋发展区		允许集中开展开发利用活动的海域，以及允许适度开展开发利用活动的无居民海岛
	渔业用海区	以渔业基础设施建设和增养殖等渔业利用为主要功能导向的海域和无居民海岛
	交通运输用海区	以港口建设、路桥建设、航运等为主要功能导向的海域和无居民海岛
	工矿通信用海区	以临海工业利用、矿产能源开发和海底工程建设为主要功能导向的海域和无居民海岛
	游憩用海区	以开发利用旅游资源为主要功能导向的海域和无居民海岛
	特殊利用区	以污水达标排放、倾倒、军事等特殊利用为主要功能导向的海域和无居民海岛
	海洋预留区	规划期内为重大项目用海用岛预留的控制性后备发展区域
矿产能源发展区		为适应国家能源安全与矿产业发展的重要陆域采矿区、战略性矿产储量区等区域

二、海岸带国土空间分区的考虑

（一）陆域“三区三线”和海域“两空间内部一红线”

国土空间“三区三线”是国土空间规划体系的基础，是自上而下刚性传导、统一管控的核心政策工具。具体表现为生态空间、农业空间、城镇空间三种类型的空间，及其分别对应划定的生态保护红线、永久基本农田保护红线、城镇开发边界三条控制线。与陆域相对应，海洋国土空间划分为“两空间内部一红线”，即海洋生态空间和海洋开发利用空间，在海洋生态空间内划定海洋生态保护红线。两者之间的逻辑关系是海岸带国土空间分区的基础依据。

1.“生态空间”与“生态保护红线”

生态空间的细化，可以对应《市县级国土空间规划分区》中的生态红线区和生态控制区。生态红线区和生态控制区均对应海岸带的陆域生态空间和海域生态空间。值得注意的是，无论是生态红线区还是生态控制区，都需要同时考虑陆海生态系统的完整性和连贯性，比如，海龟等两栖生物的陆海通道，入海河流的河口水域盐度平衡对生物量的影响，陆源排污口设置对海洋生态系统的影响等问题。

2.“农渔业空间”与“耕地保护红线、海水养殖用海底线”

农渔业空间的细化，对应《市县级国土空间规划分区》中的农田保护区和渔业用海区。农田保护区的划定，在遵循一般划定原则的基础上，在海岸带地区还应特别关注：淤涨型高涂、入海河流及其三角洲平原区域的农垦价值。渔业用海区内部可以考虑划定“海水养殖用海底线”，用以继承全国海洋功能区划（2011—2020年）中“海水养殖用海的功能区面积不少于260万公顷”的管控目标，以及各省海洋功能区划中相应设立的控制性指标。

3. “城镇空间（发展空间）”与“城镇开发边界”

城镇空间（发展空间）的细化，可以对应《市县级国土空间规划分区》中的城镇发展区、乡村发展区、海洋发展区和矿产能源发展区。其中，城镇发展区和乡村发展区都应特别关注，12个海岛县及其他地理位置偏远、社会经济欠发达的有居民海岛行政单元；海洋发展区还应重点考虑对于海水、海岸线等海洋资源具有强依赖性的交通运输用海区、工矿通信用海区等。“城镇开发边界”在遵循一般划定原则的基础上，对于海岸带区域还必须特别关注：历史围填海区域是否纳入城镇开发边界的原则和要求；滨海城市的滩涂、岸线、浅海等，是否纳入城镇开发边界的原则和要求等。

（二）海岸带功能分区的三种模式

从陆海统筹功能分区实际落位的地理空间出发，可将海岸带规划功能分区分为海岸带范围内统一分区、“海域+陆域一定范围”统一分区、海陆功能分区分别划定与功能对接三种模式，在此基础上结合20世纪90年代小比例尺海洋功能区划[5]、2006年海洋功能区划技术导则[6]、2013年市县级海洋功能区划编制指南[7]等确定的分区类型，分别研究一一比对。

模式一：海岸带范围内统一分区

1）功能分区范围

该分区方式从管理便利性和可操作性出发，将行政区划作为第一考虑因素，在分区范围上向陆一侧至县级行政管辖边界，向海一侧至领海外部界线。

2）功能分区体系

初步考虑划分4个一级类，16个二级类及若干个三级类（表4-2）。其中，村庄居住区、城镇居住区、农田区、商业区等类型仅适用于陆域；捕捞区、海洋能区等类型仅适用于海域；而工业区、旅游休憩区、军事区、保留区等大部分类型为海陆兼备。

表 4-2　采纳“模式一”的功能分区体系

一级类	二级类	三级类
生态空间	生态保护区	—
	生态控制区	—
农业空间（乡村发展区）	村庄居住区	—
	农田区	—
	林业区	—
	渔业区	养殖区
		增殖区
		捕捞区
		渔业基础设施区
	盐业区	—
	牧业区	—
城镇空间（城镇发展区）	城镇居住区	—
	商业区	—
	工业区	港口区
		船舶工业区
		电力工业区
		其他临海工业区
	旅游休憩区	城市绿地休闲区
		城市公共沙滩区
		综合性文体休闲娱乐
能源战略区	油气区	—
	可再生能源区	海洋能区
		风能区
		其他可再生能源区
	军事区	—
	保留区	—

3）优缺点分析

采用该种分区方式的优点是对“陆海统筹”落实比较到位，实现了规划区域内海陆空间的分区体系化，体现出海洋国土空间与陆域国土空间的同等地位。但同时也在如下两方面存在明显缺陷：一是为了保证同级陆域分区的可操作性，原省级海洋功能区划中体现的一级分区只能下沉到市县级，这与生态优先、节约优先总基调下海域使用管理权“上收”的态势不符；二是与国土空间总体规划中确定的市县级功能分区匹配度差，同一地理区域的两类分区方式易造成管理混乱，不利于打造规划“一张图”[8,9]。

模式二：“海域+陆域一定范围”统一分区

1）功能分区范围

将与海洋的生态系统、环境条件、产业布局等密切相关的陆域部分，与相邻海域一并作为海岸带重点规划区域，进行统一的功能分区。与第一种方式相比，实施功能分区的分界线，由沿海县陆域行政管辖边界内推至“重点规划区边界线”。该边界线应该有明确的界址点坐标，而这条边界线的划分可能会成为新的难点和博弈焦点。

从资料收集情况来看，通过地方立法出台的福建、海南、葫芦岛、惠州、青岛、日照等省、市的海岸带保护与利用管理制度[10-15]，均提出规划管理的具体界线范围由人民政府确定后向社会公布。归纳来看，主要有两类：一类是给定一个相对刚性的要求，如惠州选取陆域纵深 1~3 km；另一类是结合经济地理和生态环境等因素具体确定，如青岛选取了自海岸线向陆地一侧至临海第一条公路或者主要城市道路，同时对于河口、滩涂、湿地、沿海防护林等区域超出上述范围的，应当按照保持独立生态环境单元完整性的原则，以生态系统范围作为边界。从科学性和操作性等多个角度来看，两者各有利弊。

2）功能分区体系

以保护与保留、开发与利用为功能分区的目标导向，综合考虑海岸带资源禀赋、环境状况、空间功能的关联性、陆海生态系统的完整性和连通性，将海岸带空间划分为 8 个一级类功能区、15 个二级类功能区（表 4-3）。其中，海陆一体发展区陆海耦合最为紧密，特指既用海又用地、陆海功能一致的区域。将海陆一体发展区与城镇发展区、乡村发展区并列提出，在该区域内实施特定的管控措施，作为解决陆海功能不协调问题的主要抓手。

表 4-3 采纳“模式二”的功能分区体系

目标	序号	一级分区	二级分区
保护与保留	1	生态保护区	生态保护区
	2	生态控制区	生态控制区
	3	农田保护区	农田保护区

续表

目标	序号	一级分区	二级分区
开发与利用	4	海陆一体发展区	临岸渔业区
			港口航运区
			滨海旅游区
			临海工业区
			特殊用途区
	5	海域海岛发展区	近海渔业区
			海洋矿产能源区
			其他近海功能区
			无居民海岛利用区
	6	预留发展区	预留发展区
	7	城镇发展区	城镇发展区
	8	乡村发展区	乡村发展区

3）优缺点分析

采用该种分区方式将海陆一体发展区与城镇发展区、乡村发展区并列，其优点主要体现在以下几个方面。

一是以海陆一体发展区为抓手，将海洋空间及与之关联的陆域空间分区布局事权上收至省级层面。按照国土空间规划体系及规划编制指南，省级国土空间规划划定统一主体功能区并引导市县级国土空间开发保护格局，但不明确具体空间单元的功能及用途，具体分区布局由市县级及以下确定。根据海岸带自然条件及管理需求的特殊性，应将其分区布局有关事项提至省级层面开展。一方面考虑到海洋自身流动性、用海项目复杂性、环境影响广泛性与长远性，市县级海洋空间管理的局限不足以充分考虑本域涉海空间布局对邻近行政区或海湾的关联影响；另一方面，海洋油气开发、港口航道建设、渔业资源保护等海洋资源开发保护事权多为中央事权或央地共同事权，宜在省级规划承接并协调确定海洋空间及与之关联陆域空间的分区布局，避免国家涉海空间布局意图与市县级国土空间规划“脱节”。

二是创新海岸带功能分区方式，有利于保障海岸线两侧开发保护空间的连续性和功能完整性。海岸带空间管理应在考虑陆海差异性的基础上更加强调一体化要求。从保护角度，省级国土空间规划利用“双评价”划定了生态保护重要区和极重要区，通过技术层面的对接，可以初步实现海陆一体化保护；而从开发利用角度，可以通过海陆一体发展区来促进陆海联动的空间保障和空间约束。市县级国土空间总体规划中，海岸线两侧功能分区考虑因素不尽相同，向海一侧重点在于协调行业用海，向陆一侧一般不涉及具体行业空间布局，使陆海兼用项目或活动的空间保障与空间管控难以一致。

三是有助于解决陆海兼用类建设项目在行政审批时仍需要履行用地、用海两套行政审批程序的问题。当前工程技术水平和开发利用模式下，用海项目大多体现为海岸工程，纯海洋工程很少，在严控围填海的大背景之下，该类既用海又用地实际要走两套行政审批程序，海岸线两侧统一划定功能区是统一实施行政审批的基础前提，可以减少行政成本，便利市场主体，深化“放管服”改革。

此外，虽然与市县级国土空间规划分区体系在表现形式上略有不同，但从规划的最小单元来看，都落位到国土空间用地用海分类上（表 4-4），可以实现两种分区方式的统一，具备可操作性。

表 4-4 海陆一体发展区对应的用海用地分类

序号	分区名称	对应的用海用地分类
1	临岸渔业区	包括设施农用地、渔业基础设施用海、增养殖用海等。 海上用地的例子：陆域育苗场、渔港等； 陆上用海的例子：引海水开展工厂化养殖等
2	港口航运区	包括港口码头用地、港口用海、航运用海、路桥用海等。 海上用地的例子：港池码头等； 陆上用海的例子：堆场、仓储基地等
3	滨海旅游区	包括公园绿地、防护绿地、广场用地、风景旅游用海、文体休闲娱乐用海等。 海上用地的例子：潜水、冲浪等海上游乐活动； 陆上用海的例子：风光旅游、休闲娱乐等旅游活动
4	临海产业区	包括工业用海、盐业用海、固体矿产用海、油气用海、可再生能源用海、盐田、采矿用地、一类工业用地、二类工业用地、三类工业用地、一类仓储用地、二类仓储用地、危险品仓储用地等。 海上用地的例子：仓储物流等； 陆上用海的例子：取排水口用海、修造船用海、专用码头等
5	特殊用途区	包括军事设施用地、军事用海、其他特殊用海、科研用地等。 海上用地的例子：海岸防护工程、海底电缆管道铺设、科研用地、军事用地等； 陆上用海的例子：军事科研活动海上试验场等

采用该种方案的不足：一是与“模式一”相比，实际分区区域过小，国家、省、市县各级之间责权划分的难度较大；二是对于区域发展、产业发展等宏观政策落实的空间支撑不足；三是需要对该区域内原有的国土、海洋、林业、环保等有关政策进一步整合，才能确保后期管理可以同步跟进。

模式三：海陆功能分区分别划定与功能对接

1）功能分区范围

以新修测的海岸线为界，按照市县级国土空间规划分区体系分别划定陆、海功能区。陆域国土空间在市县级划定陆域生态红线区、陆域生态控制区、农田保护区、矿产能源区，以及城镇发展区、乡村发展区对应的二级分区；海域国土空间在省级划定渔业用海区、交通运输用海区、工矿通信用海区、游憩用海区、特殊利用区、海洋预留区等海洋发展区，对于该类功能区，市县级可参照原海洋功能区划二级类进行功能细化。同时，划定海域部分的生态红线区和生态控制区。

2）海陆功能区衔接方案[16]

在该种模式下，海岸带不再建设新的分区体系，通过建立陆域功能分区与海域功能分区的兼容矩阵（表4-5），来实现海、陆功能之间的彼此制约和依赖。

表4-5 海域与陆域功能区兼容矩阵

陆域功能分区		海域功能分区							
		渔业用海区	交通运输用海区	工矿通信用海区	游憩用海区	特殊利用区	海洋预留区	海洋生态红线区	海洋生态控制区
陆域生态红线区		Ⅳ	Ⅳ	Ⅳ	Ⅳ	Ⅳ	Ⅳ	Ⅰ	Ⅱ
陆域生态控制区		Ⅲ	Ⅳ	Ⅳ	Ⅲ	Ⅳ	Ⅱ	Ⅱ	Ⅰ
农田保护区		Ⅳ	Ⅳ	Ⅳ	Ⅳ	Ⅳ	Ⅳ	Ⅱ	Ⅱ
城镇发展区	居住生活区	Ⅳ	Ⅳ	Ⅳ	Ⅳ	Ⅳ	Ⅳ	Ⅳ	Ⅳ
	综合服务区	Ⅳ	Ⅳ	Ⅳ	Ⅳ	Ⅳ	Ⅳ	Ⅳ	Ⅳ
	商业商务区	Ⅳ	Ⅳ	Ⅳ	Ⅳ	Ⅳ	Ⅳ	Ⅳ	Ⅳ
	工业发展区	Ⅳ	Ⅱ	Ⅰ	Ⅳ	Ⅳ	Ⅱ	Ⅳ	Ⅳ
	物流仓储区	Ⅳ	Ⅱ	Ⅱ	Ⅳ	Ⅳ	Ⅱ	Ⅳ	Ⅳ
	交通枢纽区	Ⅳ	Ⅰ	Ⅱ	Ⅳ	Ⅳ	Ⅱ	Ⅳ	Ⅳ
	战略预留区	Ⅱ	Ⅱ	Ⅱ	Ⅱ	Ⅱ	Ⅰ	Ⅳ	Ⅳ
	城镇弹性发展区	Ⅲ	Ⅲ	Ⅲ	Ⅲ	Ⅲ	Ⅱ	Ⅳ	Ⅳ
	特别用途区	Ⅳ	Ⅳ	Ⅳ	Ⅱ	Ⅳ	Ⅱ	Ⅱ	Ⅰ
乡村发展区	村庄建设区	Ⅳ	Ⅳ	Ⅳ	Ⅳ	Ⅳ	Ⅳ	Ⅳ	Ⅳ
	一般农业区	Ⅰ	Ⅳ	Ⅳ	Ⅳ	Ⅳ	Ⅱ	Ⅳ	Ⅳ
	林业发展区	Ⅰ	Ⅳ	Ⅳ	Ⅳ	Ⅳ	Ⅱ	Ⅳ	Ⅳ
	牧业发展区	Ⅰ	Ⅳ	Ⅳ	Ⅳ	Ⅳ	Ⅱ	Ⅳ	Ⅳ
矿产能源发展区		Ⅳ	Ⅳ	Ⅰ	Ⅳ	Ⅳ	Ⅱ	Ⅳ	Ⅳ

海岸带的海陆功能区兼容性矩阵是自下而上确定海岸带功能区的具体方法，综合考虑生态保护和功能间影响情况，在生态保护方面，不同功能区对生态环境的要求不相同，根据对生态环境的高低排序，不能跨级兼容；在功能区自身特点方面，划定不同类型的功能区之间的兼容表格。海洋主导的功能按照海洋功能确定分区，与海洋联系次紧密或陆地主导的功能按照陆地功能确定分区，既要考虑生态环境的兼容性，也要考虑经济与产业的主导性。根据生态管控要求和功能利用类型的兼容性，将兼容矩阵划分为四类：Ⅰ类是管控要求和功能利用类型兼容；Ⅱ类是生态管控要求兼容、功能利用类型不兼容；Ⅲ类是生态管控要求不兼容、功能利用类型兼容；Ⅳ类是生态管控要求和功能利用类型不兼容。根据功能分区兼容矩阵，对海岸线两侧功能区的确定进行约束。

3）优缺点分析

该种分区模式的优点是基本保持现有的海域、陆域规划体系不变，不会给陆、海项目审批带来波动，新的利益纠葛比较少，保持管理稳定。同时，其缺点也较为明显：首先，通过两类功能区的衔接来实现陆海统筹，统筹的意味相对薄弱；其次，是紧邻的两类功能区需要考虑兼容问题，还是某类功能区对应的缓冲区范围内需要考虑兼容问题，仍值得商榷，在实际使用中的可操作性不强。

（三）探索推动以海岸线为轴心的分级管制

对比上述海岸带功能分区的三种模式可以看出，仅就功能分区来说，其陆海统筹的力度在逐步减弱，由于“模式一”的可操作性差、“模式三”的抓手不足，笔者总体上倾向于“模式二”的分区方式。但无论采取哪种分区模式，陆海统筹的程度和需求随着距海岸线的远近而逐步衰减，都是海岸带用途管制的主要特色。故在“模式二”的基础上，进一步提出推动以海岸线为轴心的分级管制，其中一级管制区的边界线与“模式二”的“重点规划区边界线”相呼应。

1. 一级管制区：“向陆至重点规划区边界线”+“向海至潮间带”

该管制区应尽量划定为生态空间，因发展现状、战略规划等确需体现“开发与利用”功能的，也应海陆一并划定功能分区，并制定严格的产业准入名录。原则上除国家重大项目外，仅布局对海岸线、浅海资源有强依赖性的产业，其他经营性产业一概不得新增。同时，对于重大公益性项目或公共基础设施项目要做到陆海因素同时考虑，对项目设计进行更加严格的审查，比如，对于陆海排污标准不一致的，采用偏严格的标准；海堤建设选址等更加注重生态要素，实施生态化工程设计方式等。

2. 二级管制区：“向陆至 10 km/山脊线或高速路等” +“向海至 -10 m等深线/12 海里线/现行海洋功能区划中海岸功能区的外缘线”

该管制区内的生态空间划定，必须同时考虑海陆生态系统的双重属性，并作为协调和解决原有的海洋功能区和陆地功能区定位冲突的核心区域。位于该管制区的城镇空间，应对“陆+海”一并进行整体性的城市控制性详细规划和城市设计，体现“看得见山、望得见海、记得住乡愁”的规划愿景，将海岸带山海交融的独特风光体现出来。同时，对于工业建设应设置项目准入负面名录，对工业发展有所管控，但相比第一管控区而言为城市发展预留了更多的弹性空间。

3. 协调管制区：“向陆至沿海县级行政区” +“向海至领海外部界线”

该管制区内不设置具体管控要求，主要是通过完善相应的组织管制机制来实现对保护和发展各类管理事务的协调衔接，如综合交通体系（江海联运、海铁联运等）、旅游一条龙（从山顶到海洋的旅游景点、线路、基础设施配套等）、产业发展引导（统筹考虑陆海资源禀赋等因素）、人居环境（通风廊道缓解城市热岛、生态廊道规划、入海河流上下游综合管理）等的总体布局。

第三节　海岸带自然资源要素的分类体系

一、海岸带自然资源要素分类的基本原则

（一）国家利益、公共利益优先

国家利益是一个国家维护其生存和发展、保障国内大多数居民安全与福利的诸多因素的综合，自然资源作为提高人类当前和未来福利的自然环境因素的总和，关乎国家经济发展和人民福祉，是保障国家稳定的根基所在。因此，自然资源要素分类同样需要将国家利益和公共利益作为第一原则，将与之相关的要素作为首要因素来考虑。

（二）尊重自然、保护优先

党的十九大报告将“坚持人与自然和谐共生”作为新时代坚持和发展中国特色社会主义的基本方略之一。人类要尊重自然、顺应自然、保护自然，才能有效防止在开发利用自然上走弯路。从目标导向的角度来看，践行“绿水青山就是金山银山”理念，坚持节约资源和保护环境基本国策，像对待生命一样对待生态环

境，统筹山水林田湖草沙系统治理，均是自然资源要素分类的基本出发点。

（三）有利于实现分级管制

统一行使所有国土空间用途管制职责，应将土地用途管制扩展到所有国土空间，探索全域全类型国土空间用途管制。各类自然资源的管制导向、要求、级别都各不相同，便于分级管制是自然资源要素分类的基本要求[17]。

（四）突出陆海交互地域特征

陆地和海洋作为各类自然资源的载体，是不可分割的生命共同体，处理好陆地与海洋的关系，事关经济社会的长远发展和国家的安全大局。党的十九大报告提出“坚持陆海统筹，加快建设海洋强国”的战略部署，凸显了海洋在新时代中国特色社会主义事业发展全局中的突出地位和作用。海岸带作为特殊的国土空间区域，具有鲜明的地域特征和独特的地理要素，海岸带自然资源要素分类应将其作为重点考虑因素之一。

（五）与空间分区相适应

《中共中央关于制定国民经济和社会发展第十四个五年规划和二〇三五年远景目标的建议》提出构建国土空间开发保护新格局，是实现空间高质量发展、实现国家治理现代化的需要。用途管制作为强化国土空间开发保护手段，应以空间规划为基础，制定差异化政策，分类精准施策，面向用途管制的自然资源要素分类必须考虑到与国土空间分区的适应性，才能更好地促进用途管制与空间规划形成合力。

（六）与现有分类体系相衔接

自然资源涉及耕地、林地、草原、河流、湖泊、湿地、海域、无居民海岛等各类国土空间，多年来各自领域均形成了较为完善的分类体系。为实现统一的用途管制，需将现有各类面向单要素的分类体系进行整合，形成统一的海岸带自然资源要素分类标准[18]。

（七）易识别、易统计、易管理

从执行层面来看，海岸带自然资源要素分类必须具有易识别、易统计、易管理等特征，才具可操作性，才能真正满足海岸带用途管制和自然资源管理需求。

二、海岸带自然资源要素一级类划分及其考虑因素

从服务用途管制的角度出发，按照上述七项原则，从各类自然资源要素在人

类开发建设活动中的可利用程度出发，将海岸带自然资源分为保护类要素、限制类要素和发展类要素三个一级类。

（一）保护类要素

保护类要素是指实施严格保护、禁止开发建设的自然资源要素，是“生存线”和“生态线”。从生态安全、粮食安全的角度出发，该类要素禁止用于与生态保护、粮食生产等功能不符的开发建设活动。比如，具有重要生态功能的自然资源要素、生态环境极为脆弱的自然资源要素、具有重要的海洋生物资源养护功能的自然资源要素、耕地中的永久基本农田等。

（二）限制类要素

限制类要素是指具有一定的生态服务价值，兼具生产、生活服务功能的自然资源要素，是保护与发展之间的“缓冲线”和“保障线”。该类要素进行生态功能保护和修复后，可提升生态价值，作为生态空间的重要补充；进行一定程度的开发利用后，会造成生态功能轻度受损，但不会产生系统性的生态风险，且可产生较为显著的社会经济效益。比如，自然淤涨高涂、人工湿地、具有一定生态价值的人工岸线、具有一定生态价值的低效开发土地等。

（三）发展类要素

发展类要素是指可用于开发建设，支撑经济社会发展的各类自然资源要素，是“经济线”和“发展线”。该类要素生态价值较低，鼓励以集约高效的形式用于开发建设，比如，存量围填海、低效工业园区、重点城镇开发区、重点开发利用区，等等。

三、与现有各分类体系衔接的考虑

按照海岸带各类自然资源空间分布情况，以海岸线为中心，分别衔接海陆两侧现有的土地、岸线、滨海湿地（滩涂）、近海海域自然资源的分类标准，在此基础上构建陆海统筹区域自然资源要素的分类体系。

（一）近岸陆域分类体系：土地利用现状分类

2007 年《土地利用现状分类》（GB/T 21010—2017）[19]，将全国土地共分为耕地、园地、林地、草地、商服用地、工矿仓储用地、住宅用地、公共管理与公共服务用地、特殊用地、交通运输用地、水域及水利设施用地、其他土地 12 个一级类，下设 73 个二级类，如表 4-6 所示。按类型的唯一性进行划分，不依“区域”确定“类型”。一级类主要按土地用途分类，二级类按经营特点、利用方式和覆盖特征进行续分。

表 4-6　土地利用现状分类

序号	一级类	二级类
1	耕地	水田、水浇地、旱地
2	园地	果园、茶园、橡胶园、其他园地
3	林地	乔木林地、竹林地、红树林地、森林沼泽、灌木林地、灌丛沼泽、其他林地
4	草地	天然牧草地、沼泽草地、人工牧草地、其他草地
5	商服用地	零售商业用地、批发市场用地、餐饮用地、旅馆用地、商务金融用地、娱乐用地、其他商服用地
6	工矿仓储用地	工业用地、采矿用地、盐田、仓储用地
7	住宅用地	城镇住宅用地、农村宅基地
8	公共管理与公共服务用地	机关团体用地、新闻出版用地、教育用地、科研用地、医疗卫生用地、社会福利用地、文化设施用地、体育用地、公共设施用地、公园与绿地
9	特殊用地	军事设施用地、使领馆用地、监教场所用地、宗教用地、殡葬用地、风景名胜设施用地
10	交通运输用地	铁路用地、轨道交通用地、公路用地、城镇村道路用地、交通服务场站用地、农村道路、机场用地、港口码头用地、管道运输用地
11	水域及水利设施用地	河流水面、湖泊水面、水库水面、坑塘水面、沿海滩涂、内陆滩涂、沟渠、沼泽地、水工建筑用地、冰川及永久积雪
12	其他土地	空闲地、设施农用地、田坎、盐碱地、沙地、裸土地、裸岩石砾地

对照《土地管理法》划分的农用地、建设用地和未利用地三大类，可以进一步归类，如表 4-7 所示。

表 4-7　土地利用现状分类与《土地管理法》“三大类”对照

农用地	建设用地	未利用地
水田	零售商业用地	其他草地
水浇地	批发市场用地	河流水面
旱地	餐饮用地	湖泊水面
果园	旅馆用地	沿海滩涂
茶园	商务金融用地	内陆滩涂
橡胶园	娱乐用地	沼泽地

续表

农用地	建设用地	未利用地
其他园地	其他商服用地	冰川及永久积雪
乔木林地	工业用地	盐碱地
竹林地	采矿用地	沙地
红树林地	盐田	裸土地
森林沼泽	仓储用地	裸岩石砾地
灌木林地	城镇住宅用地	
灌丛沼泽	农村宅基地	
其他林地	机关团体用地	
天然牧草地	新闻出版用地	
沼泽草地	教育用地	
人工牧草地	科研用地	
农村道路	医疗卫生用地	
水库水面	社会福利用地	
坑塘水面	文化设施用地	
沟渠	体育用地	
设施农用地	公用设施用地	
田坎	公园与绿地	
	军事设施用地	
	使领馆用地	
	监教场用地	
	宗教用地	
	殡葬用地	
	风景名胜设施用地	
	铁路用地	
	轨道交通用地	
	公路用地	
	城镇村道路用地	
	交通服务场站用地	
	机场用地	
	港口码头用地	
	管道运输用地	
	水工建筑用地	
	空闲地	

（二）海岸线分类体系

依据《海岸线调查统计技术规程（试行）》，海岸线可分为原生自然岸线、准自然岸线和人工岸线三大类，如表 4-8 所示。原生自然岸线是由海陆相互作用形成的原生岸线，包括砂质岸线、淤泥质岸线、基岩岸线等；整治修复后具有自然海岸形态特征和生态功能的海岸线，从自然岸线中独立出来，单列为准自然岸线；人工岸线是由永久性人工构筑物组成的海岸线，按照海岸线的利用现状，进一步划分为渔业岸线、工业岸线、港口岸线、旅游岸线、城乡建设岸线、其他利用岸线等。

表 4-8　海岸线分类

序号	一级类	二级类
1	原生自然岸线	砂质岸线
2		淤泥质岸线
3		基岩岸线
4		河口岸线
5		生物岸线
6	准自然岸线	自然恢复的岸线
7		整治修复的岸线
8		海洋保护区内具有生态功能的岸线
9	人工岸线	渔业岸线
10		工业岸线
11		港口岸线
12		旅游岸线
13		城乡建设岸线
14		其他利用岸线

（三）滨海湿地（滩涂）分类

《海洋环境保护法》明确规定，滨海湿地是指低潮时水深浅于 6 m 的水域及其沿岸浸湿地带，包括水深不超过 6 m 的永久性水域、潮间带（或洪泛地带）和沿海低地等。沿海滩涂是与滨海湿地非常相近的一个概念，沿海滩涂的原义为我国沿海渔民对淤泥质潮间带的俗称。对于两者的关系，学术界持有两种不同的观点。全国科学技术名词审定委员会所审定的沿海滩涂概念是指沿海最高潮线与最低潮线之间底质为淤泥、砂砾或软泥的海岸区。另外一种较为普遍的观点为“沿海滩涂”是“滨海湿地”的重要组成部分。从生态保护的角度出发，此处采用关于滨海湿地的第二种观点，把滩涂纳入其中。

《关于特别是作为水禽栖息地的国际重要湿地公约》对滨海湿地的分类定义是：自然滨海湿地主要包括浅海水域、滩涂、盐沼、红树林、珊瑚礁、海草床、河口水域、潟湖等；人工滨海湿地主要包括养殖池塘、盐田、水库等。在此基础上，从我国自然环境特征出发，综合各类文献研究[20]，对滨海湿地分类如表 4-9 所示。

表 4-9　滨海湿地（滩涂）分类

类	亚类	型	说明
自然滨海湿地	潮上带	海岸性淡水湖	起源于潟湖，与海水隔离后演化而成的淡水湖泊
		海岸性淡水沼泽	以水生和沼生草本植物群落为主要植被的常年积水的海滨淡水沼泽
		自然淤涨型高涂	自然淤积，已离水位较远，高出水平面一定高度的无水滩涂
	潮间带	岩石性海岸	包括岩石性岛屿
		砂石海滩	包括沙滩、砾石滩，植被覆盖小于 30%
		泥质海滩	淤泥质海滩，植被覆盖小于 30%
		盐水沼泽	常年积水或过湿的盐化沼泽，植被盖度不低于 30%
		盐化草甸	间歇性积水或过湿的盐化草甸，植被盖度不低于 30%
		河口三角洲、沙洲、沙岛	冲积形成的河口沙滩、沙洲、沙岛和三角洲，植被覆盖小于 30%
		红树林沼泽	以红树林为主要植被的潮间沼泽
		海岸性咸水湖	有一个或多个狭窄水道与海相通的湖泊（潟湖）
	潮下带	河口水域	从近口段的潮区界至口外海滨段的淡水舌锋缘之间的永久性水域
		浅海水域	低潮时水深小于 6 m 的浅海水域，包括海湾、海峡
		海草床	也称潮下水生层，包括潮下藻类和海草生长区
		珊瑚礁	包括珊瑚礁及基质由珊瑚礁聚集生长而成的邻近浅海水域
人工滨海湿地	盐田		用于盐业生产的人工水体，包括沉淀池、蒸发池、结晶池、进排水渠等
	水田		用于种植水稻等水生作物的土地，包括水旱轮作地
	养殖池塘		用于养殖鱼虾蟹等水生生物的人工水体，包括养殖池塘、进排水渠等
	水库		为灌溉、水电、防洪等目的而建造的人工蓄水设施
	沿海荒地		人类将海水排干并通过各种措施阻止海水再次淹没的沿海滩涂

（四）海域使用分类

《海域使用分类体系》（HY/T 123—2009）以海域用途为主要分类依据，遵循对海域使用类型的一般认识，并与海洋功能区划、海洋及相关产业等的分类相协调，对海域使用类型的划分见表 4-10。

表 4-10　海域使用类型

序号	一级类	二级类
1	渔业用海	渔业基础设施用海
2		围海养殖用海
3		开放式养殖用海
4		人工鱼礁用海
5	工业用海	盐业用海
6		固体矿产开采用海
7		油气开采用海
8		船舶工业用海
9		电力工业用海
10		海水综合利用用海
11		其他工业用海
12	交通运输用海	港口用海
13		航道用海
14		锚地用海
15		路桥用海
16	旅游娱乐用海	旅游基础设施用海
17		浴场用海
18		游乐场用海
19	海底工程用海	电缆管道用海
20		海底隧道用海
21		海底场馆用海
22	排污倾倒用海	污水达标排放用海
23		倾倒区用海
24	造地工程用海	城镇建设填海造地用海
25		农业填海造地用海
26		废弃物处置填海造地用海
27	特殊用海	科研教学用海
28		军事用海
29		海洋保护区用海
30		海岸防护工程用海
31	其他用海	

（五）国土空间调查、规划、用途管制用地用海分类

2020 年 11 月，自然资源部为履行自然资源部统一行使全民所有自然资源资产所有者、统一行使所有国土空间用途管制和生态保护修复、统一调查和确权登记、建立国土空间规划体系并监督实施等职责，制定了《国土空间调查、规划、用途管制用地用海分类指南（试行）》，明确了国土空间调查、规划、用途管制用地用海分类应遵循的总体原则与基本要求，提出了国土空间调查、规划、用途管制用地用海分类的总体框架及各类用途的名称、代码与含义。该指南涉及了陆地和海洋，遵循了陆海统筹、城乡统筹、地上地下空间统筹等基本原则，按照土地和海洋资源利用的主导方式划分类型，设置 24 种一级类、106 种二级类及 39 种三级类。

其中，海洋部分主要是基于《海域使用分类体系》（HY/T 123—2009）进行优化调整，划分为渔业用海、工矿通信用海、交通运输用海、游憩用海、特殊用海及其他海域 6 个一级类，并细分为 16 个用海二级类。主要调整内容为：一是海域使用分类名称发生改变的，例如，旅游娱乐用海调整为游憩用海；二是对海域用途进行了整合，例如，工矿通信用海涵盖了原工业用海和海底工程用海；三是取消了造地工程用海分类，涉及围填海历史遗留问题中已填成陆的类型根据其地表土地利用的主要功能或资源保留保护的主要方式，按照陆域各类用地进行分类。

陆域部分充分体现了在加强对基本公共服务设施的保障、体现对市场的适应性基础和安全底线的基础上，最大限度满足城乡差异化管理和精细化管理的需求，对部分地类用途进行了调整，对部分地类进一步细化至三级分类。

此外，整合海域和陆域相关的滩涂湿地类型，划定湿地为一级类，具体包含森林沼泽、灌丛沼泽、沼泽草地、其他沼泽地、沿海滩涂、内陆滩涂、红树林地 7 个二级类。

四、陆海统筹的海岸带自然资源分类体系设定

在综合衡量现有相关分类体系的基础上，重点参照《国土空间调查、规划、用途管制用地用海分类指南（试行）》，从海岸带的自然资源特性出发，对用地用海类型进行了筛选和补充，挑选出海岸带典型要素类型，同时增加了自然淤涨型高涂、存量围填海等海岸带特有要素，补充了海岸线要素分类，由此形成较为典型的海岸带自然资源要素合集。在此基础上，从分类管控的角度出发，进一步将其划分为保护类、限制类和发展类要素（表 4-11）。

表 4-11　海岸带自然资源分类体系

大类	陆域	海岸线	海域
保护类要素	耕地 林地 园地 牧草地 河流水面 湖泊水面 各类自然保护地海岸性淡水湖 海岸性淡水沼泽盐水沼泽 盐化草甸 河口三角洲、沙洲、 红树林沼泽 海岸性咸水湖	砂质岸线 生物岸线 海洋保护区内具有生态功能的 岸线	保护区海域 保护海岛 砂石海滩 泥质海滩 沙岛 海草床 珊瑚礁
控制类要素	空闲地 盐碱地 沙地 裸土地 裸岩石砾地 盐田 水田 养殖池塘 水库 未利用河口水域	淤泥质岸线 河口岸线 基岩岸线 整治修复形成的岸线 渔业岸线 旅游岸线	保留海域 渔业用海 旅游娱乐用海 自然淤涨型高涂 岩石性海岸 未利用浅海水域
发展类要素	商服用地 工矿仓储用地 住宅用地 公共管理与公共服务用地 特殊用地 交通运输用地 居民点 沿海闲置土地	工业岸线 港口岸线 城乡建设岸线	工业用海 交通运输用海 特殊用海 存量围填海

五、海岸带自然资源要素分类与国土空间分区的衔接

自然资源要素分类与国土空间分区的衔接体现在，不同的空间分区内应明确

哪些自然资源要素为主导要素，哪些可以兼容，哪些是禁止的。具有相同管制意图的关键自然资源要素要尽可能整体性划入同一国土空间分区内[21,22]。对于海岸带自然资源要素分类与国土空间分区的衔接初步考虑如表 4-12 所示。

表 4-12　海岸带自然资源要素分类与国土空间分区衔接

市级	主导要素	兼容要素	禁止要素
生态保护区	自然保护地、林地、牧草地、砂质岸线、河口岸线、生物岸线、海洋保护区内具有生态功能的岸线、河口三角洲、沙洲、沙岛、红树林沼泽、海草床、珊瑚礁、保护海域、保护海岛等	一般河流湖泊、淤泥质岸线、海岸性淡水湖、海岸性淡水沼泽、一般砂石海滩、泥质海滩、盐水沼泽、盐化草甸、未利用河口水域等	商服用地、工矿仓储用地、住宅用地、公共管理与公共服务用地、特殊用地、交通运输用地、工业岸线、港口岸线、旅游岸线、城乡建设岸线、存量围填海、沿海荒地、工业用海、交通运输用海、旅游娱乐用海、特殊用海等
生态控制区	林地、牧草地、河流水面、湖泊水面、自然恢复的岸线、整治修复的岸线等	盐碱地、沙地、裸土地、裸岩石砾地、基岩岸线、岩石性海岸、盐田、水田、水库、保留海域、旅游娱乐用海等	商服用地、工矿仓储用地、住宅用地、公共管理与公共服务用地、特殊用地、交通运输用地、工业岸线、港口岸线、旅游岸线、城乡建设岸线、存量围填海、沿海荒地、工业用海、交通运输用海、特殊用海等
农田保护区	耕地	林地、园地、自然淤涨型高涂等	商服用地、工矿仓储用地、住宅用地、公共管理与公共服务用地、特殊用地、交通运输用地等

续表

市级		主导要素	兼容要素	禁止要素
城镇发展区	城镇集中建设区	商服用地、工矿仓储用地、住宅用地、公共管理与公共服务用地、特殊用地、交通运输用地、工业岸线、港口岸线、旅游岸线、城乡建设岸线、存量围填海、沿海荒地、工业用海、交通运输用海、旅游用海、特殊用海等	林地、河流水面、湖泊水面、空闲地等	自然保护地、海洋保护区内具有生态功能的岸线等
	城镇弹性发展区	空闲地、工业岸线、港口岸线、旅游岸线、城乡建设岸线、存量围填海、沿海荒地、工业用海、交通运输用海、旅游用海、特殊用海等	盐碱地、沙地、裸土地、裸岩石砾地	自然保护地、海洋保护区内具有生态功能的岸线，城镇集中建设区明确的用地用途
	特别用途区	耕地、牧草地、园地、林地、旅游岸线、整治修复形成的岸线、旅游用海	盐碱地、沙地、裸土地、裸岩石砾地等	商服用地、工矿仓储用地、住宅用地、公共管理与公共服务用地、特殊用地、交通运输用地等
乡村发展区		耕地、园地、林地、牧草地、渔业用海、旅游用海、村庄建设用地等	盐碱地、沙地、裸土地、裸岩石砾地、存量围填海、沿海荒地等	自然保护地、海洋保护区内具有生态功能的岸线等
海洋发展区	海洋利用空间（渔业用海区等）	工业岸线、旅游岸线、港口岸线、城乡建设岸线、工业用海、旅游用海、交通运输用海、特殊用海	自然淤涨型高涂、存量围填海等	自然保护地、保护海域等
		可利用无居民海岛	工业岸线、港口岸线、旅游岸线、工业用海、交通运输用海、特殊用海等	保护海岛等
	海洋预留区	保留海域	自然恢复的岸线、整治修复的岸线等	工业用海、旅游娱乐用海、交通运输用海、特殊用海等
矿产能源发展区		工矿仓储用地、工业用海（固体矿产开采用海、油气开采用海）、盐田等	交通运输用海、特殊用海等	自然保护地、河口三角洲、沙洲、沙岛、红树林沼泽、海草床、珊瑚礁、保护海域、保护海岛等

第四节　海岸带用途管制措施

一、各类要素的一般性管制措施[23-25]

（一）保护类要素的主要管制措施

保护类要素的管控总体要求是总量不减少、质量不降低，原则上禁止置换，严格限制各类开发利用活动，现有的开发行为要逐步引导有序退出。其可采纳的用途管制手段，大致分为如下几类。

（1）坚持底线思维。如坚持生态保护红线制度，生态保护红线内自然保护地核心保护区原则上禁止人为活动，其他区域严格禁止开发性、生产性建设活动，在符合现行法律、法规前提下，除国家重大战略项目外，仅允许对生态功能不造成破坏的有限人为活动。经论证确实无法避让的，应采取更加严格的用途管制，确保不会对生态环境产生重大影响。

（2）设置总量管控指标。如自然保护地面积占比、自然岸线保有率、森林覆盖率、滨海湿地保有量、新增围填海控制量、自然资源负债率下限等。通过量化控制指标的方式，能够直观地反映一定时期内，自然资源总量变化情况及用途管制成效，也便于自然资源资产离任审计与绩效考核。

（3）最严格的准入制度。如依据《自然保护区条例》《海洋特别保护区管理办法》等有关法律制度，严格限制任何对自然资源要素有损害的开发利用活动，严禁用途转出，不允许通过占补平衡变相转出。对其他一般生态保护空间，采取正面准入清单，严格论证并加强监管，严禁破坏生态环境的行为。

（二）限制类要素的主要管制措施

限制类要素介于保护类要素与发展类要素之间，可以依据其生态服务价值、社会经济服务价值的对比情况，允许适度的用途转用，其管制措施设定的重点在于刚性和弹性的平衡。其可采用的用途管制措施，大致分为如下几类。

（1）指标控制。如淤涨型高涂开发利用率、潮间带开发利用率的上限指标，保留海域面积的下限指标，岸线整治修复长度、滩涂湿地整治修复面积等增量指标。通过科学合理的指标控制，进一步优化和调整空间布局，实现涉海产业与海洋资源的动态平衡。同时，立足于陆海空间资源的互补性、陆海生态空间的互通性和陆海产业的互动性，既能准确把握陆域海域空间治理和用途管制的整体性和联动性，又能体现陆海自然生态的差异性和独特性，形成陆海统筹的用途管制合力。

（2）用途转用许可。鼓励通过一定的技术手段或实施整治修复，对受保护的生态进行用途转换。如对一般砂石海滩、废弃盐田、低效利用的围海养殖等进行整治修复，逐步服务于生态功能；允许生态价值较低、生态敏感度较低的要素向生产用途转用，实行严格的转用评估与审批程序，如淤涨型高涂、盐碱地、基岩海岸等限制性要素的开发利用，进行严格专用审批。对已填成陆区域，按照国家严管严控围填海要求和产业准入政策，调整用海用地用途，实现土地和海洋资源最大效益。

（3）占补平衡与生态补偿。将耕地占用补偿管理模式推广到全域全要素领域，对于同一自然资源要素不同用途的转化，要坚持符合国家政策和行业产业要求，确保相关利益者的合法权益；对于不用自然资源要素的用途转用，应经充分论证和评估，尤其是对于转换为生产用途的自然资源要素，根据生态评估结论，对同类同面积的自然资源要素进行修复；对于大面积的占用，还需要以生态基金等形式进行生态补偿。

（三）发展类要素的主要管制措施

发展类要素是为了支撑经济社会发展，实施用途管制的主要目标是促进资源的节约集约利用。其可采用的用途管制措施，大致分为如下几类。

（1）产业准入名录。海岸带地区一方面是对接国家发展改革委制定的《产业结构调整指导目录》中有关鼓励类、限制类、淘汰类产业名录，并按区域发展战略和经济发展实际情况进行优化调整；另一方面对于海岸带地区特别是占用海岸线和滨海湿地的用海项目，建立赖海产业名录突出用海必要性和依存度，通过政策引导进一步限制近岸海域开发活动，鼓励盘活存量土地资源。

（2）严格执行用海用地预审制度。如继续对土地和围填海等空间资源实行计划管理，按照国家分类处置围填海历史遗留问题政策要求，考虑将已填成陆区域单列计划指标，纳入土地储备计划；有条件的地区，自上而下地加快用海用地预审衔接，建立海岸带地区用海用地项目联合审批机制；从严格保护的角度，建立海岸带分类管制和占用预审制度等。

（3）节约集约指标设定。对单个项目用海用地要充分落实节约集约理念，加强面积和生态指标控制，如建筑率、容积率、绿化率、单位土地/海域 GDP 产值、单位岸线产值等，可作为项目预审和后期监管的依据。在项目运营一个时期后，要开展指标执行情况评估，确保节约集约落实到位。

二、有关事权的划分

首先，用途管制是对国土空间规划的具体实施，因而用途管制制度的事权划定必须与其规划相对应。按照规划谁组织编制、谁负责实施的原则，国土空间用途管制的权责范围，与其规划编制详尽程度和要求密切相关。在此基础上，对事权的划分，还应遵循避免“公地悲剧”[26]的管控权以中央为主体、谋求区域发展的发展权以地方为主体的基本出发点，基于此对保护类、限制类、发展类三类自然资源要素的用途管制事权，初步划分如下。

（一）中央事权

（1）提出生态保护红线范围内的保护类要素的刚性约束条件，包括生态保护红线的范围划定，细化核心区和一般控制区的管理要求等；细化海岸线分类用途管制准则，测算自然岸线保有率及分解任务，组织开展海岸线调查统计和修测动态管理。

（2）限制类要素的总量控制（含计划调节）和分区约束。可以适度开发的滩涂、海水养殖区域、一般岸线、新增围填海等控制要素的总量管控、计划调节、分区准入以及各类要素在一般生态空间和开发利用空间中的用途转用等；拟定重大建设项目用海用地占用补偿指导意见与参考标准，开展海域和无居民海岛使用金动态调整。

（3）发展类要素的宏观引导，为沿海地方政府预留足够的管理空间。指导地方政府开展围填海历史遗留问题处置，探索围填海历史遗留问题单列计划指标操作性，宏观引导产业用海发展。对一般生态空间和发展空间中的生态要求，主要通过自然资源资产离任审计、生态环境保护绩效考核等宏观控制措施实现。

（二）省级事权

（1）对生态保护红线区域的具体执行和监督管理；重点审查确需占用生态保护红线的具体项目，并实施重点监管。

（2）提出并管理限制类要素的使用方向、生态要求和质量要求等。可以适度开发的荒废滩涂、用于保障传统渔民基本生活的养殖海域、一般岸线等在不同行业使用中的生态保护修复要求、环境质量要求、节约集约效益要求等，应由省级人民政府提出，以适应不同省份经济社会发展的具体情况。

（3）提出发展类要素正负面清单等。建立围填海历史遗留问题处置与土地管理衔接机制，围填海形成土地的审批、管理、使用、受益等都应该归省级，同时，在符合国家有关政策的前提下，要为市场经济调节预留发展空间。

（三）市县级事权

（1）按照国家要求履行法定审批和监管职责。

（2）对于生态空间，承担具体监管任务；对于开发利用空间，负责具体建设项目的审查审批等。有条件的地区，可按照“放管服”要求，依法下放职权，提升市县级集约高效利用自然资源的积极性。

三、用途管制约束激励机制

除按照自然资源部“两统一”职责履行构建国土空间用途管制基本框架体系、法律政策体系、技术方法体系和运行体系，以及重点区域管控和监测分析评估外，国家层面还应从统一行使全民所有自然资源资产所有者的角度出发，协调与自然资源资产产权制度、资源有偿使用和生态补偿制度、环境保护制度、生态文明绩效评价考核和责任追究制度等关系，全面保障国土空间用途管制制度落实到位。

（一）界定与维护海域和无居民海岛资源资产产权主体合法权益，落实国土空间用途管制

海域和无居民海岛作为自然资源，构成其他资源的载体。随着海域和无居民海岛资源进入人类的经济社会活动领域，它又成为一种重要的资产。对海域和无居民海岛资源资产进行界定，将避免国有资产的流失，打破海域和无居民海岛市场交易受阻现状，加速海域和海岛使用权的产权流转，维护海域和无居民海岛资源资产产权主体的合法权益。因此，需要在国家自然资源管理体系框架下，依托自然资源统一确权登记，建立归属清晰、权责明确、监管有效的自然资源资产产权制度。同时，在国土空间规划体系下，通过划定生产、生活、生态空间开发管制界限，落实国土空间用途管制。将海域和无居民海岛资源量化全民所有的自然资源资产进行管理，能够真实地反映海域和无居民海岛资源的稀缺程度，使其开发和利用能够获得更大的效益，其资产价值也会增加，实现国有资产的保值增值。

（二）强化国土空间管制的引导和约束作用，进一步优化资源配置

经济发展就是要提高资源，尤其是稀缺资源的配置效率，以最少的资源投入生产最多的产品、获得最大的效益。海域和无居民海岛属于稀缺资源，既要发挥市场在资源配置中的决定性作用，又要政府发挥引导和约束的双重作用。在全面摸清海域和无居民海岛资源家底的基础上，建立一套完善的实物量和价值量核算体系，实时开展资源配置监测评估，辨清海域资源交易市场动态，衡量与决策直接配置与市场化配置权重，对于生活、生态空间，应主要以政策引导与约束为主

要导向，可尝试上收或限制用途转用权；对于开发利用空间，在总量控制和规划引导的前提下，侧重市场需求，减少政府干预与资源直接配置，通过制度和规范加强政府的引导和推动作用，实现科学的宏观调控，准确释放政策信号，保障市场公平竞争，维护市场秩序，进一步优化配置海域和无居民海岛资源。

（三）协调国家与地方财政支持，形成多措并举的激励机制

持续巩固和扩大脱贫攻坚的成果，继续将土地用途管制制度、农业基本建设投入政策、各种农业补贴和惠农政策有机地结合起来，特别是要完善实施土地用途管制以后的补偿政策，通过补偿激励机制增强土地用途管制的约束力，使土地用途管制真正发挥作用。

政府部门首先在决策时要注重效率与公平的平衡，合理分配土地收益。对一些以创造经济效益为主要目的，但可能破坏生态环境的分区，实行高地价和高税收，提高其土地使用成本，而对一些以保护生态环境为主要目的，但直接经济效益较低的分区，给予经济和政策上的补偿，从而减小不同分区间的收益差距。

对于实施最严格保护措施的国家级自然保护区和国家公园（限制性要素），应由中央财政经费统一支付，加强对由于保护而发展受限地区的财政转移支付和生态补偿；对于省级自然保护区，可建立省级财政支持的生态补偿制度或地区间横向生态补偿制度；对于其他类型的保护地以及市县级自然保护区，则可考虑政府购买生态保护服务机制，在省级层面建立生态保护基金，根据生态保护成效，给保护者付费。

充分利用保护地良好的生态环境，在周边区域发展生态农业、生态旅游、生态康养、生态服务等生态产业。为了确保保护地及周边产业发展符合保护地的功能定位、不危及保护地生态系统健康和稳定性，以及产品达到严格的质量和绿色环保标准，需要建立严格的产业准入、产业发展规模限制和产品认证制度。同时，制定税收、补贴、技术、人才等方面的扶持政策，促进达到标准的产业发展。例如，可以对自然保护地及周边一定范围生产的生态产品实行零税收。实现“绿水青山”向“金山银山”的转化。探索建立生态产品市场化机制，探索建立生态产品价值核算、市场创建、定价和交易机制，探索建立生态产品产权抵押贷款、证券化、远期交易、股权交易等制度，激活生态产品市场。

（四）探索建立国土空间用途管制绩效评价和责任追究制度

长期以来，我们一直以为自然是没有价值的，自然资源是取之不尽、用之不竭的。国家经济核算和审计只涉及第一、第二、第三产业，而不包括自然资源，导致许多地方在经济发展过程和人们生产消费过程中对自然资源的过度消耗和极大浪费。部分领导干部决策往往以经济发展为政绩，唯 GDP 论成败，忽略了保护

自然资源的责任意识。自2013年《中共中央关于全面深化改革若干重大问题的决定》提出“探索编制自然资源资产负债表，对领导干部实行自然资源资产离任审计”以来，经过一段时间的实践摸索，各级政府决策者和自然资源管理者已经充分认识到自然资源的价值，无论土地、矿产、森林，还是海域、无居民海岛资源都是一种资产，也有保值增值和负债问题。参考土地督察、海洋督察等自然资源督察实践经验，研究建立可操作、可考核的国土空间用途管制绩效考核指标体系，实行差异化的绩效评价考核，探索建立自然生态空间用途管制责任终身追究机制。坚持“谁受益、谁补偿”原则，将部分收益用于整治修复、恢复补偿、开发替代海域和无居民海岛资源，实现海域和无居民海岛资源资产的良性循环、永久利用，同时积极推动沿海各地区间建立横向海域和无居民海岛资源资产损耗补偿制度。

（五）建立和推广资产负债表和离任审计制度

以生态用海思想为指导，结合海岸带自然资源禀赋特征编制海岸带自然资源资产离任审计管理规定，明确审计对象、审计内容、审计评价标准、审计责任界定、审计结果运用等，逐步形成完善规范的海岸带自然资源资产离任审计管理体系。加强资产负债表应用，分析领导干部在执政期间资产与负债的变动情况，合理确定资产与负债间的平衡阈值，制定资产负债表结果评判标准和区间，为领导干部自然资源资产离任审计提供依据。

开展自然资源资产离任审计试点，一方面，可以通过系统的管理体系，找到管理中存在的问题，发现在领导决策和管理实际中存在的生态环境安全风险隐患；另一方面，通过资产负债表和离任审计制度，能够更加明确地界定责任，出现问题能够逐级问责。在总结试点经验和纠错的基础上，全面推广资产负债表和离任审计制度，能够有效地树立各级领导干部的政绩观，同时领导干部可通过资产负债表掌握当前所辖范围内的资产和负债及变化情况，为做出正确决策提供参考依据。审计部门可以通过建立的自然资源资产离任审计制度，开展经常性的审计和领导干部离任审计，逐步形成系统化、常态化、规范化的审计工作模式。

参考文献

[1] 林坚，刘松雪，刘诗毅. 区域—要素统筹：构建国土空间开发保护制度的关键［J］. 中国土地科学，2018，32（6）：1-7.

[2] 林坚，李东，杨凌，等. “区域—要素”统筹视角下“多规合一”实践的思考与展望［J］. 规划师，2019，35（13）：28-34.

[3] 李修颉，林坚，楚建群，等. 国土空间规划的陆海统筹方法探析［J］. 中国土地科学，2020，34（5）：60-68.

[4] 樊杰．中国主体功能区划方案［J］．地理学报，2015，70（2）：186-201.

[5] 国家海洋局．中国海洋功能区划报告［R］．北京，1993.

[6] 全国海洋标准化技术委员会．海洋功能区划技术导则：GB/T 17108—2006［S］．北京：中国标准出版社，2006.

[7] 国家海洋局．市县级海洋功能区划编制技术要求［Z］．北京，2013.

[8] 王芙蓉，徐建刚，姚荣景，等．基于规划实体的国土空间规划“一张图”构建［J］．测绘通报，2020（12）：65-70.

[9] 焦思颖．将国土空间规划一张蓝图绘到底［N］．中国自然资源报，2019-05-29（001）.

[10] 福建省发展和改革委员会，福建省海洋与渔业厅．福建省海岸带保护与利用规划（2016—2020年）：闽发改区域〔2016〕559号［EB/OL］．（2016-07-28）［2021-07-09］. http：//hyyyj. fujian. gov. cn/xxgk/fgwj/201608/t20160808_ 1878753. htm.

[11] 海南省人民政府．海南经济特区海岸带保护与开发管理实施细则：琼府〔2016〕83号［EB/OL］．（2016-08-31）［2021-07-09］. https：//www. hainan. gov. cn/data/hnzb/2016/10/3643/.

[12] 葫芦岛市人民政府．葫芦岛市海岸带保护与开发管理暂行办法：葫芦岛市人民政府令2015年第165号［EB/OL］．（2015-12-21）［2021-07-09］. http：//www. hld. gov. cn/zwgk/zc/zfl/201601/t20160107_ 491481. html.

[13] 惠州市人民政府．惠州市海岸带保护与利用管理规定：惠府〔2018〕78号［EB/OL］．（2018-12-06）［2021-07-09］. http：//www. huizhou. gov. cn/gkmlpt/content/1/1957/post_ 1957537. html#865.

[14] 青岛市人民代表大会常务委员会．青岛市海岸带保护与利用管理条例［EB/OL］．（2019-11-29）［2021-07-09］. http：//rdcwh. qingdao. gov. cn/n8146584/n31031327/n31031347/n31031353/191213134508817083. html.

[15] 日照市人民代表大会常务委员会．日照市海岸带保护与利用管理条例［EB/OL］．（2019-09-27）［2021-07-09］. http：//www. rzrd. gov. cn/ctnshow. php/aid/6410.

[16] 安太天，朱庆林，武文，等．基于陆海统筹的海岸带国土空间规划研究［J］．海洋经济，2020，10（2）：44-51.

[17] 祁帆，贾克敬，邓红蒂，等．自然资源用途管制制度研究［J］．国土资源情报，2017（9）：11-18.

[18] 自然资源部办公厅．自然资源部办公厅关于印发《国土空间调查、规划、用途管制用地用海分类指南（试行）》的通知［J］．自然资源通讯，2020（23）：18-39.

[19] 国土资源部．土地利用现状分类：GB/T 21010—2017［S］．北京：中国标准出版社，2017：1-10.

[20] 牟晓杰，刘兴土，阎百兴，等．中国滨海湿地分类系统［J］．湿地科学，2015，13（1）：19-26.

[21] 应申，李程鹏，郭仁忠，等．自然资源全要素概念模型构建［J］．中国土地科学，2019，33（3）：50-58.

[22] 易斌，沈丹婷，盛鸣，等．市县国土空间总体规划中全域全要素分类探讨［J］．规划师，2019，35（24）：48-53.

[23]　林小如，王丽芸，文超祥．陆海统筹导向下的海岸带空间管制探讨：以厦门市海岸带规划为例［J］．城市规划学刊，2018（4）：75-80.

[24]　李彦平，刘大海．基于生态文明价值导向的海岸带空间用途管制的思考［J］．环境保护，2020，48（21）：31-35.

[25]　赵琨．海域海岸带空间管制规划探索：以青岛市海域海岸带规划为例［J］．城市地理，2017（10）：24-25.

[26]　阳晓伟，杨春学．“公地悲剧”与“反公地悲剧”的比较研究［J］．浙江社会科学，2019（3）：4-13.

第五章　海岸带生态空间划定及保护类要素管制

要素管制是落实用途管制制度的核心和关键。而对于砂质岸线、生物岸线、典型生态系统、保护海岛、一级林地、各类保护区等保护类要素管制制度的设计，正是对陆海统筹区域生态空间管理要求的具体落实。保护类要素（除耕地外）基本都属于生态空间，按照其对人类干扰的敏感程度不同，可进一步划分为生态保护红线和一般生态空间。由于保护类要素多属于保障和维护国家生态安全（以及粮食安全）的关键要素，故应实施最严格的用途管控措施。无论是保护类要素还是以其为主体构成的自然生态空间，都具有社会公益、全民普惠的特性。保护类要素之所以实施严格保护，是由于其具有严重的经济负外部性，但禁止其开发利用同样意味着相应区域的社会主体丧失了以财产权为基础的发展机会。

第一节　海岸带生态空间的划定

一、以分级管制为目标的空间细分

以保护类要素为主体，以分级管制为目标，对海岸带生态空间细分如下[1,2]。

（1）生态保护红线：对应主要的保护类要素及其对应的生态系统，与重要保护类要素空间密切相邻，零星分布的其他要素也可一并纳入生态保护红线。

（2）一般生态空间：对应部分对人类活动干扰敏感度较低的保护类要素和具有较为明显生态价值的限制类要素，同样同一区域内零星分布的其他要素也可纳入该空间。

二、海岸带生态保护红线选划

（一）选划背景

2017年2月，中共中央办公厅、国务院办公厅印发《关于划定并严守生态保护红线的若干意见》（厅字〔2017〕2号），提出“生态保护红线是指在生态空间范围内具有特殊重要生态功能、必须强制性严格保护的区域，是保障和维护国家生态安全的底线和生命线，通常包括具有重要水源涵养、生物多样性维护、水土保持、防风固沙、海岸生态稳定等功能的生态功能重要区域，以及水土流失、土地沙化、石漠化、盐渍化等生态环境敏感脆弱区域”。党中央、国务院高度重视生态环境保护，做出了一系列重大决策部署，推动生态环境保护工作取得了明显进展。但是，我国生态环境总体仍比较脆弱，生态安全形势十分严峻。划定并严守生态保护红线，是贯彻落实主体功能区制度、实施生态空间用途管制的重要举措，是提高生态产品供给能力和生态系统服务功能、构建国家生态安全格局的有效手段，是健全生态文明制度体系、推动绿色发展的有力保障。

2019年10月，中共中央办公厅、国务院办公厅印发《关于在国土空间规划中统筹划定落实三条控制线的指导意见》（厅字〔2019〕48号），提出“对自然保护地进行调整优化，评估调整后的自然保护地应划入生态保护红线；自然保护地发生调整的，生态保护红线相应调整”。

综上所述，生态保护红线是生态空间内生态极重要、极脆弱区域，应为区域性的保护，主要包括水源涵养、生物多样性维护、水土保持、防风固沙等生态功能重要区域，以及水土流失、土地沙化等区域。调整后的自然保护地原则上均纳入生态保护红线。

（二）选划的基本理念

国家公园作为自然保护地体系中的重要组成部分，原则上应纳入生态保护红线内，因此，国家公园的理念对于生态保护红线具有重要借鉴意义，但两者又有不同，故对国家公园的基本理念进行扬弃，保留了国家所有和时代传承两项基本理念[3,4]。同时，由于生态保护红线的划定主体是省级人民政府，故将“全民共享”修改为“社会公益”。此外，增加一条体现区域特定要求的理念。由此确定生态保护红线划定的基本理念如下[5-10]。

（1）国家所有。由于生态保护红线重点保护体现生态价值，短时间内无法转换为相应的社会经济价值，该区域对于资源配置的约束作用极大，故自然资源资产的所有权人应以国家为主。

（2）时代传承。生态保护红线一旦划定，不得随意更改。生态保护红线的面积只可增加，不可减少，故具有时代传承性。

（3）社会公益。生态保护红线并不仅仅服务于其划定的局部区域，而对于维护大范围的生态稳定性和生态安全都具有重要价值，属于公益性要素。同时，可以通过生态补偿等方式，对其生态价值的输出方予以补偿。

（4）海陆一体。海岸带是陆海统筹的核心区域，海、陆要素不可以海岸线为分割线人为割裂，而要保证自然资源要素及其生态环境的相对完善性。

（三）生态保护红线的基本特征

生态保护红线的基本特征可以概括为如下 5 个属性。

（1）生态保护的关键区域。生态保护红线是生态保护空间里面最重要的区域，是维系国家和区域生态安全的底线，是支撑经济社会可持续发展的关键生态区域。

（2）空间不可替代性。生态保护红线具有显著的区域特定性，其保护对象和空间边界相对固定，不可替代。如红树林、海草床、珊瑚礁三大典型海洋生态系统是重要的海洋资源，具有重要的保护价值，不能占用后，去其他地方进行保护。

（3）经济社会的支撑性。虽然生态保护红线强调要保护生态，但并不是狭义的保护动物、保护植物、保护生物多样性。划定生态保护红线的最终目标是在保护重要自然生态空间的同时，实现对经济社会可持续发展的生态支撑作用。

（4）管理的严格性。生态保护红线是一条不可逾越的空间保护线，应实施最为严格的环境准入制度与管理措施。

（5）生态安全格局的基础框架。生态保护红线区是保障国家和地方生态圈的基本空间要素，是构建生态安全格局的关键组分。

（四）生态保护红线管控的基本要求

生态保护红线原则上按禁止开发区域的要求进行管理。严禁不符合主体功能定位的各类开发活动，严禁任意改变用途，确保生态功能不降低、面积不减少、性质不改变。因国家重大基础设施、重大民生保障项目建设等需要调整的，由省级政府组织论证，提出调整方案，经生态环境部、国家发展改革委会同有关部门提出审核意见后，报国务院批准。

（1）功能不降低。生态保护红线内的自然生态系统结构保持相对稳定，退化生态系统功能不断改善，质量不断提升。

（2）面积不减少。生态保护红线边界保持相对固定，生态保护红线内的面积只能增加，不能减少。

（3）性质不改变。生态保护红线区内的自然生态用地用海不可转换为非生态用地用海，生态保护的主体对象保持相对稳定。

（五）海岸带生态红线划定的技术路线

为保证国家各类政策、相关规划等的彼此衔接，生态红线的划定未直接从自然资源要素的角度出发，而是将自然保护地体系（以国家公园为主体、自然保护区为基础、自然公园为补充）作为主线。其划定的一般技术路线如下[11,12]（各类自然资源要素具体划分方法详见表5-1）。

表5-1 基于自然资源要素的海岸带生态空间划分技术流程

序号	要素分类	生态空间类别		详细类型	生态保护红线	一般生态空间
1	国家公园	国家公园		/	√	×
2	自然保护区	海洋自然保护区、湿地自然保护区等	国家级、省级	核心区	√	×
				缓冲区	×	√
				实验区	×	√
			市县级	核心区	○	√
				缓冲区	×	√
				实验区	×	√
		海洋特别保护区	国家级、省级	重点保护区	√	×
				适度利用区	×	√
				生态和资源恢复区	×	√
				预留区	×	√
			市县级	重点保护区	○	√
				适度利用区	×	√
				生态和资源恢复区	×	√
				预留区	×	√
3	滩涂湿地	湿地公园	国家级、省级	湿地保育区	√	×
				恢复重建区	√	×
				湿地生态功能展示区	×	√
				湿地体验区等	×	√
			市县级	/	×	√
		重要湿地（含重要滨海湿地）	国际、国家重要湿地	/	√	×
			地方重要湿地	/	×	√
		重要河口（湾）生态系统		/	×	√
		未利用滩涂区域		/	×	○
		低效围海养殖、盐田等可修复滩涂		/	×	○

续表

序号	要素分类	生态空间类别		详细类型	生态保护红线	一般生态空间
4	岸线（生物岸线除外）	重要砂质岸线及邻近海域		/	√	○
		其他自然岸线		/	×	√
		整治修复岸线		/	×	○
5	入海河流	饮用水水源保护区	国家级、省级	一级保护区	√	×
				二级保护区	×	√
			市县级	一级保护区	×	√
				二级保护区	×	√
		清水通道维护区		/	×	○
		洪水调蓄区		/	×	○
6	自然景观	自然景观与历史文化遗迹	世界自然遗产	核心区和缓冲区	√	×
			世界文化遗产地	极重要生态保护价值区	√	×
				重要生态价值区	×	√
			其他自然景观与历史文化遗迹		×	√
		风景名胜区	国家级、省级	核心景区	√	×
				其他景区	×	√
			其他	极重要生态保护价值区	√	×
				重要生态保护价值区	×	√
		地质遗迹保护区	国家级、省级	核心区域	√	×
				其他区域	×	√
			市县级	/	×	√
		重要滨海旅游区	国家级、省级	核心区域	√	×
				一般区域	×	√
			市县级	/	×	○
7	森林	森林公园	国家级、省级	生态保育区	√	×
				核心景观区	√	×
				一般游憩区	×	√
			市县级	/	×	√
		生态公益林		国家一级公益林	√	×
				国家二级公益林	×	√
				其他地方公益林	×	○
		海堤防护林		基干林带	×	√
				其他林带	×	○

续表

序号	要素分类	生态空间类别	详细类型	生态保护红线	一般生态空间
8	重要生物物种	珍稀濒危物种分布区	极重要生态保护价值区	√	×
			重要生态保护价值区	×	√
			其他区域	×	√
		极小种群物种分布栖息地	核心区域	√	×
			其他区域	×	√
		种质资源保护区	核心区	√	×
			缓冲区	√	×
			实验区	×	√
		重要渔业海域	产卵场、索饵场、越冬场、洄游通道等	√	×
			其他区域	×	√
		海洋牧场	/	×	○
9	无居民海岛	特殊用途岛屿	领海基点岛屿	√	×
			具有其他国防用途海岛	√	×
			具有科学用途海岛	×	√
			海岛保护区	×	√
		其他无居民海岛	/	○	○
10	重要海洋生态系统	红树林	/	○	√
		珊瑚礁	/	○	√
		海草床	/	○	√
		其他重要海洋生态系统	/	○	√
11	其他保护区域	沙源保护海域	重要沙源保护海域	√	×
			一般沙源保护海域	×	√
		其他未开发浅海海域	/	×	○

注：1. “/”表示左侧生态空间类别为全部类型；

2. “√”“×”“○”分别表示“应划入所示空间类型”“不应划入所示空间类型”“可以划入所示空间类型”。

（1）国家公园：全部纳入生态保护红线。

（2）自然保护区：包括自然保护区、自然遗产地核心区、自然保护小区等，省级以上自然保护区的核心区，应纳入生态保护红线。

（3）自然公园：包括海洋特别保护区（海洋公园）、风景名胜区、森林公园、湿地公园、地质公园等，省级以上自然公园的核心区域，应纳入生态保护红线。

（4）自然保护地体系之外的限制性自然资源要素：种质资源保护区，一级饮用水水源保护地，重要河流湖泊的临水控制区，原生砂质岸线及其毗邻海陆域，国家一级生态公益林，重要渔业水域的产卵场、索饵场、越冬场、洄游通道等。

（5）除上述要素之外，一般生态空间中的自然资源要素，也可根据实际情况综合衡量后纳入生态保护红线。

三、海岸带一般生态空间选划

一般生态空间是自然生态空间的重要组成部分。与生态保护红线相比，一般生态空间中的自然资源要素，具备一定的生态功能，未完全与民众隔离，允许一定条件下的人类活动，因而与人类的关系更为密切。

（一）选划背景

2013年，《中共中央关于全面深化改革若干重大问题的决定》提出："健全自然资源资产产权制度和用途管制制度。对水流、森林、山岭、草原、荒地、滩涂等自然生态空间进行统一确权登记，形成归属清晰、权责明确、监管有效的自然资源资产产权制度。建立空间规划体系，划定生产、生活、生态空间开发管制界限，落实用途管制。"

2015年9月，中共中央、国务院印发《生态文明体制改革总体方案》，其中提出"健全国土空间用途管制制度……将用途管制扩大到所有自然生态空间，划定并严守生态红线，严禁任意改变用途，防止不合理开发建设活动对生态红线的破坏"。

2017年2月，中共中央办公厅、国务院办公厅印发《关于划定并严守生态保护红线的若干意见》（厅字〔2017〕2号），提出"生态空间是指具有自然属性、以提供生态服务或生态产品为主体功能的国土空间，包括森林、草原、湿地、河流、湖泊、滩涂、岸线、海洋、荒地、荒漠、戈壁、冰川、高山冻原、无居民海岛等。"

2017年3月，为加强自然生态空间保护，推进自然资源管理体制改革，健全国土空间用途管制制度，促进生态文明建设，按照《生态文明体制改革总体方案》要求，国土资源部会同发展改革委、财政部等9个部门，研究制定了《自然生态空间用途管制办法（试行）》（国土资发〔2017〕33号），从规章制度层面对自然生态空间内涵进行了明确说明，"自然生态空间，是指具有自然属性、以提供生态产品或生态服务为主导功能的国土空间，涵盖需要保护和合理利用的森林、草原、湿地、河流、湖泊、滩涂、岸线、海洋、荒地、荒漠、戈壁、冰川、高山冻原、无居民海岛等。"

2018年8月，自然资源部印发的《自然生态空间划定技术规程》（试点试行）明确“自然生态空间又称生态空间，由生态保护红线和一般生态空间组成。一般生态空间是指自然生态空间内、生态保护红线范围外，具有重要生态功能、需要严格保护，并在遵循有关法规以及管制规则前提下，可以适度开发利用的区域”。

生态空间是人与自然和谐共生的空间，是承担生态系统维护与生态服务功能的重要空间，涵盖需要保护和合理利用的自然、人文等生态类型，具有自然空间地域性、自然空间整体性、自然空间复杂性、自然资源多样性和自然资源价值性。

（二）选划的基本理念

（1）生态优先。遵循生态文明、保护优先的理念，以保护生态环境、推动绿色发展为首要目标，以人类活动的生态合理性优于经济合理性为宗旨，除具有较高生态服务功能的自然资源要素外，生态价值一般但可实施修复或近期无发展计划的，都应尽量纳入一般生态空间。

（2）适度弹性。自然生态空间同样遵循总量不减少、质量不降低的原则，但与生态保护红线相比有一定的弹性空间。一般生态空间经保育养护，生态质量明显提升，达到一定标准的可以转化为生态保护红线；同时，一般生态空间中的零星自然资源要素，经严格审批后也可转换用途，通过生态修复等进行区域置换，实施占补平衡。

（3）管理创新。与生态保护红线内的自然资源资产以国家所有为主不同，一般生态空间对所有权人不做硬性要求。其保护管理也不能仅仅依靠政府部门，而要探索建立包括政府治理、公益治理、社会治理、共同治理等多种治理模式在内的政府主导、多元参与的治理体系。通过协议保护机制等，委托相关机构予以保护管理，或采用公私合营的形式实现共同治理[13]。

（三）一般生态空间管控的基本要求

一般生态空间原则上按限制开发区域的要求进行管控。按照一般生态空间用途分区，分类分级制定区域准入条件，明确允许、限制、禁止的产业和项目类型清单，根据空间规划确定的开发强度，提出城乡建设、工农业生产、矿产开发、旅游康休等活动的规模、强度、布局和环境保护等方面的要求。按照不断改善退化生态系统功能、提升自然生态系统质量和稳定性的原则，组织制定生态空间改造提升整治规划和实施计划，因地制宜明确采取休禁措施的区域规模、布局、时序安排，促进区域生态系统自我恢复和生态空间的休养生息。

在空间用途转用方面，有序引导生态空间用途之间的相互转换，鼓励向有利于生态功能提升的方向转变，严格禁止不符合生态保护要求或有损生态功能的相互转换，具体要求如下。

（1）从严控制一般生态空间向农业生产空间转化，对一般生态空间范围内的零星耕地、园地和建设用地逐步退耕还林、退养还滩，逐步恢复其自然生态功能。

（2）从严控制一般生态空间向建设用途转用，防止不当转用对生态环境造成损害。严格控制新增建设占用一般生态空间。符合区域准入条件的建设项目，涉及占用生态空间中的林地、草原等，按有关法律、法规规定办理；涉及占用生态空间中其他未做明确规定的用地用海用岛，应当加强论证和管理。鼓励地方根据生态保护需要和规划，结合土地综合整治、工矿废弃地复垦利用、矿山环境恢复治理等各类工程实施，因地制宜地促进生态空间内建设用地逐步有序退出。

（3）从严控制各类空间用途变化，尤其严控规划地类中林地、草地、水域、滩涂、沼泽和自然保留地等自然生态空间用途的相互转化。鼓励一般生态空间转为生态保护红线。

严格保护集中连片的林地、草地、水域及水利设施用地中的河流水面、湖泊水面、沿海滩涂、内陆滩涂和冰川及永久积雪、其他土地中的沼泽地、沙地和裸地等地类，确保生态空间总量不减少。

（四）海岸带一般生态空间划定的技术路线

划定海岸带一般生态空间的总体原则是维持自然地貌特征，改善陆海生态系统、流域水系网络的系统性、整体性和连通性，明确生态屏障、生态廊道和生态系统保护格局；确定生态保护与修复重点区域；构建生物多样性保护网络，为珍稀动植物保留栖息地和迁徙廊道；合理预留基础设施廊道。

依托第三次全国土地调查成果工作基础，利用各类自然资源调查评价及相关规划成果，统筹农业空间、城镇空间，衔接永久基本农田、城镇开发边界；统筹海洋生物资源利用空间、建设用海空间，衔接海洋生物资源保护线、围填海控制线，协调处理矛盾和冲突，确定一般生态空间的边界、范围、规模、分级等。

同时考虑，与自然保护地体系的衔接、其他限制性要素的选划，以及部分控制性要素的选划，其划定的一般技术路线如下[7-10]（各类自然资源要素具体划分方法，详见本章后附表5-1）。

（1）自然保护区：省级以上自然保护区的缓冲区、实验区，市县级自然保护区等。

（2）自然公园：省级以上自然公园的非核心区域，市县级自然公园等。

（3）其他限制性要素：地方重要湿地、市县级饮用水水源保护地、自然岸线及其毗邻海陆域、国家二级公益林、地方公益林、其他重要渔业水域、浅海保留海域等。

（4）部分控制性要素也可根据实际情况，统筹考虑后纳入一般生态空间进行保护，如海洋牧场、重要滨海旅游区、未利用滩涂荒地等。

第二节　海岸带保护类要素管制要求

一、宏观管制指标设定

（一）总量指标

1. 自然岸线保有率

自然岸线保有率 =（原生自然岸线长度+具有自然海岸形态和生态功能的准自然岸线长度）/大陆岸线长度×100%。

参考数值：全国自然岸线保有率不低于35%[14]。

2. 海洋自然保护地面积占比

海洋自然保护地面积占比=海洋自然保护地面积/行政管辖海域面积×100%。

参考数值：海洋自然保护地面积占比不低于10%（参照联合国制定的爱知生物多样性目标，到2020年至少17%的陆地和内陆水域以及10%的沿海和海洋地区为自然保护地[15]）。

3. 海岸带生态保护红线面积占比

海岸带生态保护红线面积占比=海岸带生态保护红线面积/行政管辖区域面积×100%。

参考数值：第一轮全国生态保护红线面积比例不低于陆域国土面积的25%；海洋生态红线面积占沿海各省份管理海域总面积的比例不低于30%。

4. 森林覆盖率

森林覆盖率=森林面积/土地面积×100%。

参考数值：森林覆盖率不低于30%（根据《中共中央 国务院关于完整准确全面贯彻新发展理念做好碳达峰碳中和工作的意见》，到2030年我国森林覆盖率目标为30%）。

（二）增（减）量指标

1. 红树林修复率

红树林修复包括新建造林、修复造林和特殊造林三种类型。新建造林是指在适宜红树林生长的光滩上营建红树林群落的造林类型或模式；修复造林是对处于退化阶段的红树林生态系统引入目的种群阻止退化的造林类型或模式，具体来说，就是将生态防护功能低下的低效次生灌木林改造为乔灌复层林群落；特殊造林是在不适宜红树林生长的特殊生境中造林，包括在水位较深的废弃虾塘、防波堤外等生境的造林类型或模式[16]。

2. 珊瑚礁丧失率

珊瑚礁受损后修复难度很大。毁礁式开发的生态破坏是不可逆的；自然灾害导致的生态破坏，灾害过后通常可以自然恢复，但需要20~25年甚至60~100年[17]的时间。环境压力导致的生态系统衰退，一旦环境压力消失，通常生态系统可以缓慢地自然恢复。目前，我国对于珊瑚礁的生态修复还处在试验阶段，所以此处采用了珊瑚礁的丧失率作为管控指标。

3. 海岸线整治修复长度

以《全国海洋功能区划（2011—2020年）》提出的“至2020年，完成整治和修复海岸线长度不少于2 000 km”为基准，合理确定海岸线整治修复的增量指标。

4. 滨海湿地修复面积

依据《“十四五”海洋生态环境保护规划》，“十四五”期间，力争整治修复滨海湿地不少于2×10^4 hm^2。

除此以外，随着自然资源资产化等管理技术的成熟，自然资源资产净增量等也可以作为管控的增量指标。

（三）管理指标

1. 生态保护红线内海水质量控制指标

依据《中共中央 国务院关于深入打好污染防治攻坚战的意见》，到2025年，近岸海域水质优良（一、二类）比例达到79%左右。

2. 人类活动影响面积[18]

生态保护红线内新增与规模扩大的，造成生态破坏或影响生态功能的各类型人类活动及设施用地用海面积。该指标反映生态保护红线内控制人类活动的情况。

人类活动影响面积=各种人类活动影响面积之和。

3. 生态保护红线内生产活动（人员）外迁率

生态保护红线内原有生产、生活设施和人员等的外迁率。

生态保护红线内生产活动（人员）外迁率=各类生产活动外迁面积/生态保护红线内生产活动总面积（或外迁人员数/生态保护红线内人员总数）。

4. 新增生态要素转入面积

退塘还耕、退塘还林、退养还滩、退养还湿、退堤还海等新增生态要素转入生态空间内的面积之和。

新增生态要素转入面积=各类生态要素转入生态空间内的面积之和。

5. 线性工程密度

生态保护红线内新建的等级公路、铁路、引水/输水渠等地表线性工程设施长度与生态保护红线面积的比值。该指标用于表征地表线性工程对红线区域的切割程度，反映生态保护红线内新建的线性工程设施造成景观破碎化的程度，可用于评估由于切割自然生态空间对生态系统服务功能造成的影响。

线性工程密度=等级公路、铁路、引水或输水渠长度/生态保护红线面积。

6. 重点生物物种种数保护率

生态保护红线内受保护的重点生物物种种数占本地区应保护的重点生物物种种数的比例。重点生物物种指国家一级和国家二级野生动植物，参照《国家重点保护野生动物名录》和《国家重点保护野生植物名录》。该指标为生态保护红线内重点生物物种种数保护比例，反映一段时期内对生物多样性的保护成效。

重点生物物种种数保护率=受保护的重点生物物种种数/区域应保护重点生物物种种数×100%。

7. 公众满意度

公众对生态保护红线保护和管理工作的满意程度。

公众满意度=对生态保护红线保护和管理公众表示满意的人数/调查总人数×100%。

二、典型保护类要素的具体管制要求

（一）红树林

禁止在红树林内进行砍伐、放牧、狩猎、捕捞、开垦、烧荒、开矿、采石、挖沙等活动；禁止非法占用，禁止倾倒垃圾、废土等。严禁在红树苗产地开展养殖活动。在不影响红树林生境的情况下，经批准可以开展包括休闲垂钓、观鸟、野生动植物观察以及乘坐观光船旅行等低强度的旅游活动。严禁将红树林地转为农业用地、盐田、围海养殖等其他形式的用海用地。鼓励在宜林光滩、废弃虾塘、防波堤外等生境有序开展红树林种植活动。已纳入自然保护区的红树林，执行自然保护区相关管理规定。

（二）珊瑚礁

禁止采挖珊瑚，禁止使用炸鱼、毒鱼等破坏性的捕鱼方式。禁止利用珊瑚礁修建养殖塘。禁止高浓度营养物质的污水直接排入珊瑚礁海区。限制海洋养殖。严格限制大法螺捕捞，避免长棘海星繁殖过快，破坏珊瑚礁生态系统。在珊瑚礁生态系统承载能力之内，经批准后允许开展低强度的旅游活动，但禁止开展航道挖掘等建设。已纳入自然保护区的珊瑚礁，执行自然保护区相关管理规定。

（三）海草床

禁止挖沙虫、耙螺、电鱼、电虾、炸鱼、毒鱼等人为破坏活动，限制围塘养殖、网箱养殖等。禁止高浓度营养物质的污水直接排放。在生态系统承载能力之内，经批准后允许开展低强度的旅游活动。鼓励采用移植等方式进行海草床的人工修复。已纳入自然保护区的海草床，执行自然保护区相关管理规定。

（四）其他重要滨海湿地

原则上限制各类新增加的开发建设行为，不得擅自改变地形地貌及其他自然环境原有状态。在对滨海湿地生态环境不产生破坏的前提下，经批准可适度开展观光、旅游、科研、教育等活动。生态修复需因地制宜，严格限制外来物种的引入，以自然恢复为主，人工修复为辅。

（五）自然岸线

开展大陆海岸线修测，保证管理岸线与实际岸线统一是实施海岸线管控的基础。实施海岸退缩制，对海岸线及其向陆一侧一定宽度实行统一管控。海岸退缩线宽度的设置，可以依据海岸类型、平均侵蚀速率、极端风暴潮等海洋灾害影响、开发利用程度、生态容量等来综合确定（海南省在2010年《海南省海岸带生态保护战略研究》中提出，海南省海岸带旅游开发建设将严守200 m退缩线；烟台市在《中心城区海岸带控制性详细规划》中提出，平均退缩100~300 m）。

原则上禁止围填海，严格控制在自然岸线及其退缩线范围内开展构建永久性建筑物、开采海砂、设置排污口等损害海岸地形地貌和生态环境的活动，控制开发强度。非生态红线范围内的自然岸线，在不损害生态系统功能的前提下，因地制宜，适度发展旅游、休闲渔业等产业，限制改变岸滩形态和生态功能。鼓励以恰当方式进行海岸线的整治修复活动，保证保持岸滩形态和生态功能。

（六）特殊用途海岛

国家对领海基点所在海岛、国防用途海岛、海洋自然保护地的海岛等具有特殊用途或者特殊保护价值的海岛，实行特别保护。禁止在领海基点保护范围内进行工程建设以及其他可能改变该区域地形、地貌的活动，禁止损毁或者擅自移动领海基点标志。禁止破坏国防用途无居民海岛的自然地形、地貌和有居民海岛国防用途区域及其周边的地形、地貌，禁止将国防用途无居民海岛用于与国防无关的目的。因海岛自然资源、自然景观以及历史、人文遗迹的保护需要纳入自然保护地的，按照保护地管理规定执行。

第三节　海岸带生态补偿机制研究

生态补偿最初源于自然生态补偿，指自然生态系统对干扰的敏感性和恢复能力，后来逐步演变成促进生态环境保护的经济手段和机制。其实质是对环境资源价值的承认和对生态保护贡献的认可。关于生态补偿的概念，有广义和狭义之分，有的强调对生态服务付费或经济补偿，有的侧重于对生物多样性和生态环境破坏后的恢复性补偿行为（比如，各类生态要素占补制度）。本小节主要面向生态服务的经济补偿，且重点是海岸带的生态保护与建设，有关环境污染防治的内容不作为重点。

一、生态补偿的理论基础

生态补偿指对在发展中地区因生态功能和质量所造成损害的一种补助，这些补偿的目的是提高受损地区的环境质量或者用于创建新的具有相似生态功能和环境质量的区域[19]。生态补偿包含转移支付、政策扶持和市场化补偿方式等；生态补偿权利生成的逻辑起点是对生态资源开发利用的限制，即限制性行为外溢而形成的正外部性的生态效益。生态补偿涉及生态学、环境学与经济学等多个交叉学科，对其具有直接指导作用的学术理论主要有经济活动外部性理论、公共物品理论、资源环境价值理论、生态经济系统控制论等。生态补偿面向的基本问题如下。

（一）生态补偿的主客体

生态补偿的主体主要包括政府、企业、非政府组织等。按照角色的不同，可以进一步分为生态补偿的实施主体和受益主体。在国家为实施主体的生态补偿中，国家具有“作为资源经济价值的所有人主体”和“作为资源生态服务功能的行政管理主体”的双重身份，但其“资源经济价值的所有人主体”往往通过有偿出让或转让自然资源使用权而被“特定资源使用人”所替代。生态补偿的受益主体主要为生态环境建设者、生态功能区内的地方政府和居民、资源开采区内的单位和居民、合同的一方当事人，在国际性的生态补偿中甚至为某一国家。

生态补偿的客体是指生态补偿主体间权利义务共同指向的对象，既包括作为资产状态的自然资源客体，更重要的是包括作为有机状态背景而存在的生态环境系统。围绕生态利益进行的补偿活动主要有水土保持、野生动物保护、流域生态环境保护、湿地保护、自然景观及动植物资源多样性保护、因生态环境保护而丧失的公平发展权的补偿等。

（二）生态补偿的标准

生态补偿的标准一般可以参照以下四个方面的价值进行初步核算。一是，按生态保护者的直接投入和机会成本计算，从理论上来讲，直接投入和机会成本之和应该是生态补偿的最低标准。二是，按生态破坏的恢复成本计算。按照“谁破坏、谁恢复”原则，将环境治理与生态恢复的成本核算作为生态补偿标准的参考。三是，按生态受益者的获利计算。通过产品或服务的市场交易价格和交易量来计算。四是，按生态系统服务功能的价值计算。生态服务功能价值评估主要是针对生态保护或者环境友好型的生产经营方式所产生的水源涵养、水土保持、生物多样性、气候调节、景观美化等生态服务功能价值进行综合评估与核算。

（三）生态补偿的方式

生态补偿方式可分为政府补偿和市场补偿两大类型。政府补偿机制以国家生态安全、区域协调发展、社会稳定等为目标，以国家或上级政府为实施补偿的主体，以区域、下级政府或农牧民为受益的主体，以公共属性强的生态要素为补偿的客体的补偿方式。具体的操作方式：一是政府通过财政转移支付、专项补偿资金等财政支出进行直接补偿；二是政府通过征税或补贴来减少生态环境损害行为。政府补偿机制的理论基础是“庇古税”。庇古认为，社会边际成本或收益与私人边际成本或收益相背离时，不能靠在合约中规定补偿办法予以解决，即出现市场失灵时，必须依靠政府的干预才能解决。政府可以通过税收或补贴等经济干预手段使边际税率（边际补贴）等于外部边际成本（边际外部收益），从而使外部性“内部化”。

市场补偿的具体方式包括政府管制下的企业自我补偿、资源利益相关者补偿、排污权交易、绿色保证金制度、生态标记制度等。市场补偿机制的理论基础是“科斯”理论。科斯认为，从效率的角度来看，只要交换的交易成本为零，那么法定权利的初始配置便无关紧要。即交易费用为零，则任何权利的初始界定对资源配置都没有影响，因为当事人能够通过私下的交易谈判达到对双方最优的合约，即合约交易可以无成本进行。由于现实世界中几乎不存在零交易费用的情况，因此人们在使用“科斯”理论时，即使交易费用不为零，交易各方可以利用明确界定的产权之间的自愿交换来达到资源配置的最佳效率，从而克服外部效应。

上述两项理论，实质上分别面向“市场失灵”和“政府失灵”。如果通过政府调节的边际交易费用低于自愿协商的边际交易费用，则采用“庇古税”途径，反之采用“科斯”理论途径。采用何种方式并无绝对的优劣之分，它在很大程度上受制于生态补偿的客体，即某一个特定的生态环境服务的特点和性质。当生态环境服务提供方的数量在可控制范围内，受益方少且明确，生态环境服务可以被标准化为可分割、可交易的商品形式时，市场补偿机制具有很大的可行性。而如果生态环境服务有众多的受益者，生态环境影响范围很大且很难量化分割和交易，那么政府补偿就是较好的支付方式。

二、我国生态补偿的主要政策

如前所述，我国的生态补偿制度也分为政府补偿和市场补偿两大类，主要以财政转移支付、设立专项基金等政府补偿方式为主，市场补偿手段总体上处于探索和起步阶段。

（一）我国生态补偿的主要政策导向

重点生态功能区政策导向。聚焦保障国家生态安全和提供更多优质生态产品，促进“两山”转化。中央财政加大一般性财政转移支付力度，提高国家重点生态功能区转移支付的规模和比重，将生态保护红线面积作为资金分配的重要因素。中央基本建设投资对重点生态功能区的基础设施和基本公共服务设施建设予以倾斜。支持发展旅游、康养、体育、设施农业等生态产业，探索在生态保护红线内建立特许经营制度，促进生态产品价值实现。

实施潮间带整体保护，大力发展蓝色碳汇，利用潮间带及浅海地区丰富的红树林、海草床和盐沼等生物资源大力发展海洋蓝碳普惠制，通过潮间带资源整体保护，提高潮间带及浅海生态系统储碳固碳的能力。我国是全球少有的同时拥有红树林、盐沼和海草床的国家，也是全球大型海藻养殖规模最大的国家，发展海洋碳汇对于我国生态补偿和应对气候变化具有重要的现实意义。

（二）我国生态补偿的财政政策[20]

在我国当前的财政体制中，财政转移支付制度和专项基金对建立生态补偿机制具有重要作用。财政转移支付是指以各级政府之间所存在的财政能力差异为基础，以实现各地公共服务均等化为主旨而实行的一种财政资金或财政平衡制度。按照财政资金转移方向，可分为纵向转移支付和横向转移支付；按照财政资金用途是否明晰，可划分为一般性转移支付和专项转移支付。一般性转移支付的目标在于补充地方政府的财力，缩小地方政府财政的收支差额，增强其提供公共产品及服务的能力；专项转移支付的目标在于针对地方政府所提供的外部性较强的公共产品及服务进行专项补偿。我国自 1994 年实行分税制以来，财政转移支付成为中央平衡地方发展和补偿的重要途径。虽然生态补偿并不属于当前我国财政转移支付所考虑的最重要因素之一，但财政转移支付事实上仍是当前我国最主要的生态补偿方式。

2009 年，财政部印发《国家重点生态功能区转移支付（试点）办法》，首次在均衡性转移支付项下纳入了生态环保因素，以尝试构建国家重点生态功能区转移支付制度。2011 年，财政部正式印发《国家重点生态功能区转移支付办法》，并制定《国家重点生态功能区县域生态环境质量考核办法》。受偿县的数量从试点阶段的 280 个增加到 2014 年的 512 个，现已覆盖了大部分限制开发的生态功能区、国家自然保护区、世界文化和自然遗产保护区以及其他禁止开发区。2015 年印发的《中共中央 国务院关于加快推进生态文明建设的意见》将增加海洋碳汇作为改善生态环境，有效控制温室气体排放的手段之一。2016 年，中央深改组审议通过《关于健全生态保护补偿机制的意见》，明确了湿地、海洋、水流、耕地等作为生态补偿的重点领域。2017 年，修订《海洋环境保护法》，将第二十四条修改为：“国家建立健全海洋生态保护补偿制度。开发利用海洋资源，应当根据海洋功能区划合理布局，严格遵守生态保护红线，不得造成海洋生态环境破坏。”

2019 年 8 月 26 日，中央财经委员会第五次会议提出“全面建立生态补偿制度。……要健全纵向生态补偿机制，加大对森林、草原、湿地和重点生态功能区的转移支付力度。……鼓励流域上下游之间开展资金、产业、人才等多种补偿。要建立健全市场化、多元化生态补偿机制，在长江流域开展生态产品价值实现机制试点。”《中共中央关于制定国民经济和社会发展第十四个五年规划和二〇三五年远景目标的建议》提出“建立生态产品价值实现机制，完善市场化、多元化生态补偿”。

由地方主导的生态补偿中，流域生态补偿实施较为完善，由省级或市级政府通过财政转移支付或补贴提供补偿资金，一般为流域下游经济发达地区向流域上游及水源所在地区进行补偿。此外，浙江等地将生态建设作为财政补偿和激励的重点，将重要生态功能区作为补助的重点地区。

专项基金是行业部门开展生态补偿的重要形式，林业、水利、环保等部门制定和实施了一系列项目，建立专项基金对有利于生态保护和建设的行为进行资金补贴和技术扶持，如森林生态效益补偿基金、水土保持补贴等。此外，中央政府也利用中央财政资金和国债资金等，实施了退耕还林、三北防护林建设、京津风沙源治理等重大生态建设工程。这些项目区域范围广、投资规模大、建设期限长，不仅给受偿区提供了经济利益补偿，而且在人才技能培训、提供就业岗位等方面提供了巨大支持。

（三）我国生态补偿的市场手段

我国生态补偿的市场手段主要包括生态税费制度和市场价交易模式。生态税费是对生态环境定价，利用税费形式征收开发造成生态环境破坏的外部成本。税费体制和财政政策结合在一起，可以从根本上改变市场信号，是建立生态经济最有效的手段之一。我国最早的生态环境补偿费实践始于 1983 年，在云南省对磷矿开采征收覆土植被及其他生态环境破坏恢复费用。系统性的生态补偿税费政策在我国并未全面实施，与之相关性较大的是矿产资源开发的复垦押金制度和耕地占用开垦的押金制度。市场价交易中，配额交易是利用市场机制开展生态环境保护的重要举措，配额交易最著名的应用是《京都议定书》中关于削减二氧化碳的重要实施途径之一。我国地方实践中也有众多关于排污权、水权交易的案例，但由于自然资源本身具有的资源和生态双重属性，现行的资源税费普遍没有反映资源生态补偿的成分，都只是解决了资源经济补偿问题，即对单种资源的消耗（稀缺性和有用性）的补偿，但自然资源固有的生态环境价值仍然没被考虑。

三、完善海岸带生态补偿的主要措施

海洋生态系统在全球生态系统中的重要地位决定了海洋生态资源作为公共物品具有极大的正外部性，因此，沿海地区在海洋生态保护与建设上的投入所产出的利益并不仅仅限于本地区，而同时惠及周边地区和全社会。根据沿海省（自治区、直辖市）的主体功能区规划和海洋主体功能区规划，58 个沿海县被划定为重点生态功能区，占海岸带县级行政区个数的 26%。海岸带一方面具有海陆交汇的独特生态系统，生态服务价值显著；另一方面，海岸带经济社会发展普遍优于全国平均水平，实施生态保护的意愿和支付能力也更强，故在海岸带率先推动生态补偿制度的创新和完善，具备现实可行性。

（一）健全转移支付机制，转变考核理念

纵向转移支付主要是指从中央和省向农产品主产区和重点生态功能区进行的转移支付补偿。纵向生态补偿主要是指中央和省针对因林地、草地、水域、耕地保护损失了发展权利与经济收入而对地区、企业、社区及个人给予的一定额度的补偿。中国尚未建立具有真正意义的生态补偿转移支付机制，主要是将生态补偿因素间接地融入一般性转移支付中，再通过纵向财政转移支付的方式将资金由中央支付给地方。然而，纵向财政转移支付的主要作用在于调节区域间的收入差距，侧重发挥公平效应。虽然生态补偿纵向转移支付制度在一定程度上弥补了生态保护产生的支出成本，却忽略了对生态环境自身生态功能价值以及发展机会成本的必要补偿。

探索生态保护补偿和财政转移支付制度，针对重点生态功能区建立专门的重点生态功能区偿付基金，对重点生态功能区、农产品主产区、需要特别扶持区域等提供有效转移支付，如江苏省江阴市印发的《关于调整完善生态补偿政策的意见》，将永久基本农田纳入生态补偿范围，并对水稻田、公益林地、重要湿地、集中式饮用水水源保护区等提高补偿标准，对永久基本农田、水稻田、蔬菜地、公益林地、经济林地分别按照每年每亩100元、450元、100元、200元、100元的标准进行补助；对重要湿地，分县级、市级、省级及以上三类，按每年每个80万元、100万元、150万元三个档次进行补助；对县级以上集中式饮用水水源保护区范围内的村（社区），综合考虑土地面积及常住人口等因素，按照每年每村（社区）100万元、150万元、200万元三个档次进行补助，促进了生态环境保护修复、农村环境长效管理、社会公益事业和村级经济的发展[21]。

探索推动“绿水青山”向“金山银山”转化的政策举措，着力提高地方自我造血能力。完善重点生态功能区和农产品主产区产业限制和准入目录，促进各类生产要素自由流动并向优势地区集中，提高资源配置效率。建立基本公共服务同常住人口挂钩机制，确保承担安全、生态等战略功能的区域基本公共服务均等化。

在受偿县级政府的考核体系方面，应逐步取消对受偿县（市、区）传统GDP指标的绩效考量，增加对生态环境质量指标（EI）的考核力度，引导地方政府树立生态与经济同步发展的执政理念。

（二）设立生态保护基金，推动重大生态工程

专项基金是开展生态补偿的重要形式，资金主要来源于政府财政预算，同时也接受国际和国内组织、单位和个人的捐款和援助。按照补偿方式可划分为“输血型”补偿和“造血型”补偿。“输血型”补偿，是指政府或补偿者将筹集起来的补偿资金按期转移给被补偿方；“造血型”补偿，是指政府或补偿者运用“项目

支持”的形式，将补偿资金转为技术项目安排到被补偿方（地区），或者对无污染产业的上马给予补助以发展生态经济产业。

购买资金可以来自公共财政资源，也可以来自针对性的税收或政府掌握的其他金融资源，如国债、一些基金和国际上的援助资金等。如2003年墨西哥政府成立了一个价值2 000万美元的基金用于补偿森林提供的生态服务。补偿标准为对重要生态区支付40美元/（hm^2・a），对其他地区支付30美元/（hm^2・a）；我国江西省赣州市寻乌县统筹各类项目资金，在山水林田湖草沙生态保护修复资金的基础上，整合国家生态功能区转移支付、东江上下游横向生态补偿、低质低效林改造等各类财政资金7.11亿元；由县财政出资、联合其他合作银行筹措资金成立生态基金，积极引入社会投资2.44亿元，一体化推进区域内“山、水、林、田、湖、草、路、景、村”治理[22]。

设立海洋生态补偿专项基金。除了政府一般性财政转移支付以外，针对海洋生态资源开发利用所开征的税收无疑是海洋生态补偿专项基金的重要来源，但由于我国目前还没有开征生态税，所以通过开征海洋生态补偿费的方式来筹集专项资金是目前最可行的方案。

（三）建立生态产品认证机制，激活市场潜力

推行海洋生态产品标志也是一种海洋生态补偿的途径，消费者以高于一般海产品的价格购买了采用环境友好方式生产的海产品，实际上是对生产这类产品所付出的海洋生态保护的额外成本所进行的间接补偿。这种手段实施的前提是必须建立相关的为消费者所信赖的生态产品认证体系。随着我国居民收入和环保意识的不断提高，居民对海洋生态产品的支付意愿不断增强，目前我国海洋生态标志产品的消费市场已经形成，为利用海洋生态标志这种手段来实施海洋生态补偿提供了有利条件。

首先，应建立海洋生态产品的认证机制，由国家有关部门制定专门的海产品生产体系的生态认证标准，根据这一标准对海产品生产、加工等各个环节进行检测，如检测结果达到认证标准即发放生态标志。可以授权第三方认证机构来实施检验认证，如工Intertek、瑞士通用公证行（SGS）等为消费者所信赖的权威机构，这些机构是提供生态产品认证服务的国际性认证机构。其次，各级沿海政府要通过实施各种扶持和优惠政策鼓励海洋生态产品的生产，从而形成海洋生态产品生产的激励机制，引导生产者将海洋生态优势转化为海洋生态产品优势。国家和政府要通过各种途径，积极向消费者推荐获得生态标签的海产品和生产企业，帮助企业塑造良好的社会形象，积极建立绿色消费体系。福建省南平市光泽县充分利用武夷山“双世遗”品牌影响力，通过统一质量标准、统一产品检验检测、统一宣传运营，打造“武夷山水”地区公用品牌，突出水资源原产地的生态优势，加

强品牌认证和市场营销推介。授权“武夷山”包装水等23家企业使用“武夷山水”标识，并向农产品等领域推广拓展。全县现有无公害农产品17个、绿色食品6个、农产品地理标志2个、农产品有机认证2个、地理标志证明商标5件、中国驰名商标1件，有机茶、富硒米、稻花鱼、黄花梨、山茶油等生态食品近年来的销量、销售额年增长均在20%以上[21]。

（四）充分引入市场补偿机制，加强横向转移支付力度

我国的生态补偿制度已经实施多年，地方政府长期的实践过程表明，目前，大多数地方政府还是主要依靠纵向生态补偿政策开展生态补偿工作。由于不同地区生产力发展水平的不均衡，自然资源禀赋水平和生态环境现状等方面也有较大差异，以至于地方政府在考虑财政支出优先支持哪些领域、重点发展哪些行业方面时会存在较大差异，如此不仅主观因素较强，而且与中央政府根据全国整体情况决定的优先扶持领域和行业可能存在矛盾冲突，转移支付补偿没有完全发挥应有的效果。因此，单纯依靠纵向转移支付的生态补偿政策不能完全满足实际情况的需求，需要其他转移支付政策予以补充，充分引入市场补偿机制可以很好地弥补纵向转移支付没有覆盖到的领域，能够有效解决生态补偿留白区域。

通过自然资源产权交易制度、环境资源产权交易制度、气候变化与排放权交易制度落实生态补偿政策，充分发挥市场调节在生态补偿中的作用，弥补生态补偿中政府失灵的问题，形成政府补偿和市场补偿相结合的方式，在受益方难以界定的前提下，以政府补偿为主；在受益方明确的情况下，采用“谁受益，谁补偿”的原则，依靠市场补偿的方式进行。重点生态功能区和农产品主产区充分引入市场补偿机制，结合政府补偿方式共同发挥作用。在更容易确定受益方的前提下，主要依靠市场补偿的方式进行，让市场机制在生态资源配置中发挥决定性作用。

以市场为主导的生态补偿方式包括：一是自组织的私人交易，如法国皮埃尔矿泉水公司案例，在某些比较敏感、脆弱的渗透区，资助农民建立现代化设施，鼓励农民采用有机农业技术、培育森林来保护水源；二是开放的市场贸易，如哥斯达黎加开展的CTO交易案例，生态系统提供的可供交易的生态环境服务是能够被标准化为可计量的、可分割的商品形式；三是生态标记，如欧盟于1992年出台了生态标签体系，间接支付生态环境服务的价值实施方式，如果消费者愿意以高一点的价格购买经过认证是以生态环境友好方式生产出来的商品，那么消费者实际上支付了商品生产者伴随着商品生产而提供的生态环境服务。推行生态标记的关键是要建立起能赢得消费者信赖的认证体系。

美国的湿地缓解银行（Wetland Mitigation Bank）是一种市场化湿地生态系统保护补偿的有效方式。它以一块或数块已经恢复、新建、增强功能或受到保护的湿地补偿信贷作为货币，通过市场交易，向湿地开发者出售湿地，可使受损的湿

地得到补偿。其核心是通过法律明确了湿地资源“零净损失”的管理目标和严格的政府管控机制，并设计了允许“补偿性缓解”的制度规则，从而激发了湿地补偿的交易需求，形成了由第三方建设湿地并进行后期维护管理的交易市场，有效地保障了湿地资源及其生态功能的动态平衡。美国湿地缓解银行机制基于一个政府审批和监管部门、购买方、销售方权责清晰的三方体系，其中购买方和销售方构成了市场交易的主体[22]。

海岸带地区中海湾是一个较特殊区域，通常为三面环陆、一面为海的半封闭型海域，沿岸各省市共处一个湾区生态环境中，海湾中一个或多个省级区域的经济活动对其他省级区域容易产生生态环境影响，生态环境的开发利用与保护容易相脱离，从而造成湾区利益分配的不均衡。湾区各省级政府之间存在着竞合关系，而生态、环境的利害冲突是影响区域基本公共服务均等及协调发展的重大制约。探索在海湾沿岸各省份建立市场化的生态补偿机制，把海湾区域生态补偿放在横向财政转移支付的优先领域，通过横向转移支付进行市场化的生态补偿可以有效弥补单纯依靠纵向转移支付的不足，从而带来更全面的生态补偿形式，为建设生态良好的美丽海湾提供充足的政策支持。

参考文献

[1] 张雪飞，王传胜，李萌．国土空间规划中生态空间和生态保护红线的划定［J］．地理研究，2019，38（10）：2430-2446.

[2] 耿海清，陈雷．试论区域空间生态环境评价如何参与国土空间规划［J］．环境保护，2019，47（19）：12-15.

[3] 胡利娟．国家公园距离我们还有多远［J］．中国科技财富，2018（7）：88-90.

[4] 新华社．中办国办印发《关于建立以国家公园为主体的自然保护地体系的指导意见》［J］．林业经济，2019（6）：26-32.

[5] 本刊编辑部．《关于加快推进生态文明建设的意见》12 大“干货”［J］．中国科技产业，2015（5）：74-75.

[6] 国家海洋局．海洋生态红线划定技术指南［Z］．北京，2016.

[7] 邓红蒂，袁弘，祁帆．基于自然生态空间用途管制实践的国土空间用途管制思考［J］．城市规划学刊，2020（1）：23-30.

[8] 李国煜，曹宇，万伟华．自然生态空间用途管制分区划定研究：以平潭岛为例［J］．中国土地科学，2018，32（12）：7-14.

[9] 李云，程欢，于海波．基于“分区管制”的自然生态空间用途管制研究［J］．资源信息与工程，2019，34（1）：106-108.

[10] 祁帆，李宪文，刘康．自然生态空间用途管制制度研究［J］．中国土地，2016（12）：21-23.

[11] 唐小平，栾晓峰．构建以国家公园为主体的自然保护地体系［J］．林业资源管理，2017（6）：1-8.

[12] 汪再祥．自然保护地法体系的展开：迈向生态网络［J］．暨南学报：哲学社会科学版，2020，42（10）：54-66.

[13] 黄宝荣，马永欢，黄凯，等．推动以国家公园为主体的自然保护地体系改革的思考［J］．中国科学院院刊，2018，33（12）：1342-1351.

[14] 国家海洋局．全国海洋功能区划（2011—2020年）［Z］．北京，2012.

[15] 徐靖，耿宜佳，银森录，等．基于可持续发展目标的“2020年后全球生物多样性框架”要素研究［J］．环境保护，2018，46（23）：17-22.

[16] 郑俊鸣，舒志君，方笑，等．红树林造林修复技术探讨［J］．防护林科技，2016（1）：99-103.

[17] 邹仁林，于登攀，李剑峰．珊瑚礁生态系统多样性的结构、功能与恢复机制［Z］．广州：中国科学院南海海洋研究所，1999.

[18] 生态环境部．生态保护红线监管指标体系（试行）［Z］．北京，2020.

[19] 张燕，庞标丹，马越．我国农业生态补偿法律制度之探讨［J］．华中农业大学学报：社会科学版，2011（4）：67-72.

[20] 万军，张惠远，王金南，等．中国生态补偿政策评估与框架初探［J］．环境科学研究，2005，18（2）：1-8.

[21] 自然资源部．《生态产品价值实现典型案例》（第二批）：自然资办函〔2020〕1920号［EB/OL］．（2020-10-27）［2021-07-09］．http：//gi. mnr. gov. cn/202011/t20201103_2581696. html.

[22] 自然资源部．《生态产品价值实现典型案例》（第一批）：自然资办函〔2020〕673号［EB/OL］．（2020-04-23）［2021-07-09］．http：//gi. mnr. gov. cn/202004/t20200427_2510189. html.

第六章　海岸带限制类要素管制与用途转用

鉴于限制类要素在生态系统中处于“候补”地位，其在可控范围内的增减并不会对自然生态系统产生重大影响，故对于以限制类要素为核心的用途转用许可程序的设计，可以适度引入弹性机制，发挥市场的积极作用。限制类要素具有用途多宜性和功能多样性，同一类限制类要素可能出现在生态、生产、生活不同类型的空间分区中。继承原土地用途管制中农用地、未利用地转为建设用地的管理逻辑，陆海统筹国土空间用途转用是指海岸带地区在符合国土空间规划分区的前提下，各类限制类要素转入、转出或内部之间转换的过程。

国土空间用途转用不仅是一种行政行为，同时由于转用可能引起巨大利益落差，所以其亦为一种经济行为。在空间规划整体约束之下，用途转用可为空间管控提供适度的弹性空间。国土空间用途转用政策的核心在于自然资源要素分类的体系化和法制化，而其基础前提是自然资源的统一登记。

第一节　国内外现有用途转用政策分析及其借鉴

一、我国现行的土地用途转用政策分析[1-3]

目前，我国对于用途转用的审批许可流程往往出现在对建设项目的审批许可之中，通过约束建设项目的落地从而影响用途转化，最主要且最严格的就是土地用途转用程序。

（一）我国一般的土地用途转用政策

我国土地用途转用以土地分类为基础，农用地、建设用地和未利用地三大地类之间的转化均为土地用途转用。涉及不同建设用地性质的转换，如工矿用地转换为商服用地等，主要是通过城乡规划许可来约束的，一般称为“土地用途变更”，此处也将其纳入土地用途转用的范畴一并考虑。不同类型用途转用实行不同条件、不同程度的管理要求，用途转用审批条件亦有所差异。

1. 一般前置条件

土地用途转用审批程序的启动需要满足如下普适性的条件：第一，符合土地利用规划和城乡规划，改变用途后土地的使用必须不与城乡规划冲突；第二，有用地需求且该土地转用具有利益增加的可能性。

2. 不同类型土地用途转用的审批条件

农用地转用为建设用地的审批条件：首先，要符合土地利用总体规划、土地利用年度计划、建设用地供应政策和农用地转用指标；其次，建设用地项目通过了可行性评估；最后，已做好耕地占补平衡工作和涉及集体所有土地时的征用补偿工作。

建设用地内部转用的审批条件：①集体建设用地内部的转用，因转用后土地用途的性质不同而条件不同，若土地转用后用于乡村企业和公益事业建设，则只需获取乡村建设规划许可证后便可申请；若土地转用后用于商业性建设，则参考农用地转用的审批条件。②国有建设用地内部转用，在符合城市规划前提下需要取得出让方及市县人民政府和规划部门同意，但是根据《物权法》的规定，"住改商"形式的建设用地用途的转变，只需取得利害关系人的同意。

农用地内部转用的审批条件：现行规定中有关农用地内部转用的规定有限，但对基本农田等有明确规定，禁止进行深度开发或者调整农业结构为林地、草地和养殖水面等。而对于复垦受损农地、荒地以恢复其地力的行为，则受到提倡且予以补偿，不需要满足限权性的审批条件。

其他类型土地转用的审批条件：其他类型的土地转用包括国有未利用地转用为建设用地、国有未利用地转用为农用地、集体所有未利用地转用为建设用地、自然保护区的土地转用，其转用审批条件散见于《中华人民共和国土地管理法》《闲置土地处置办法》《自然保护区土地管理办法》等规范性文件中，多与前述审批条件相似，涉及自然保护区土地的建设时，除履行相关土地转用审批程序外，还需编制环境影响报告书，由环保部门审批同意。

3. 不同类型土地用途转用的审批程序

农用地转用为建设用地审批程序：农用地转用审批程序中，一般还囊括了土地征用程序和耕地补偿程序等下位程序。在农用地转用申请许可过程中，占用国有农用地的，市县人民政府土地行政主管部门需拟订农用地转用方案、补偿耕地方案和供地方案；占用农民集体所有建设用地的，市县人民政府土地行政主管部门只需制定征用土地方案和供地方案。农用地转用为建设用地的具体审批程序，详见图 6-1。

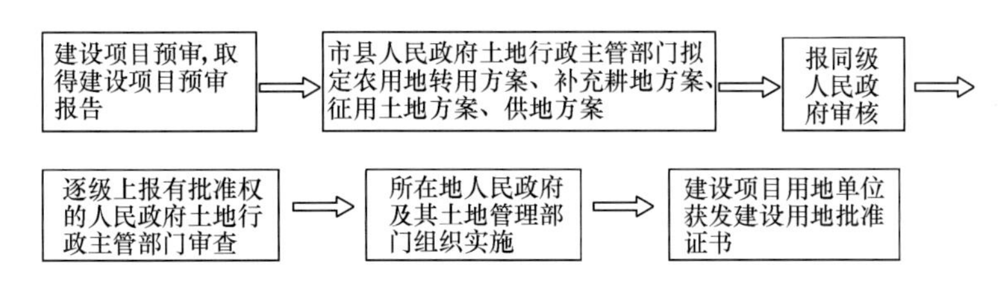

图 6-1 农用地转用为建设用地审批程序示意图

建设用地内部转用的审批程序：①在乡、村庄规划区内进行乡镇企业、乡村公共设施和公益事业建设的，建设单位或者个人应当向乡、镇人民政府提出申请，由乡、镇人民政府报市县人民政府城乡规划主管部门核发乡村建设规划许可证，在获得乡村建设规划许可证后，再向市县人民政府土地行政主管部门提出用地申请，进入用地审批手续；②商业性建设占用农民集体所有建设用地的，建设单位需要按照农用地转用的程序进行申请，但是市县人民政府土地行政主管部门只需制定征用土地方案和供地方案；③国有建设用地使用权内部转用审批，国有建设用地使用权需要改变建设用途的，必须取得出让方和市县人民政府城市规划行政部门的许可，并变更出让合同或者重新签订出让合同，调整土地使用权出让金（图 6-2）。

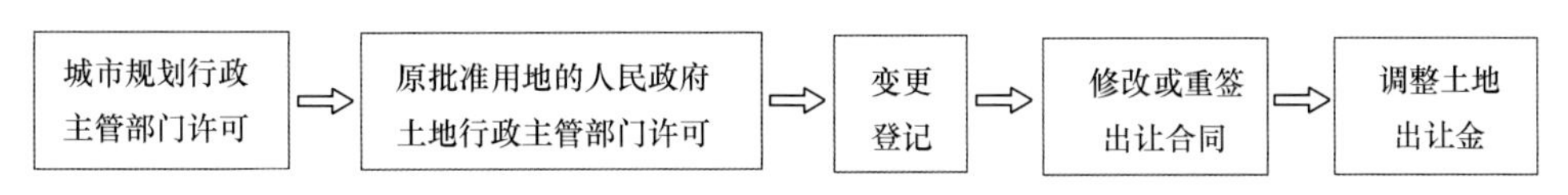

图 6-2 建设用地内部转用一般性审批程序示意图

农用地内部转用的审批程序：对于农用地内部土地转用的审批程序没有明确规定，可见涉及农用地内部转用的这部分用途变更获益权，政府原则上持禁止转让的态度。

（二）我国农用地转用为建设用地的政策分析

严格保护耕地、坚守 18 亿亩红线，是我国实施土地用途管制制度的核心目标。农用地转用，即农用地转用为建设用地，是指将土地利用现状调查确定的农用地依据土地利用总体规划、土地利用年度计划以及国家规定的审批权限报批后转为建设用地的行为。通常所讲的，土地用途转用也主要是指农用地转用。按照前述的审批条件和审批程序的思路分析，农用地转用制度实质上包括以下两个部分。

1. 设置分解规划指标和计划指标，实现中央政府对地方政府的宏观调控

农用地转用首先必须同时符合土地利用总体规划和年度计划。通过土地利用

总体规划和年度土地利用计划，将全国农用地转用的指标分解直到基层。

具体而言，土地利用总体规划一般规定较长时段内一个地区可以新增的建设用地总量，并在空间上落实到具体地块。而新增建设用地的规模主要取决于建设占用耕地的“规划指标”，因为新增建设用地占用的主要地类是耕地。这一指标是自中央逐级下达，直到乡镇。原则上来讲，一个地区在规划期内实际新增建设占用耕地数量不仅不能超过“规划指标”总量，而且也必须符合土地规划的空间布局。在符合土地利用总体规划的前提下，年度土地计划则规定了一个地区当年可新增的建设占用耕地数量，即所谓的农用地转用的年度计划指标。由于这两个指标的限制，任何一块农用地，尤其是耕地，必须同时拥有“规划指标”和“计划指标”两个指标，才可以合法转换为城市建设用地。由此，中央实现了对地方的总体性调控。

2. 上收农用地转用审批权，作为政府内部审批事项，作为管控的具体抓手

按照《土地管理法》，无论是否需要征收土地，凡进行建设占用农用地的，都应当办理农用地转用审批手续。各级行政管理部门审批的权限如下：①省、自治区、直辖市人民政府批准的道路管线工程和大型基础设施建设项目，国务院批准的建设项目占用土地，涉及农用地转用为建设用地的，由国务院批准。②在土地利用总体规划确定的城市和村庄、集镇建设用地规模范围内，为实施该规划而将农用地转用为建设用地的，按土地利用年度计划分批次由原批准土地利用总体规划的机关批准。在已批准的农用地转用范围内，具体建设项目用地可以由市县人民政府批准。③上述规定以外的建设项目占用土地，涉及农用地转用为建设用地的，由省、自治区、直辖市人民政府批准。

如前所述，目前我国农用地转用审批主要集中在省级人民政府和国务院。审批直接面向的对象也是下级行政主管部门，而非真正的建设项目用地单位，这种制度安排是中央应对“地方政府成为事实上的用地主体”这一现象的策略选择，但也因此将农用地转用审批制度仅仅定位到了“中央对地方”“上级对下级”的政府内部行政的约束监管工具的地位上，虽然具备了“开发许可制”的外观，但并非真正地面向行政相对人的行政许可事项。

二、我国海域空间的“用途转用”

（一）海域“用途转用”政策

若直接对应土地用途转用的程序来看，海域空间尚不存在用途转用的问题。首先，海域使用分类不同于土地利用现状分类，虽然都是对空间利用现实状况的

刻画，但它主要面向海域使用审批，而非海域资源状况本身，因而仅包括了有使用权属的海域，不包括未利用海域，故一般海域使用审批也就没有用途转用一说；其次，现实中由某种海域使用类型转为另一种海域使用类型的并非普遍现象，主要形式也就是前一用海注销后，后一用海按照正常程序申请使用，不涉及额外的行政管理成本，故也不属于用途转用的范畴。

但若从用途转用是由于类型转换导致利益调整这一基本属性来看，海域使用管理中对围填海的管控，可以视为一种海域空间用途转用的管理。特别是2011—2017年间，依据海洋功能区划确定的围填海总量控制指标，结合围填海计划指标，对各地区年度围填海审批加以约束，与农用地转用管理有很大的相似之处。但2018年以来，随着“全面停止新增围填海项目审批”[4]，对于该类事项的审查，也从总量约束，转变为对重大战略项目的具体审查，其“用途转用”的意思也就随之弱化了。

（二）海域用途转用与土地用途转用的差异分析

造成海域用途转用与土地用途转用管理差异的原因在于：一方面，从客观上来讲，由于海域空间的特殊性，总体上其开发利用程度远低于陆域空间，基本上还处于“增量时代”，新增项目用海必须依赖其他用海类型转出的现实需求还不够强烈，加之大部分的开放式、透水构筑物等方式的用海，注销后可还原海域现状，继续供其他项目使用的成本不高，在一定程度上缓解了矛盾冲突；另一方面，也应该看到海域管理对岸线、沙滩、滩涂等稀缺资源的管控仍不够精细，首先在海域使用现状中仅考虑了各种开发利用类型，而未将上述自然要素明确表示出来，是否在管理的起点上就容易造成所有要素皆可开发利用的误解？此外，除岸线分类管理等个别措施外，对这些稀缺自然要素的利用管控也没有提出比其他海域空间更加严格的管控要求。

三、国外用途转用的相关政策分析

（一）英国土地开发许可制度[5]

早在1909年，英国就颁布了第一部关于城乡规划的法律——《住房与城市规划诸法》。第二次世界大战之后，英国以规划建设战争毁坏地区和控制大城市发展为契机，在1947年颁布了真正意义上的《城乡规划法》。该法律规定所有土地的发展权均归国家所有，任何人欲开发土地，均须申请并取得开发许可。即土地主只是拥有既成（指1947年）土地用途的相应开发价值，而不是最高市场价值，开发者欲在土地上进行建造或实质性改变土地用途的行为都需要向政府申请规划许可证，而对于由于规划控制造成的土地的升值或贬值，则会通过特定途径（早期是征收土地开发税，后期是规划利得）予以平衡。

在英国，规划体系中规划许可制占据核心的地位。任何土地开发行为都需向地方规划机关申请“规划许可”。土地开发者或者土地所有权人想要进行地表、地上以及地下采矿、建筑、土木工程或其他建筑工程，或者对建筑物、土地的原本用途做任何实质性变更的土地开发利用行为，都必须申请地方规划主管部门的许可。用地分类体系也充分体现出围绕规划审批与许可来区分土地属性的特点。英国的规划用地分类体系大体可分为功能性和政策性两种类型。功能性用地分类由全国统一制定，可以直接作为判定是否构成开发行为的依据，用于指导规划许可审批。政策性用地分类则不存在全国或地区性的统一标准，而是在开发规划的编制中设定，用以陈述各项用地的规划政策和控制目标，以及对开发行为进行的引导和控制。

1．功能性用地分类

《城乡规划（用地类别）条例》（UCO：Use Class Order）、《城乡规划一般开发条例》（GDO：General Development Order）和《城乡规划专项开发条例》（SDO：Special Development Order）三者均属于城乡规划法规体系中的从属法，与开发规划许可直接相关，是英国规划体系中统一运用的用地分类规则。

《城乡规划（用地类别）条例》中，土地和建筑物按基本用途分为4大类，15小类[6]（表6-1）。这些用途分类并不用于指导用地规划编制，更非用地规划中所有用地功能的汇总概括。列举这些用地功能的意义在于，在该条例中所规定的15类土地，出现在同一类别范围内的变动被视为不构成开发行为，不需要申请规划许可。

表6-1　英国土地使用分类规则（Use Class Order）

类别	分类	一般许可允许的开发
A类	A1：商店（包括零售、网吧、邮局、旅行社等11项）	不允许变更
	A2：金融和专业服务设施	沿街界面底层有橱窗展示的可转换为A1
	A3：餐馆和咖啡馆	转为A1或A2
	A4：饮品店	转为A1、A2、A3
	A5：外卖热食店	转为A1、A2、A3
B类	B1：商务设施	可转为B8（不超过235 m^2）
	B2：一般工业	转为B1和B8（B8不超过235 m^2）
	B3~B7：特殊工业	不允许变更
	B8：仓储 & 物流	可转为B1（不超过235 m^2）
C类	C1：旅馆	不允许变更
	C2：有居住的机构（例如，医院的病房、学校校舍）	不允许变更
	C3：住宅	不允许变更

续表

类别	分类	一般许可允许的开发
D 类	D1：无居住设施的机构	不允许变更
	D2：集会和休闲	不允许变更
	其他	不允许变更

在《城乡规划（用地类别）条例》所划定的 16 类用地中，《城乡规划一般开发条例》还规定，在一些类别之间的转换构成一般许可开发行为时，不需要申请规划许可的情况。同时还界定了 33 类不需要进行个案申请的小规模开发的类别。

上述两项条例依法互为补充，在开发管理中，允许其交替使用。这两种使用的目的都是构建开放和公正的规划管理体系。除了这两项最主要的界定之外，《城乡规划专项开发条例》对一些可免除申请开发许可手续的大型开发项目，如国家公园、大型电站等也进行了界定。总之，UCO 和 GDO 中围绕用地功能对开发行为以及一般许可开发行为所做的界定，共同构成英国规划许可制定的基础，成为建设者、开发者以及政府机构判断是否构成开发行为，是否需要递交规划许可申请以及是否接受申请的前提条件。

2. 政策性用地分类

英国规划体系中，涉及地方发展和土地利用的政策，土地配置情况的法定规划主要体现在地方开发规划中[7]。地方开发规划一般由郡、市、区规划部门制定，是指导地方发展和审批规划许可的重要依据。虽然用地政策仍然与 UCO 中的用地分类有所衔接，但两者并不等同。整个英国并没有关于制定用地政策类别的统一标准。土地开发管理属于地方事务，各地开发规划编制的具体形式和内容会因城市发展所面临的不同问题和规划目标存在一定的差别。在规划图件中，政策性用地分类表示为土地用途类别和土地政策编号两项。

地方规划编订后，各项用地政策便作为开发许可的重要依据。用地开发时，即便开发行为与规划编制内容不冲突，也必须经过规划部门的开发许可。英国的政策性用地分类最终是通过是否授予开发者以开发权来实现的。

3. 规划利得

英国土地开发课征经历了由土地发展税到规划利得的发展过程。1947—1953 年，取得土地开发许可证之开发行为，经预先评估开发先后土地使用价值的差额，征收 100% 的土地发展税，后来将赋税比例降至 60%～80%。由于该种通过税费方式回收土地增值的形式不利于激励土地的发展，而在英国的应用受到很大阻力，土地发展税于 1985 年被废除。

规划利得是指地方规划部门在授权规划许可的过程中，从规划申请人（通常是开发商）身上寻求的规划条款中规定义务之外的利益。规划利得立足于规划许可将会带来土地价值升高，将这部分升值从私人所有中抽离出来用于补偿负外部性损失（补偿性规划利益）和增加公共福利（改良性规划利益），实际上是一种土地价值增值分配的特殊形式，是土地的溢价利益在不同主体间公平分配，同时通过对开发商授予规划义务，实现规划中性平衡。

规划利益与土地使用规划由“蓝本模式”向“合同模式”转变，使规划更加具有弹性。第二次世界大战早期，规划管理的重点在于决定城市规划中各区域的发展方式、内容和策略，规划期望提供全面的，甚至是详细的发展框架，公共部门和私营部门都必须在这一框架限定下进行开发活动。基础设施的建设资金都是源自公共部门，也就是全国或地方税收收入。这种“由上而下”的方法经常被称为规划的“蓝本模式”。自 1980 年以后，发展计划已经不再被视为土地使用的详细蓝本了，而是一系列与发展相关的各种原则的集合体。因而实际上，规划管理已经从过去的提前进行发展的详细规定的蓝本模式，向着一个更加灵活的、以一对一为基础的“项目导向”模式的规划管理方法转变。地方规划部门意识到规划管理弹性的重要性后，以协商方式为基础的规划利得就越来越多地得以应用。

4. 土地开发许可证的申请程序

英国的土地用途监管不是通过形式意义上的行政规划来实现的，而是借助是否授予开发者以发展权来进行管制的。英国的土地利用规划许可分为两类。一类是原则性规划许可。建筑单位或个人在进行土地开发之前可以先申请原则性许可，检验自己的开发项目是否符合赋予土地利用规划许可的条件。申请者申请原则性许可只需提供有关开发项目的一些关键性资料，并不需要提供开发项目的明细等具体详尽的资料。另一类是正式许可，主要适用于需要进行土地开发或因建筑用途改变的迫切需要而开展的建筑项目。

规划主管部门在审查批准开发利用许可时，主要审查开发项目和地方土地利用规划要求的标准是否一致，在具体的审查过程中一般会考虑以下几种因素：一是开发项目的数量、占地面积、建设结构布局、建筑的外部装修和建筑物坐落的位置；二是建筑物对周围环境的影响，建筑物景观的美化程度和进出建筑物的方式；三是水源、电力和交通等基础设施的建设情况和保障程度；四是开展建设项目的用途等。土地利用规划许可的审批，地方政府有以下三种处理方法：不予批准、批准申请和有条件批准。

在英国，土地利用规划一旦确定就具有法律约束效力，必须被严格遵守和执行。法律规定，开发者没有按照批准许可时附加的条件开发或者未获得许可开发的，政府和地方规划主管部门有权采取强制性措施来保障规划的执行。

（二）美国土地用途转用的弹性制度

现代意义上的土地分区管制初现于德国，而发展在美国[8]。从 19 世纪末开始，美国率先将分区管制适用于按特定目的对城市土地进行指定区分，并通过一系列的法律及法院判例建立起了地方政府对不属于它的土地利用的管理权。起初分区受“城市美化运动”[9]规划理念的影响，主要是针对密度和容积的管制。之后，基于土地利用将城市划分为居住区、商业区和混合区三个功能区，并对建筑物的密度、高度、容积与空地面积都做了规定。传统强制性的分区管制虽然有助于隔离不兼容的土地利用，但也束缚了土地的发展弹性，无法对城市发展做出积极的诱导，因此对传统土地分区管制的反思逐渐兴起，并促成各种弹性管制措施的产生[10-12]。

1. 旧措施的转变

第二次世界大战后，许多地方尝试通过修改常规分区技术来控制增长和管制土地利用，在传统分区的基础上做了一些局部性的改良。比如，允许土地使用分区管制规则及图说的修正、土地变更使用许可、特别使用许可、浮动分区、绩效管制、计划单元整体开发、契约分区、容积率等技术的采用，赋予了传统分区管制措施更多的弹性。

2. 新措施的嫁接

一些新的措施也被不断地整合进传统分区中。1996 年，纽约州率先尝试在传统分区管制规则上应用土地开发权转移（TDR，Transfer of Development Rights）的概念，通过开发权的转移来解决传统分区面临的危机。土地发展权转移与交易是指土地所有者可以将发展权的一部分或全部通过市场机制转让或出卖给他人，发展权在让渡出的土地上作废，而在受让地块上可以与其已有的发展权累积。具体而言，土地发展权转移是一种基于市场机制的土地利用管理机制，通过将土地开发引向更合适的地区来保护农业用地或环境敏感区等，减少其他一些土地政策（如美国的分区政策等）带来的效率损失。它在给获得土地发展权的开发商提供经济激励的同时，也让他们为强度更大的土地利用而带来的社会成本负责；它同时也给失去发展权的土地所有者更公平的补偿，用市场机制解决城市发展与环境保护所导致的外部性问题。

美国只有在分区规划中被划定为接受区（receiving areas）的土地发展权人可以变更土地使用性质或提高土地利用集约度，而在发送区（sending areas）的土地发展权人仅可以持有土地发展权或将土地发展权予以转让。

3. 对我国海岸带国土空间用途转用的启示

从资料收集情况来看，国外的用途转用政策也主要集中于土地资源。英美土地用途转用政策提供的启示，主要体现在以下两个方面。

首先，不同于我国的土地用途转用以耕地为主体，英美相关用途转用政策囊括的类型更广，并放置在了同一套政策框架之下。英国实行以规划许可证制度为主的土地利用规划，与我国的土地利用规划及土地用途转用管制制度有很多的相似之处，都可以理解为用途变更获益权的所有者（政府）将开发权这一财产权赋予开发商的过程。但相比之下，英国对于开发许可的标准、管制的范围更加明确，对于什么类型的土地用途变更行为需要申请政府许可，什么不需要个案许可而是通过规则直接给予通则式的默认许可等有明确的界定。在负外部性的控制方式上，借鉴规划利得概念工具，将行政裁量与自由协商相结合。

其次，市场在用途转用中发挥的作用不同。我国市场行为在用途管制中发挥的作用很小，以中央政府对地方政府的管制为主，地方到市场之间的链条较弱。而英美通过规划利得、设置“接受区”与“发送区”等政策，更多地引入市场调节的机制。事实上，我国在近 10 多年的土地利用实践中，也自发性地形成了基于中国制度背景的土地发展权转移与交易。比如，浙江通过土地整理或农村建设用地复垦来增加耕地，并允许把新增耕地面积的一部分转化为建设用地指标，该建设用地指标可在区内转移，也可跨区交易；重庆实行地票交易制度，使挂钩指标可以跨区交易，即地票交易可超出县级行政区域范围，允许地方政府在全市范围内进行地票的市场交易。此外，城镇建设用地增加与农村建设用地减少相挂钩，也是土地发展权转移的一种形式。与美国的操作模式相比，我国各个地区的土地发展权转移主要是在行政区域内由地方政府主导进行的，在接受区对让渡区的补偿中尚未充分发挥市场机制的作用。以土地发展权转移与交易为代表弹性管控制度，对我国的用途转用制度具有相当大的借鉴意义。

第二节　海岸带国土空间用途转用规则

一、我国海岸带国土空间用途转用面向的问题

2018 年国务院机构改革之前，用途管制分散在各部门的政策文件中，用途转用的管制体现在限制农田、林地、草地、湿地开发利用征占的审批许可之中，这种方式往往割裂了生命共同体的内在联系，也无法建立起“源头”与“去向”之间的连接。

人类的开发建设行为、生态保护修复行为，当然从长期来看，还包括自然作用力的影响，是国土空间朝着不同类型、不同用途转化的主要原因。海岸带自然作用力强、人类活动频繁，这种转化就更加明显。与此同时，海岸带地区的一个突出问题还表现在陆海之间的转化通道不畅，比如，具备耕种条件的自然淤积成陆高涂区如何转化为耕地；同为废弃的盐田由于其位于海岸线两侧，就面临着转化为其他工矿用地、滩涂养殖两种完全不同的使用类型；如何引导转型清退后的港口岸线更好地发挥生态、生活功能，等等。

二、海岸带国土空间用途转用的各类情形分析

海岸带国土空间用途转用并不是空间分区的调整，而是在符合规划分区的基础上，对分区内各类要素的转换。从保护类要素、限制类要素、发展类要素的分类来看，国土空间用途转用共涉及图 6–3 所示的六类情形。

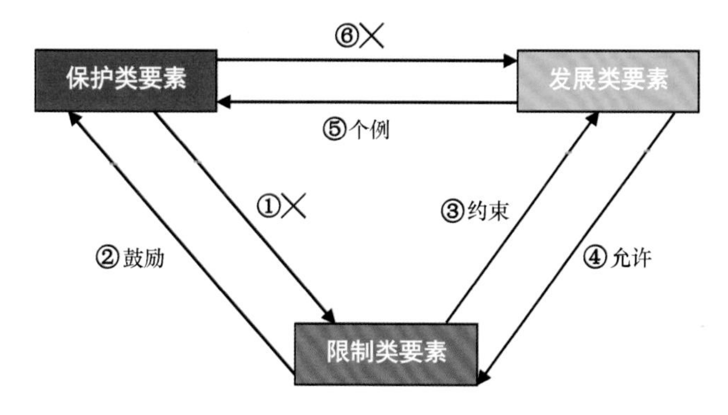

图 6–3 国土空间用途转用的六类情形

（1）保护类要素转化为限制类要素。保护类要素属于严格保护、禁止开发的自然资源要素，原则上严禁转用，比如，自然保护地核心保护区原则上禁止一切人为活动。总体上严禁保护类要素转化为限制类要素，涉及国家重大战略部署落实的，可不在该要求内。

（2）限制类要素转化为保护类要素。限制类要素转化为保护类要素，是增加生态空间、提升生态品质的一种重要方式，在条件适宜的情况下应鼓励开展。例如，废弃盐田、养殖池等通过“退盐还滩”“退养还海”等方式，转化为滩涂、湿地等要素（当然，生态价值较小的，也可以转换为建设用途）；盐碱地通过耐盐耐旱植物引种，转化为盐化草甸等要素；海洋牧场在技术方法改良后，可能成为需要严格保护的育苗繁殖、“海上粮仓”等重要基地。但也应注重对转用“品质”的管控，在实施该类用途转用前，应开展基于适宜性和可行性的生态评估，确保转用符合生态系统演化规律，并在转用完成后对其实施效果进行验收和动态监测。

(3) 限制类要素转化为发展类要素。限制类要素在一定的约束条件下可以转化为发展类要素。转用的基本前提是：该限制类要素被划入了城镇发展区、农业农村发展区、海域利用区、无居民海岛利用区等发展类要素为主导的功能区内。部分限制类要素可以作为支撑区域发展的后备资源，比如，岩石性海岸允许在特定条件下开展港口建设等开发活动；生态价值低、修复难度大的淤涨型高涂、裸土地等允许开展工业开发和城镇建设。同时，其他附加的约束条件，还可以有总量控制、严格审批、占补平衡等，不同的要素管控方式也不尽相同。

(4) 发展类要素转化为限制类要素。发展类要素转化为限制类要素是允许的，但必须进行必要的生态修复，达到一定的生态质量要求。比如，存量围填海在短期内无开发建设意向的，可以通过生态修复等措施，提升其生态功能，转化为人工湿地等要素；建设用地闲置后，且短期内无开发意向的，可以通过场地清理、简易修复等转化为具有一定生态功能的空闲地。

(5) 发展类要素转化为保护类要素。发展类要素转化为保护类要素属于特例，主要表现为：在自然保护地等严格保护的功能区内，已有的居民点、零星开发建设用地等逐步搬迁，并恢复其自然生态功能。

(6) 保护类要素转化为发展类要素。原则上严禁保护类要素转化为发展类要素，但涉及国家重大战略的除外。

从以上各类转用情况的枚举来看，若按照保护类、限制类、发展类三类要素划分的话，国土空间用途转用的核心在限制类要素，包含限制类要素的转入和转出。其中，转入主要为发展类要素转化为限制类要素；转出主要为限制类要素转化为保护类要素、限制类要素转化为发展类要素两类。

三、海岸带国土空间用途转用政策构建

(一) 继承发展土地用途转用的基本思路

从我国的政治制度和基本国情出发，最大化地继承现有的土地用途转用政策，统一国土空间用途转用政策体系，适度补充市场调节机制，保证政策的稳定与活力并存。

1. 以符合国土空间规划为基本前提

国土空间用途转用政策是国土空间规划实施的重要配套措施之一。因而，与土地用途转用必须符合土地利用总体规划一样，国土空间用途转用必须符合国土空间规划，这是国土空间用途转用审批或许可的先决条件。

然而，与原土地用途转用的不同在于对“符合”的界定。土地利用总体规划

将土地用途分为农用地、建设用地和未利用地三大类[13]，土地利用现状调查同样以这三类作为一级分类，两者的分类体系基本一致，故土地用途转用后是否符合土地利用规划易于判定。但当前的国土空间规划整合了土地利用规划、城乡规划和海洋功能区划三者的功能，规划的符合性也包括了总体规划中的规划分区和详细规划中的用途分类两种类型，对“符合”界定的内涵也更加丰富，第四章第三节中有关自然资源要素分类与国土空间规划分区衔接的考虑，可为符合性判定提供支撑，同时也需要配套更加明确的政策要求。

2. 由耕地保护扩展到各类自然资源要素的全方位保护

我国现行的土地用途转用乃至土地用途管制制度，基本上是围绕“耕地保护”这一单一目标设定的[14,15]。土地利用的基本方针将保护耕地放在了土地利用与管理的首位，规划计划指标中共有农用地转用、耕地保有量、土地开发整理及建设用地指标 4 个指标，其中 3 个指标围绕耕地，而对生态保护、财产权保障、经济建设等目标缺少对称性关注。在实践中，往往造成为维持耕地数量而进行后备土地资源开垦，却损害了生态环境等不良现象。土地用途转用审批虽然也包含了农用地转用为建设用地、农用地内部转用、建设用地内部转用等不同类型，但没有形成规则化，仍主要以农用地转用为主。

协调生态、生产、生活“三生”空间，是国土空间规划的重要任务[16]。同样，国土空间用途管制不仅仅是单纯的耕地保护工具，而更应当是协调各种空间用途的基础性制度机制，国土空间用途转用也不仅仅关注耕地的转用，而应将各类国土空间要素的转用进行归类梳理和管理。

3. 对关键性、稀缺性要素强化总体调控

与耕地资源的开发利用一样，自然岸线、近岸海域及生态用地等关键性、稀缺性要素的开发利用同样具有较大的负外部性。地方政府作为推动地方经济发展的主体，其“经济人”的本性，必然会将开发利用作为其第一选择，中央政府由此便承担着调节和管控的职责。在农用地转用管理中，在土地利用总体规划和土地利用年度计划确定的“规划指标”和“计划指标”双重约束下，实现了对耕地的总体性调控，也取得了丰富的实践经验，因而在对自然岸线、近岸海域等稀缺要素转用中可以借鉴，同样作为实施宏观调控的手段。但对于具体项目审批的形式和权限，应尽可能地尊重地方的自主发展权。

4. 适度引入市场调节机制

若以能量类比，假设从保护类、限制类到发展类，其生态能级[17]是由高到低变化的，那么从高能级到低能级的用途转用，一般都是限制的，可以参考英美的

“土地发展税”“规划利得”等方式，有针对性地扩展我国的“建设用地税收”，增强区域间的调节，同时对于需要总量控制的转用，也可以充分借鉴有关建设用地指标交易的实践经验；而对于低能级到高能级的用途转用，必须借助市场方式予以补偿，才能使其自身具有“造血”功能。比如，在海洋生态保护修复项目中，按照“谁修复、谁受益”的原则，赋予一定期限的自然资源资产使用权等方式，引导社会资本积极投入，在恢复区域内自然生态系统的同时增加生态产品供给，促进“绿水青山”向“金山银山”的转化。

（二）增强用途分类的完整性、体系化和法制化

1. 完善海岸带国土空间用途分类体系

国土空间用途分类是表述国土空间用途转用的基础和重要规范，以引导政府部门进行规划审批和用途转用许可为目标，国土空间用途分类也应该随着目标的提升，在当前用海用地分类之上，体现出更多的体系性。英国土地利用规划许可制度具有很好的借鉴作用，英国规划许可制在全国统一制定功能性用地分类体系，并与政策性分类体系相独立，依据用地功能划分类别界定“开发行为”，方便规划许可的申请和审批；而通过用地政策区划来引导、控制和审核开发行为。我国目前正在开展的国土空间规划已将规划分区和用途分类两者单列，用途分类在原有的土地用途分类的基础上对接了“三调”工作分类，补充了海域使用分类的有关内容，但在海陆交界的海岸带，并未凸显出资源环境要素的特点，没有将一些稀缺性的、具有生态价值的要素列出来，也未实现海域空间用途分类的全覆盖。

2. 确立国土空间用途分类的法律地位

《土地管理法》第四条规定，“国家实行土地用途管制制度。国家编制土地利用总体规划，规定土地用途，将土地分为农用地、建设用地和未利用地”。《土地管理法》对土地用途分类的确定，是实施土地用途转用，特别是农用地转用的法律基础。国土空间用途分类以服务规划审批和用途转用许可为目标，同样需要获得应有的法律地位，才能在实践中真正发挥作用。

3. 以推进自然资源的统一确权登记为基础

国土空间用途转用的基本单元是要素，这些要素的属性既包括自然属性，如面积、范围、类型等，也包括利用属性，如权属、四至、关联等。故这些要素的权属明晰是开展国土空间用途转用的基本前提。这里的权属既包括自然资源的使用权，也包括未经开发利用的自然资源本身的所有权。权属明晰不仅指有权属人，而且应该是经过精确测量有界址点确定、不交叉不重叠的地理范围。土地资源分

国家所有和集体所有两类，土地使用权确权登记工作也相对规范。海域资源为国家所有，海域使用权确权登记已与土地一样，统一纳入了不动产登记。而对于未开发利用的区域，目前正在推进的自然资源统一确定登记工作，将水流、森林、山岭、草原、荒地、滩涂、海域、无居民海岛以及探明储量的矿产资源等自然资源的所有权和所有自然生态空间统一进行确权登记，可以解决滩涂、湿地、岸线等自然要素，类型和界址确定的需求。

（三）建立用途转用分级许可制度

当前，我国对国土空间用途转用的范围界定并不清晰。仅以土地用途转用来说，主要分为农转建、农转农、建转建及其他四种，每种类型转用的审批程序存在差异，并没有规则化，需要审批与不需要审批之间也没有明确归类与分界。正如王博等学者质疑，“将工业用地改变为商业用地可以被称为土地用途变更（转用）；将公共设施用地转变为住宅用地也可以被称为土地用途变更（转用）；那么规定的用途是住宅用地，但是建设时开发商却将其建为既可以当住宅也可以当办公用房的商住两用写字楼，算不算土地用途变更（转用）？”[10]那么，究竟什么程度的土地用途改变是法律意义上的土地用途变更（转用）？什么是需要经由政府许可的土地用途变史（转用）？

开发许可制度是介于土地用途管制与市场化土地发展权之间的一种过渡型土地开发利用调控机制。借鉴英国土地开发许可证制度，对需要许可的用途改变与不需要许可的用途改变分别梳理归类，将其分为无条件开发规划许可、有条件开发规划许可、默认开发规划许可、拒绝许可等多个类别，明确界限，从而建立体系统一的国土空间用途转用分级许可制度。

第三节　海岸带国土空间用途转用分级许可

一、国土空间用途转用许可的界定

（一）行政许可

行政许可是指行政机关根据公民、法人或者其他组织的申请，经依法审查，准予其从事特定活动的行为，其实质上是国家运用公权力对社会和个人的特定行为进行的事前管制。有关学者研究认为，狭义的行政许可不同于行政审批，其主要用于规范政府与公民法人或其他经济组织的关系，即行政主体和行政相对人的关系；而行政审批除此之外还包含了上级政府对下级政府行政行为的规范。在现有的土地用途转用体系下，计划指标分解、农转用审批等无不体现中央政府对各级地方政府的规范，而国土空间用途转用体系，在底线约束、控制性指标等方面仍需要考虑中央政府对地方政府的审查。但《中华人民共和国行政许可法》中并未对行政审批与行政许可两者进行区分。因此，考虑到国土空间用途转用主要面向的对象是行政相对人，此处采用了广义的概念，将国土空间用途转用描述为行政许可。

（二）国土空间用途转用许可

根据前述分析，我们初步把国土空间用途转用许可政策归纳为：在符合国土空间规划分区的基本前提下，系统梳理各类要素转入与转出的不同审查要求，提出体系化的、分层级的用途转用许可。对于转入、转出要素类型、面积与界址等的界定，主要依据用途分类体系（在现有分类体系的基础上，除使用分类外，还应补充沙滩、湿地、岸线等自然要素类型，保证海岸带全域覆盖），并通过自然资源的统一确权登记加以确认。

其行政流程大致为：针对行政相对人提出的从要素 A 到要素 B 的转用申请，行政主体首先审查转入后的要素 B 是否符合国土空间规划分区，若不符合，直接驳回；若符合，依据从要素 A 到要素 B 的许可层级，按照相应的审查程序依法审查后，做出准予或不准予行政相对人从事该项活动的决定。

（三）用途转用许可与规划许可的关系

2018 年国务院机构改革之前，国土资源部的土地用途转用与住房和城乡建设部的规划许可长期并列存在，主要原因是两者面向的问题不同，土地用途转用主要是对农用地转用为建设用地的管控，管理依据是土地利用规划和计划指标，权限在上级政府；而规划许可主要是对建设用地内部转化的管控，管理依据是控制性详细规划，权限在本级政府[18]。行政审批职能整合、“多规合一”推进等，为建立统一体系奠定了良好基础。

国土空间用途转用以各类自然资源要素的全方位保护为目标，土地用途转用是其重要的现实基础，同时以建立体系化的分级转用许可为手段，可以充分吸纳规划许可现有政策，并将“城镇开发边界内建设用地内部的转用”作为单独一类许可纳入用途转用许可之中。

二、海岸带国土空间用途转用许可的级别设置

借鉴英国土地开发许可管理制度[5]，将我国的海岸带国土空间用途转用设定为四类管理级别。

（一）默认转用许可

默认转用许可指在符合国土空间规划的基础上，具体用途从一种类型转换为另一种类型时无须加以管制，该类行为一般需要进行整治修复，属于鼓励开展的行为。结合第四章第三节提出的海岸带自然资源要素分类，对默认转用许可的情形初步归类如表 6-2 所示。

表 6-2　海岸带国土空间默认转用许可类型要素对照名录

转出类		转入类	
要素类别	要素名称	要素名称	要素类别
控制类要素	空闲地	耕地、林地、园地	保护类要素
	盐碱地	耕地、林地、园地	
	淤泥质岸线、河口岸线、基岩岸线、整治修复形成的岸线	海洋保护区内具有生态功能的岸线	
	自然淤涨型高涂	耕地、林地、园地、渔业用海	
	未利用河口水域、未利用浅海水域	保护区海域	
	养殖池塘、盐田	泥质海滩、海岸性咸水湖	
控制类要素	盐碱地	养殖池塘	控制类要素
	渔业岸线、旅游岸线	整治修复后形成的岸线	
	保留海域	渔业用海、旅游娱乐用海	
发展类要素	城乡建设岸线、工业岸线	旅游岸线	控制类要素
	工业用海	保留海域	

（二）一般转用许可

一般转用许可是行政机关直接面向相对人的普通许可，应适当下放管理权限，简化审批手续，可适度借用市场手段，激发活力。其中，陆域空间的商服用地、工矿仓储用地、住宅用地、公共管理与公共服务用地、特殊用地、交通运输用地等发展类要素之间的转用，主要依据国土空间规划详细规划，按照城乡规划许可程序执行（表 6-3）。

表 6-3　海岸带国土空间一般转用许可类型要素对照名录

转出类		转入类	
要素类别	要素名称	要素名称	要素类别
控制类要素	其他未利用岸线、基岩岸线	港口岸线、工业岸线	发展类要素
	盐田	工业用海	
	未利用浅海水域	交通运输用海、特殊用海	

续表

转出类		转入类	
要素类别	要素名称	要素名称	要素类别
发展类要素	商服用地 工矿仓储用地 住宅用地 公共管理与公共服务用地 特殊用地 交通运输用地	商服用地 工矿仓储用地 住宅用地 公共管理与公共服务用地 特殊用地 交通运输用地	发展类要素
	存量围填海	工矿仓储用地、公共管理与公共服务用地、交通运输用地	
	沿海闲置土地	工矿仓储用地、公共管理与公共服务用地、交通运输用地、商服用地	

（三）有条件转用许可

严格来讲，有条件转用许可不属于狭义的行政许可，应称之为政府内部审批事项。当转出要素为关键性、稀缺性资源时，为规避地方政府的“经济人”弊端，参照农用地转用的程序，上收审批权，加大中央政府宏观调控的力度（表6–4）。

表6–4　海岸带国土空间有条件转用许可类型要素对照名录

转出类		转入类	
要素类别	要素名称	要素名称	要素类别
控制类要素	农用地（耕地以外）	工矿仓储用地、交通运输用地	发展类要素
	渔业岸线	工业岸线、港口岸线	
	其他未利用岸线	工业岸线、港口岸线	
	未纳入保护红线的淤泥质海岸、基岩海岸等	工业用海、交通运输用海	

（四）拒绝转用许可

拒绝转用许可指通常情况下拒绝转用。对于影响国计民生的特例，按照“一事一议”的模式，由中央政府审查裁决（表6–5）。

表 6-5　海岸带国土空间拒绝转用许可类型要素对照名录

转出类		转入类	
要素类别	要素名称	要素类别	要素名称
保护类要素	砂质岸线、生物岸线、海洋保护区内具有生态功能的岸线	发展类要素	工业岸线、港口岸线、城乡建设岸线
	保护区海域、保护海岛		工业用海、交通运输用海、特殊用海
控制类要素	未利用河口水域、未利用浅海水域	发展类要素	围填海、工业用海、工矿仓储用地

三、用途转用许可中配套的制度要求

上述四类转用许可中对于转出类和转入类的考虑，主要是基于其对生态系统的影响程度而言的。然而，若仅考虑其政策出发点的完美，而忽视个体追求自身利益本能的话，必然会走向政策失灵。正是出于这样的考虑，美国在用途管制中引入土地开发权转移（TDR）政策[19]，我国地方实践中对建设用地指标的调剂实质上也是一种以市县为主体的发展权交易。吸纳国内外经验可知，海岸带国土空间用途转用必须适度引入要素占用补偿、指标市场化交易、生态修复市场化机制等彼此密切关联的调节机制，才能更好地保证政策的可操作性。

（一）要素占用补偿制度

要素占用补偿制度一般适用于从控制性要素到发展性要素的用途转用。现行管理政策中最为人们所熟知的是耕地“占补平衡”，即占用耕地补偿制度[20]，非农业建设经批准占用耕地的，按照“占多少、垦多少”的原则，由占用耕地的单位负责开垦与所占耕地的数量和质量相当的耕地；没有条件开垦或者开垦的耕地不符合要求的，应当按照省、自治区、直辖市的规定缴纳耕地开垦费，专款用于开垦新的耕地。城乡建设用地“增减挂钩”，也与“占补平衡”有相似之处，具体是指将城镇建设用地增加与农村建设用地减少相挂钩，依据土地利用总体规划，将若干拟整理复垦为耕地的农村建设用地地块（即拆旧地块）和拟用于城镇建设的地块（即建新地块）等面积共同组成建新拆旧项目区，通过建新拆旧和土地整理复垦等措施，保障项目区内各类土地面积平衡，从而增加耕地的有效面积。

除此之外，海岸带地区正在积极探索岸线使用占补制度。2021 年，广东省自然资源厅印发《海岸线占补实施办法（试行）》[21]，提出建设项目经严格论证确需排他性占用海岸线并导致岸线形态和生态功能发生改变的，应根据占用岸线长度，按一定比例整治修复形成生态功能岸线。该项政策在海岸带的用途转用中具有较好的借鉴意义，但广东省将大陆自然岸线保有率 35% 作为基线，对高于该保有率的地区不做强制要求，这一规定仍值得商榷。海岸线使用占补不同于“耕地占补平衡”的原因在于，“耕地占补平衡”以耕地总量动态平衡为目标，而海岸线使用占补的目标并不是维持自然岸线保有率35%不变，而是除生产型岸线之外能生态化的岸线全部生态化，故将自然岸线保有率设为“平衡线”并不妥当。同样，对于海岸带地区滩涂湿地、林地等其他允许适度占用的控制性要素，亦可在分析自身特点的基础上，参考上述各项制度提出相应的占用补偿制度，从而保证生态要素数量不减少，质量不降低。

（二）指标市场化交易模式

通常来说，指标市场化交易是要素占用补偿制度的后续环节，也是对要素占用补偿的一种延伸。最典型的指标市场化交易依然是建设用地指标的交易。我国的建设用地指标市场可以说并非来源于国家的政策设计，而更多的是地方政府在建设用地计划管理实践中自发形成的制度创新。指标交易类型主要分为两种：一种是地方政府之间的指标交易，典型案例是浙江省折抵指标有偿调剂的政策试验[22]；另一种是个人或企业参与的指标交易，典型案例是重庆市地票交易的政策试验[23]。一些地区受自然条件的制约，宜耕后备土地资源接近枯竭，在本行政区域内难以实现耕地占补平衡，开展指标交易确实有助于生产要素合理流动，然而，由于缺乏有效监管和完善的市场化交易规则，也往往使得指标交易被诟病为“纸面的数字与金钱的游戏”。

对于海岸带地区的滩涂湿地、林地、岸线等生态要素占补，是否可以采用指标市场化交易的模式，同样需要针对具体问题深入探讨。比如，众多要素经生态修复后既具有生态功能，同时也具有生活功能，因而对资源分布的均衡性和公众接触的便利性都是有一定要求的。这就给指标市场化交易制度设计带来更大的挑战，同时，生态要素占补的指标与建设用地指标一样，对其指标交易的监管也是不容忽视的重要内容。

（三）生态保护修复市场化机制

因开发利用活动强度的不断增大造成生态环境损害加剧，近年来，国家出台了《中共中央 国务院关于加快推进生态文明建设的意见》《水污染防治行动计划》《土壤污染防治行动计划》等一系列政策性文件，均明确了生态修复市场化的定位，提出推行环境污染第三方治理市场化机制、推动治理与修复产业发展，对于责任主体明确的湿地修复，既可以自行开展，也可以委托具备修复能力的第三方机构进行修复等政策要求。生态修复的市场化模式主要有两种：一种是“政企合作”模式，主要是在生态修复责任主体不明或灭失的情况下，政府通过向生态修复企业购买社会服务，对受损生态环境进行修复；另一种是“企企合作”模式，是指负有修复义务的责任人通过缴纳或按合同约定支付费用，委托第三方生态修复企业对受损的生态环境进行修复的合作模式。

为破解生态治理修复资金难题，在“政企合作”中地方往往采取政府和社会资本合作模式（PPP 模式），比如，温州市洞头“蓝色海湾”整治行动项目采用“上级专项奖励+地方政府自筹+社会资本参与”的资金筹集模式，通过赋予企业一定期限的沙滩等优质旅游资源使用权，促进海洋生态环境保护修复与文旅产业相结合，探索“绿水青山”变“金山银山”的转换路径。

（四）生态修复评估验收[24-26]

生态修复评估验收是要素占用补偿、指标市场化交易、生态保护修复市场化机制等能够有效实施的最后一道关卡。海岸带的生态修复工程主要包括红树林生态修复、盐沼生态修复、珊瑚礁生态修复、海草床生态修复、砂质海岸生态修复、海堤生态化以及连岛海堤和沿岸建设工程整治改造等。对应不同的气候、生态、地质等条件，各地区重点修复的对象也各不相同。各项生态修复应在适宜修复区、可改造修复区开展，充分利用大自然的自我修复能力，辅以适当的人工修复措施，帮助已经退化、受损或毁坏的生态系统逐步恢复。对于生态修复工程的评估验收，不能仅停留在工程的验收上，同时也应该建立针对生态系统的更加专业和持续的监测评估体系，确保经生态修复后可形成一个在较少或没有人工辅助状况下也能自我维持的健康生态系统。

四、国土空间用途转用许可的审查程序设计

绝大多数的国土空间用途转用（默认转用许可除外），需要通过用海用地审批活动予以落地。综合考虑用途转用的管理目标、审查内容等，可以将其纳入用海用地审批程序的选址预审环节一并考虑。若一个项目中同时包含多种类型的转用，则需要逐一审查。

（一）一般转用许可的审查程序设计

国土空间用途转用的一般转用许可，在用海用地预审环节遵循以下程序进行审查。

步骤 1：开展转入类要素的国土空间规划符合性审查。依据规划分区主导、兼容与禁止的要素类型，以及相应的用途管制要求，做出转入类要素是否符合国土空间规划的审查结论。位于详细规划范围内的应符合详细规划。

步骤 2：开展转出类要素的确认与审查。依据自然资源的统一确权登记（所有权、使用权）数据，结合最新的土地利用变更监测、海域海岛动态监视监测资料，

初步审查判定转出类要素的类型、范围、四至坐标、权属情况等基本信息。通过现场踏勘测量、实地调查等方式进一步核实后，给出转出类要素基本信息的审查结论。

步骤3：根据步骤1和步骤2的审查结论，依据一般转用许可要素对照名录，做出该类用途转用是否属于“一般转用许可”范畴的审查结论。

步骤4：若属于“一般转用许可”，则按照既有的审查程序和审批级别，进入下一步的项目用海用地审查环节。其中，位于国土空间规划划定的“城镇发展区”范围的，依据详细规划开展建设用地规划许可审查。

（二）有条件转用许可的审查程序设计

有条件转用许可的审查程序较一般转用许可的审查程序更加复杂，主要体现在对待转出的关键性、稀缺性要素需要进行总量控制、开发节奏、补偿情况等方面的审查，具体程序如下。

步骤1：同一般转用许可的审查程序中的步骤1。

步骤2：首先，开展一般转用许可的审查程序中的步骤2；其次，应同步开展生态价值评估，作为后续开展生态补偿的基础依据。

步骤3：根据步骤1和步骤2的审查结论，依据有条件转用许可要素对照名录，做出该类用途转用是否属于“有条件转用许可”范畴的审查结论。

步骤4：依据国土空间规划提出的约束性指标，以及耕地、林地、湿地、岸线等不同要素的配套管理制度，提出转出类要素的后续审查要求。例如，岸线占用需审查是否满足自然岸线保有率要求，是否按照“先修复、后占用”的要求开展了岸线整治修复，经生态修复评估，是否满足生态补偿要求等。

步骤5：步骤4审查通过后，取得有条件转用许可，按照既有的审查程序和审批级别，进入下一步的项目用海用地审查环节。其中，位于国土空间规划划定的“城镇发展区”范围的，同步依据详细规划开展建设用地规划许可审查。

（三）其他转用许可的审查程序设计

除上述两项转用许可外，为保证体系的完整性，对默认转用和拒绝转用做简单说明。默认转用一般为整治修复行为，属公益类项目或有条件转用许可中生态补偿的，进行相应的备案登记；属于经营性行为的，可参照“一般转用许可”做相应的审查。拒绝转用许可程序更为简单，若属于海岸带拒绝转用许可类型要素对照名录，原则上禁止转用，涉及国家重大项目的，按照“一事一议”的原则，报国务院审查。

参考文献

[1] 石璐．土地用途变更管制制度研究：以城市土地用途变更管制为核心的思考［D］．成都：西南财经大学，2007.

[2] 邓芬艳．土地用途变更管制制度研究［D］．重庆：西南政法大学，2014.

[3] 闫宝龙．土地用途变更机制探讨［J］．黑河科技，2002（1）：10-11.

[4] 国务院．国务院关于加强滨海湿地保护 严格管控围填海的通知：国发〔2018〕24 号［EB/OL］．（2018-07-14）［2021-07-09］．http：//www.gov.cn/zhengce/content/2018-07/25/content_5309058.htm.

[5] 陈晓玉．土地利用规划许可制度比较研究：以中国和英国为例［D］．郑州：郑州大学，2011.

[6] 高捷．英国用地分类体系的构成特征及其启示［J］．国际城市规划，2012，27（6）：16-21.

[7] 缪春胜．英国城市规划体系改革研究及其借鉴［D］．广州：中山大学，2009.

[8] 翁晓宇．英美两国土地发展权制度的实践与借鉴［J］．农业经济，2018（12）：81-83.

[9] 孙群郎．美国城市美化运动及其评价［J］．社会科学战线，2011（2）：94-101.

[10] 王博．土地用途管制法律制度的比较研究与制度借鉴［D］．郑州：郑州大学，2012.

[11] 洪思庆．土地用途分区管制制度研究［D］．重庆：西南政法大学，2014.

[12] 魏莉华．美国土地用途管制制度及其借鉴［J］．中国土地科学，1998（3）：43-47.

[13] 唐文玉，黄志华．对规划用途的“未利用地”的探究［J］．浙江国土资源，2005（12）：38-40.

[14] 沈萌．土地使用制度变迁下的城市农地转用研究［D］．北京：中国农业科学院，2010.

[15] 姜华根，黄仕万．土地用途管制与转用研究［J］．西南林业大学学报（自然科学），1999，19（3）：165-169.

[16] 黄金川，林浩曦，漆潇潇．面向国土空间优化的三生空间研究进展［J］．地理科学进展，2017，36（3）：378-391.

[17] 刘滨谊，卫丽亚．基于生态能级的县域绿地生态网络构建初探［J］．风景园林，2015（5）：44-52.

[18] 沈权．利益博弈视角下的规划许可制度研究：以浙江省余姚市为例［D］．上海：上海交通大学，2009.

[19] 顾汉龙，冯淑怡，张志林，等．我国城乡建设用地增减挂钩政策与美国土地发展权转移政策的比较研究［J］．经济地理，2015（6）：143-148.

[20] 蒲杰．占用耕地补偿制度研究［D］．重庆：西南政法大学，2017.

[21] 广东省自然资源厅．广东省自然资源厅关于印发海岸线占补实施办法（试行）的通知［EB/OL］．（2021-07-02）［2021-07-09］．http：//nr.gd.gov.cn/.

[22] 施建刚，魏铭材．计划管理下的土地整理折抵指标有偿调剂研究：以浙江省为例［J］．农村经济，2011（4）：40-43.

[23] 褚刚．重庆市地票交易制度研究［D］．北京：中国人民大学，2011.
[24] 自然资源部海洋预警监测司．海岸带生态减灾修复技术导则 第1部分：总则：T/CAOE 21.1-2020［S］．北京：中国海洋工程咨询协会，2020.
[25] 自然资源部海洋预警监测司．海岸带生态系统现状调查与评估技术导则 第1部分：总则：T/CAOE 20.1-2020［S］．北京：中国海洋工程咨询协会，2020.
[26] 自然资源部．围填海项目生态评估技术指南（试行）：自然资办发〔2018〕36号［EB/OL］.（2018-11-01）［2021-07-09］. http://gi.mnr.gov.cn/201811/t20181101_2324567.html.

第七章　海岸带发展类要素管制与引导

海岸带总体上处于我国经济发展的第一梯度，经济转型发展需求更旺、动力更足，而以自然资源“供给”为约束的产业分级准入政策，正是引导和促进经济转型的一种重要方式。发展类要素以支撑海岸带地区经济社会发展为其根本使命，对于发展类要素的管制应以促进其节约集约利用、引导经济高质量发展为目标，进行适度控制和方向引导，并将更多的调节空间留给市场。这样做的目的，一是探索推进海岸带产业分级准入，二是针对存量围填海和岸线这两类典型的海岸带发展类要素，提出更具针对性的用途管制措施。

第一节　海岸带产业分级准入

一、我国海洋产业与临海产业[1,2]

（一）海洋产业与临海产业特征

1. 海洋产业特征

海洋产业是人类开发利用海洋资源，发展海洋经济而形成的生产事业。海洋产业的形成是海洋资源开发利用的结果，形式多样的海洋资源开发形成了各类海洋产业，它们是海洋经济的基本单元，在现实形态上，具体表现为某些具有同类属性海洋企业的集合。涉海性是其核心，涉海性表现在五个方面：一是直接从海洋中获取的产品的生产和服务；二是直接从海洋中获取的产品的一次加工生产和服务；三是直接应用于海洋和海洋开发活动的产品的生产和服务；四是利用海水或海洋空间作为生产过程的基本要素所进行的生产和服务；五是与海洋密切相关的科学研究、教育、社会服务和管理。属于上述五个方面之一的经济活动，无论其所在地是否为沿海地区，均可视为海洋产业。

依据上述海洋产业的特征，同时考虑研究对象，可将海洋产业的内容界定为三类产业：一是依靠开发利用海洋资源（具体包括海水资源、蕴藏于海水及海洋中的自然资源）而形成的产业；二是生产活动必须以海洋作为空间载体的产业；三是虽不依赖海洋资源和海洋空间，但却直接为其他海洋产业服务的产业。

2. 海洋产业分类

国家海洋局 1999 年发布的国家行业标准《海洋经济统计分类与代码》[3]（HY/T 052—1999），其以《国民经济行业分类》（GB/T 4754—2017）为依据，以涉海性为原则，在整个国民经济体系中划分出与海洋有关的产业活动。该标准对海洋产业的定义是，人类利用和开发海洋、海岸带资源所进行的生产和服务活动。该标准将海洋经济分为 15 个大类、54 个中类、107 个小类进行统计（表 7-1）。

表 7-1 海洋产业及其释义

序号	海洋产业	解释说明
1	海洋渔业	包括海水养殖、海洋捕捞、海洋渔业服务等活动
2	海洋水产品加工业	以海产品为主要原料，采用各种食品储藏加工、水产综合利用技术和工艺进行加工的活动
3	海洋油气业	在海洋中勘探、开采、输送、加工石油和天然气的生产和服务活动
4	海洋矿业	包括海滨砂矿、海滨土砂石、海滨地热与煤矿及深海矿物等的采选活动
5	海洋盐业	指利用海水生产以氯化钠为主要成分的盐产品的活动
6	海洋船舶工业	以金属或非金属为主要材料，制造海洋船舶、海上固定及浮动装置的活动，以及对海洋船舶的修理及拆卸活动
7	海洋工程装备制造业	为海洋资源勘探开发与加工储运、海洋可再生能源利用以及海水淡化及综合利用进行的大型工程装备和辅助装备的制造活动。包括海洋矿产勘探开发装备制造、海洋油气资源勘探开发装备制造、海洋可再生能源利用装备制造、海水淡化及综合利用装备制造
8	海洋化工业	以海盐、海藻、海洋石油为原料的化工产品生产活动
9	海洋药物和生物制品业	以海洋生物为原料或提取有效成分，进行海洋药物和生物制品的生产加工及制造活动。包括海洋药品制造、海洋保健营养品制造、海洋生物制品制造
10	海洋工程建筑业	用于海洋生产、交通、娱乐、防护等用途的建筑工程施工及其准备活动
11	海洋可再生能源利用业	在沿海利用海洋能、海洋风能等可再生能源进行的生产活动
12	海水利用业	对海水的直接利用、海水淡化和海水化学资源综合利用活动
13	海洋交通运输业	以船舶为主要工具从事海洋运输以及为海洋运输提供服务的活动

续表

序号	海洋产业	解释说明
14	海洋旅游业	依托海洋旅游资源，开展的观光游览、休闲娱乐、度假住宿和体育运动等活动
15	新业态海洋产业	包括邮轮游艇业、航运服务业（如船舶和航运经纪、海事仲裁）、海洋文化产业（如海洋科普教育、水下文化遗产保护、海洋文化创意产业）、涉海金融服务业（如航运保险、海洋装备融资租赁）、海洋公共服务业（如海洋信息服务、海洋观测、海洋预报、海洋工程咨询）等

2003年5月，在国务院出台的《全国海洋经济发展规划纲要》中，把海洋经济定义为“开发利用海洋的各类产业及相关经济活动的总和”[4]，涉及的主要海洋产业包括：海洋渔业、海洋交通运输业、海洋石油天然气业、滨海旅游业、海洋船舶业、海盐及海洋化工业、海水淡化及综合利用业和海洋生物医药业。2006年底颁布的《海洋及相关产业分类》[5]（GB/T 20794—2006）提出，海洋经济可以划分为两类三个层次：第一类是海洋产业包括主要海洋产业，如海洋渔业、海洋油气业、海洋矿业、海洋盐业、海洋船舶工业、海洋化工业、海洋生物医药业、海洋工程建筑业、海水利用业、海洋交通运输业、滨海旅游业等，这些产业是海洋经济的核心层；以及海洋科研教育管理服务业，如海洋信息服务业、海洋地质勘查业、海洋环境保护业、海洋教育、海洋管理、海洋社会团体与国际组织等，这些产业是海洋经济的支持层；第二类是海洋相关产业，如海洋农林业、海洋设备制造业、涉海产品及材料制造业、涉海建筑业与安装业、海洋批发与零售业、涉海服务业，这些产业是海洋经济的外围层。

3. 临海产业的海陆联动性

海岸带的区位优势对沿海地区乃至全国产业经济发展具有至关重要的作用。临海产业是连通海陆产业的关键纽带，对于促进海洋产业和陆域产业的健康发展，推进海陆经济一体化具有重要作用[6]。临海产业一般指介于海洋产业与其他产业之间，需要依托区域海陆经济互动机理研究海洋空间和间接利用海洋资源而发展起来的产业。一般是指在海岸带开发基础上发展起来的某些特别适用于海岸带空间作为发展基地的产业。具体包括：利用海运原料和产品的工业，如港口工业；利用海域空间的产业，如造船业、海洋设备制造业和筑港工程；大量利用海水的产业，如海盐化工业、港口电站和滨海核电站。

发展临海产业，一方面，把海洋资源的利用及海洋优势的发挥由海域向陆域转移和扩展，把海上生产同陆上加工、经营、贸易、服务结合起来，拓宽海洋资源的开发范围，可以提高海陆产业的关联度；另一方面，又促使陆域资源的开发利用及内陆的经济力量向沿海地区集中，扩大海岸带地区经济容量，把陆域经济、技术和设备运用到海洋开发中，合理利用海洋空间，发挥沿海区位优势，这两种运动的结果是把海洋资源的开发与陆域资源的开发、海洋产业的发展与其他产业的发展有机地联系起来，促进海陆产业关联度的提高，以及海陆经济的共同开发[7,8]。

（二）我国海岸带地区产业园区布局

产业园区是以促进某一产业发展为目标而创立的特殊区位环境，是区域经济发展、产业调整升级的重要空间聚集形式，海岸带地区产业园区是临海产业发展的重要载体和直观体现，通过产业园区布局分析可以很好地映射临海产业集聚和发展情况。

1. 我国海岸带地区产业园区的基本情况

依据《中国开发区审核公告目录》（2018年版），截至2018年，全国共有产业园区2 543个，其中海岸带地区有1 094个，占全国产业园区总数的43%。其中，海岸带地区国家级产业园区有292个，省级产业园区有802个。在国家级产业园区中，经济技术开发区中的数量最多，有109个，其次是海关特殊监管区，有87个，高新技术产业开发区，有78个。

沿海各省市中，产业园区数量最多的是山东，有174个，其次是江苏，有170个，河北，有153个。数量最少的是海南省，有7个。海岸带地区产业园区具体分布情况见表7-2和图7-1。

表7-2 海岸带产业园区分布情况

产业园区类型		全国	辽宁	河北	天津	山东	江苏	上海	浙江	福建	广东	广西	海南
国家级	国家级总计	292	24	15	12	38	67	20	38	30	30	13	5
	经济技术开发区	109	8	6	6	15	26	6	21	10	6	4	1
	高新技术产业开发区	78	8	5	1	13	17	2	8	7	12	4	1
	海关特殊监管区	87	5	4	5	9	21	10	8	7	12	4	2
	其他类型开发区	18	3	0	0	1	3	2	1	6	0	1	1
省级		802	62	138	21	136	103	39	82	67	102	50	2
合 计		1 094	86	153	33	174	170	59	120	97	132	63	7

截至2018年底，全国产业园区核准面积共182.1×10^4 hm^2，其中11个沿海省

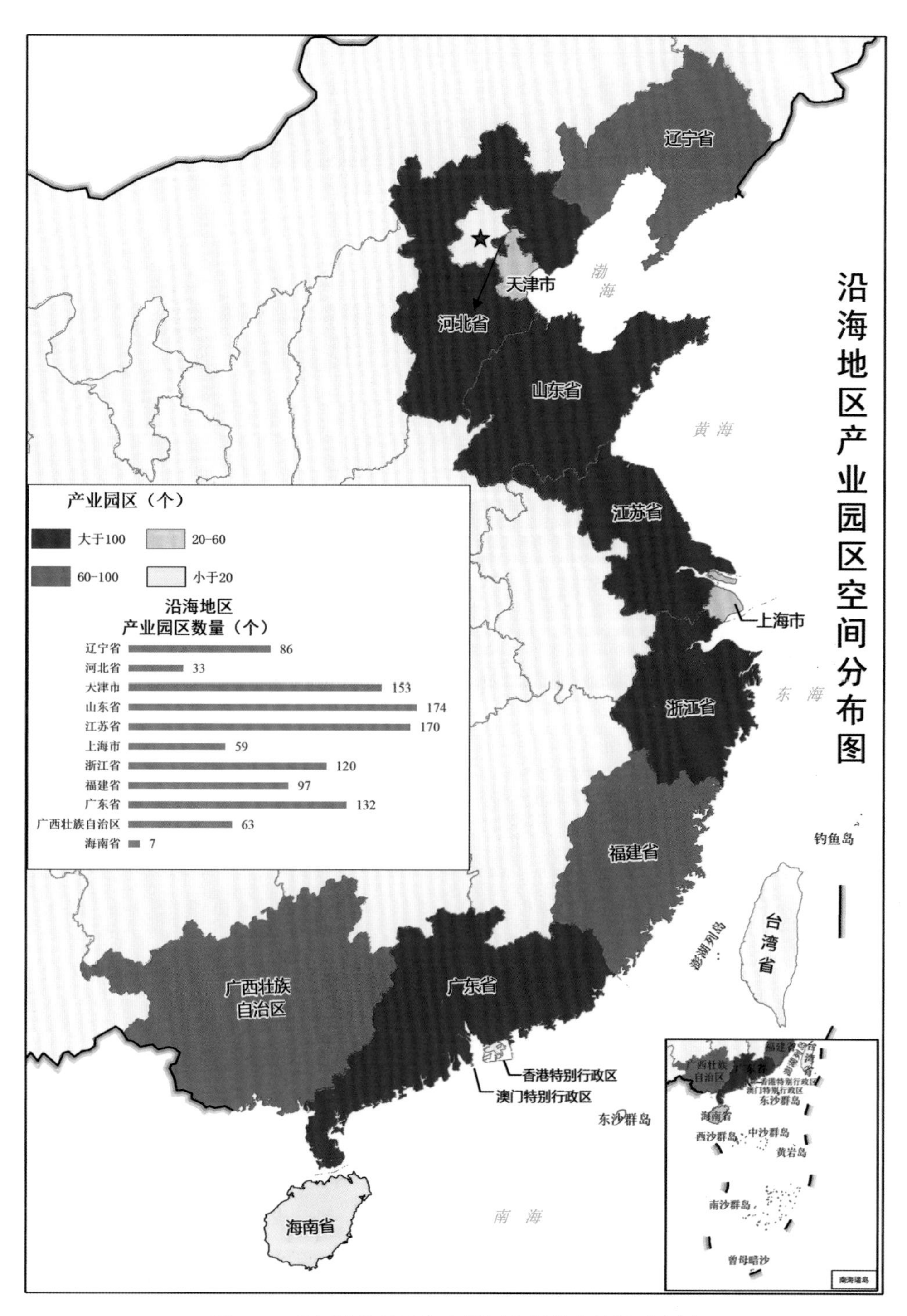

图 7-1 我国沿海地区产业园区空间分布情况示意图

根据《中国开发区审核公告目录（2018 年版）》整理绘制

市产业园区核准面积 79.2×10^{4} hm^{2}，占总面积的 43.5%。天津、河北、山东、辽宁核准总面积 30.2×10⁴ hm²，上海、江苏、浙江核准总面积 27.2×10⁴ hm²，福建、广东、广西、海南核准总面积 21.8×10⁴ hm²。

海岸带地区产业园区产业类型具有地域特色。北部地区产业园区以钢铁、化工和装备制造等传统重工业为主，以生物医药、新兴建材等新兴产业为辅；东部地区产业园区以电子信息、新能源、纺织等轻工业及服务业为主；南部地区则以海产品深加工、旅游等为特色产业。具体产业类型分布和区域对比情况如表 7-3 所示。

表 7-3　海岸带地区产业园区主导产业类型对比分析

主导产业类型	全国	辽宁	河北	天津	山东	江苏	上海	浙江	福建	广东	广西	海南
装备制造	293	36	85	8	48	50	9	24	9	18	6	0
新材料、新能源	241	12	42	8	46	53	19	19	11	27	4	0
汽车	145	10	19	8	27	24	12	21	3	15	5	1
电子信息	140	7	10	5	19	32	9	8	8	32	10	0
石油化工	129	12	18	1	39	18	0	13	7	12	7	2
港口物流	80	6	11	3	13	14	8	2	8	11	3	1
钢铁加工	26	4	11	1	1	2	1	0	3	1	2	0

注：数据来源于《中国开发区审核公告目录（2018 年版）》。

上海市产业园区生产总值位居前列。2015 年，上海产业园区地区生产总值 25 300.3亿元，占全国沿海产业园区生产总值的 50%；其次是广东、山东，分别占 13%、12%。广东省进出口总额居沿海省市首位。2015 年，广东省产业园区创造进出口总额为 6 400.7 亿美元，占全国沿海地区产业园区进出口总额的 54.3%。固定资产投资以北部和东部为主。2015 年，全国沿海地区产业园区固定资产投资额约 2 万亿元，其中北部和东部海洋经济圈固定资产投资额分别为 7 890.4 亿元、7 557.4亿元，合计占投资总额的 80%。

2. 我国海岸带地区产业园区发展存在的主要问题

一是海岸带园区产业关联度低，同质化严重。园区产业之间关联度不强，产业链不长，园区内尚未形成以某一龙头企业或某一产业为中心的产业集群，对区域内外其他工业带动性不强，相关产业亟待聚集。

二是产业类型偏重，新旧动能转换不足。海岸带地区产业园区区域差异较大，总体来看，产业园区类型中装备制造、石油化工、钢铁加工等传统重工业占比均较大，以技术创新为引领的新兴产业占比不高，在加快推进新旧动能转换要求上面临较大压力。

三是园区占地规模较大，开发建设程度较低。受利益驱动和规划管控不力等因素的影响，园区空间扩张冲动难以遏制、土地利用粗放、区域空间开发秩序混乱。据统计数据显示，海岸带地区产业园区平均占地面积最大的为 1 450 hm^2，最小的为 500 hm^2，占地规模过大，利用率偏低。

（三）海岸带地区产业园区布局优化的对策建议

一是构建海陆互动、合理有序的海岸带产业园区布局结构。发挥海岸带资源、区位和产业基础优势，推动远海区域发展海洋牧场、远洋捕捞、海上资源开发等产业，近海区域发展生态养殖、水上运动等产业，临岸区域发展滨海旅游、生态休闲、港口物流等产业，沿海陆域则优先发展临港工业、水产加工、涉海金融贸易、旅游服务、高新技术等产业，形成由海及陆、梯度推进、联动发展的海岸带产业体系。

二是以产业园区为引领促进海岸带产业的集聚发展。充分利用海岸带地区的资源优势，合理规划园区的产业布局，通过政策引导推动产业集聚和高质量发展，完善区域产业链，逐渐形成具有区域特色的产业集群。

三是推动空间资源节约集约利用，提高用海用地效率。结合地区经济社会发展情况，有计划、有步骤地调整园区布局和产业结构，逐步清退附加值低、技术水平低、能耗高、污染物排放高、安全生产风险高等产业项目，推动空间资源集约高效利用。

四是坚持生态保护优先和绿色发展的新理念。海岸带地区产业园区要以建设“绿色园区”为发展理念。通过产业准入清单或负面清单模式，严格把控化工、造纸厂等对海洋生态环境造成破坏的项目布局，通过建立生态隔离带等手段，严控产业园区建设的离岸距离和达标排污标准。

二、我国陆海产业准入相关政策

（一）国家产业准入相关制度

我国针对产业准入最为重要的两项制度是产业结构调整指导目录和市场准入负面清单制度，同时还有针对生态环境等特定要素，以及特殊区域和重点行业的准入政策作为补充。

1. 产业结构调整指导目录

《产业结构调整指导目录》由国家发展改革委员会发布，是引导投资方向，政府管理投资项目，制定和实施财税、信贷、土地、进出口等政策的重要依据。《产业结构调整指导目录》由鼓励类、限制类和淘汰类三类目录组成。鼓励类项目主要是对经济社会发展有重要促进作用，有利于节约资源、保护环境、产业结构优化升级，需要采取政策措施予以鼓励或支持的关键技术、装备及产品，该类项目按照有关规定审批、核准或备案；限制类项目主要是工艺技术落后，不符合行业准入条件和有关规定，不利于产业结构优化升级，需要督促改造和禁止新建的生产能力、工艺技术、装备及产品，该类项目禁止新建，现有生产能力允许在一定期限内改造升级；淘汰类项目主要是不符合有关法律、法规规定，严重浪费资源、污染环境、不具备安全生产条件，需要淘汰的落后工艺技术、装备及产品，该类项目禁止投资；不属于鼓励类、限制类和淘汰类，但符合国家有关法律、法规和政策规定的，为允许类。允许类不列入产业结构调整指导目录。

最新修订的《产业结构调整指导目录（2019 年版）》共涉及行业 48 个，条目 1 477 条，其中鼓励类 821 条、限制类 215 条、淘汰类 441 条。修订重点主要在以下四个方面：一是推动制造业高质量发展，加快传统产业改造提升，大力培育发展新兴产业，制造业相关的条目占总条目数的 60% 以上；二是促进形成强大国内市场，重点是促进农村三次产业的融合发展、推动公共服务领域补短板，加快发展现代服务业、积极培育消费新增长点等；三是大力破除无效供给，适度提高限制类和淘汰类的标准，新增或修改限制类、淘汰类条目近 100 条；四是提升科学性、规范化水平，进一步明确对限制类、淘汰类条目的品种和参数，尽可能明确鼓励类条目的指标参数，对于方向尚不明确的新产业新业态，本着“宜粗不宜细”的原则，仅作方向性描述。

2. 市场准入负面清单制度

市场准入负面清单制度是指国务院以清单方式明确列出在中华人民共和国境内禁止和限制投资经营的行业、领域、业务等，各级政府依法采取相应管理措施的一系列制度安排。市场准入负面清单以外的行业、领域、业务等，各类市场主体皆可依法平等进入。2018 年 12 月，国家发改委、商务部首次联合发布《市场准入负面清单》，标志着我国全面开始对市场准入的审批实行“清单化”管理[9]。

市场准入负面清单包括说明、清单主体和附件三部分。清单主体包括“禁止准入类”和“许可准入类”两大类，内容来源除了依法有据外，还明确将产业结构调整目录、政府核准的投资目录、主体生态功能区产业准入禁止限制目录等都纳入清单。其中，禁止准入类是指市场主体不得进入，行政机关不予审批、核准，不得办理有关手续的事项，包括 5 大类：①法律、法规明确设立的与市场准入相关的禁止性规定；②产业结构调整指导目录中禁止投资和禁止新建的项目；③禁止违规开展与金融相关的经营活动；④禁止违规开展与互联网相关的经营活动；⑤不符合主体功能区建设要求的各类开发活动。许可准入类是指由市场主体提出申请，行政机关依法依规做出是否予以准入的决定，或由市场主体依照政府规定的准入条件和准入方式合规进入，涉及 18 个行业领域。清单实施年度动态调整机制，随着“放管服”改革的推进，各许可类事项不断调整和取消。除此之外，为了体现每个地方的特殊情况，清单还提出允许地方性许可措施，由地方政府根据资源禀赋和发展情况等，补充设定许可事项。

市场准入负面清单制度体现了政府管理理念的四个转变：一是从有罪假设到无罪假设的转变。市场准入负面清单依法而列，奉行“非禁即入”的法治理念，强调政府对市场主体准入的限制，必须提供充分、合法的理由，在法定的准入限制之外，市场主体可以进入，从而减少公权力对私人领域的过度介入，保障市场主体依法享有的行为自由；二是从分割市场到统一市场的转变。市场准入负面清单制度下，国务院以负面清单的形式明确列出在我国境内禁止和限制投资经营的行业、领域、业务等，将所有分散各处的禁止类、许可类事项在一张清单上集成，避免了市场主体与政府管理部门、政府各管理部门之间的信息不对称，减少由于市场交易中的有限理性、信息不对称、外部不经济性等因素导致的种种交易费用，破解了市场治理领域“碎片化”，达到整体治理的效果；三是从区别对待到平等对待，各类市场主体一视同仁；四是从重事前审批到加强事中、事后监管，市场准入清单的管理方式，把准入方式从传统的审批制逐步过渡到主要按条件、按程序准入和一般的行政审批事项全部联网、无缝对接、一网通办，以准入环节生成的各种信息为基础，逐步建立起主要以信用为核心、充分运用大数据监管的方式，改变过去被动监管的方式。

尽管《产业结构调整指导目录》和市场准入负面清单都列出了禁止准入的行业领域清单，但这仅是二者在政策表现形式上的相似和内容的部分重复，二者的功能定位和条目选择依据完全不同。《产业结构调整指导目录》的目标是调整优化产业结构，而负面清单的目标是调整准入环节，调整政府与市场的关系，确保各类市场主体依法平等进入市场。《产业结构调整指导目录》以生产规模、工艺流程、技术参数、装备规格等为标准列出了限制类（此“限制类”为《产业结构调整指导目录》中的用词，其概念完全不同于负面清单中的“限制类”）和淘汰类行业领域，对于增量，禁止市场主体准入，这与负面清单的准入选择标准完全不一样。市场准入负面清单无法承载产业结构调整（鼓励类、淘汰类）的功能，《产业结构调整指导目录》无法承载调整政府与市场关系的功能，短期内二者不能相互替代。

3. 重点生态功能区产业准入负面清单

重点生态功能区承担水源涵养、水土保持、防风固沙和生物多样性维护等重要生态功能，关系全国或较大范围区域的生态安全，以保护并着力提高生态产品供给能力为首要目标。在全国主体功能区划中，重点生态功能区被划定为限制开发区域，需要在国土空间开发中限制进行大规模高强度工业化城镇化开发，严格管控产业准入和布局。

为实现生态保护与经济发展的平衡，引导我国重点生态功能区生态产业合理走向，2015 年 7 月，国家发改委印发了《关于建立国家重点生态功能区产业准入负面清单制度的通知》，要求各地在开展资源环境承载能力综合评估的基础上，按照“县市制定、省级统筹、国家备案、对外公开”的机制，制定形成不同类型的国家重点生态功能区的产业准入负面清单。2016 年 10 月，国家发改委出台了《重点生态功能区产业准入负面清单编制实施办法》，对清单编制实施程序、规范要求、技术审核等方面做出了明确规定。

《重点生态功能区产业准入负面清单制度》是负面清单的重要组成部分，是资源环境承载力约束下区域发展的路径指南，其实施需要包括财政、投资、土地、环境等领域在内的政策协调配合，负面清单制度与各项政策有机结合是促进我国重点生态功能区实现发展与生态保护双赢的有效途径。

4. 其他相关准入制度

生态环境准入清单是生态环境部“三线一单”（即生态保护红线、环境质量底线、资源利用上线、生态环境准入清单）生态环境管控体系的重要组成部分，是以改善生态环境质量为核心，加强国土空间管控的重要手段。生态环境准入清单的制定，以生态环境管控单元为基础，从空间布局约束、污染物排放管控、环境风险防控和资源利用效率等方面，分别明确优先保护、重点管控、一般管控三类管控单元的管控要求和准入清单。由此可见，生态环境准入清单不是独立的，而是基于“三线”划定成果的具体应用出口，也不是直接面向产业的，而是对生态、水、气、土壤、能源等资源环境要素提出的管控要求。

除此之外，正在实施的准入制度包括农业主产区产业准入负面清单、重点行业准入负面清单等都是对市场准入负面清单制度的补充。

（二）产业用地管理政策

1. 产业用地政策实施工作指引

《产业用地政策实施工作指引》由自然资源部定期修订发布，通过系统梳理已发布的各项支持新经济、新产业、新业态、新模式发展的用地政策，详细解释各种政策工具及其法律依据、概念内涵、适用情形等，为新产业用地提供政策工具包和使用说明书。《产业用地实施工作指引》的主要作用是指导地方特别是市县自然资源主管部门规范执行产业用地政策，保障各种所有制经济平等取得土地要素，支持产业创新发展和民生服务设施建设。

产业用地政策的基本原则是落实国土空间规划的管控要求，在保障产业发展用地中坚持规划确定用途、用途确定供应方式、市场确定供应价格。最新发布的

2019年版《产业用地政策实施工作指引》重点针对特定行业从国土空间规划、土地用途管制、土地利用计划安排、土地供应、土地利用、不动产登记等方面对政策要点进行了归纳说明。例如，对光伏、风力发电项目使用戈壁、荒漠、荒草地等未利用土地的，对不占压土地、不改变地表形态的用地部分，可按原地类认定。对深度贫困地区脱贫攻坚中建设的光伏发电项目，国家能源局、国务院扶贫攻坚建设中的光伏发电项目，国家能源局、国务院扶贫办确定下达的全国村级光伏扶贫电站建设范围内的光伏发电项目，以及符合当地建设要求和认定标准的光伏复合项目，其光伏方阵使用永久基本农田以外的农用地的，在不破坏农业生产条件的前提下，可不改变原用地性质。

2. 产业区块控制线

产业区块控制线，有的地方也称“工业控制线”，是根据国民经济和社会发展规划的产业布局要求，划定由“工业园区-城镇工业地块”组成的产业用地区块控制线。作为产业项目选址区域，产业区块控制线具有引导工业项目集聚发展和控制产业园区规模边界的重要作用[10]。

自2008年以来，以广州市为代表的国内特大城市，在不打破部门行政架构的背景下，率先在全国开展“三规合一”工作。通过对城镇化发展阶段和产业园区的深入研究，提出划定产业区块控制线的方式，具体包括工业园区、产业园区、产业集聚区、示范区等用地，以及具有一定用地规模的集中连片工业用地和物流仓储用地等，并对产业园区的空间边界、园区规模和准入要求进行管理。2018年，深圳市印发了《深圳市工业区块线管理办法》，在经深圳市人民政府批准公布的工业区块界线范围内，进行土地利用的全过程管理和产业项目的全生命周期管理，从而稳定工业用地总规模，提高工业用地利用效率，促进工业转型升级。

（三）产业用海管理政策

为推动海洋产业发展，国家出台了如符合条件的海水淡化和海洋能发展项目免征减征企业所得税。打造海洋产业投融资公共服务平台等一系列财政政策和投融资政策。同时，对产业用海政策主要通过健全规划体系、推进市场化流转、强化监督管理等予以引导。

海洋主体功能区规划是海洋空间开发的纲领性规划，依据主体功能将海洋空间划分为优化开发区域、重点开发区域、限制开发区域和禁止开发区域四个区域。其中，重点开发区域与海洋产业相关的主要有港口和临港产业用海区、海洋工程和资源开发区，上述两类区域实施据点式集约开发，严格控制开发活动规模和范围，推动形成现代海洋产业集群。海洋功能区划是合理开发利用海洋资源、有效保护海洋生态环境的法定依据，统筹安排各行业用海是海洋功能区划的主要目标之一。从海洋功能分区来看，对应的用海行业主要有农渔业、港口航运业、涉海工业、矿产能源业、滨海旅游业，以及海洋工程建设行业等。海洋功能区划通过指标管控、功能分区和用途管制等方式，引导海洋产业相对集聚发展，促进海洋产业用海由粗放低效向集约高效转变，不断提高海域资源的利用效率。

为推动海域海岸线资源集约高效利用，2017 年，国家海洋局印发了《建设项目用海面积控制指标（试行）》，对我国管辖海域范围内的新建、改建和扩建的渔业、工业、交通运输、旅游娱乐和造地工程 5 个大类，渔业基础设施、船舶工业、电力工业、钢铁工业等 14 个小类的海域利用率、岸线利用、海洋生态空间面积占比、投资强度、容积率、开发退让距离等提出了量化指标。

此外，为落实海域、无居民海岛有偿使用的中央深化改革任务，2019 年，自然资源部印发了《关于贯彻落实海域、无居民海岛有偿使用意见的实施方案》，提出制定用海用岛产业准入目录，根据产业用海用岛的必要性、产业经济社会效益、产业对生态环境的影响程度等，确定并动态调整国土空间规划明确的区域用海用岛产业准入目录；建立围填海项目产业管控机制。以加快新旧动能接续转换为基础，根据国家产业结构调整指导目录和海洋产业发展政策要求，编制并适时修订围填海产业导向目录，将围填海项目作为推进落实海洋领域供给侧结构性改革的重要内容。禁止高污染、高耗能、高排放的产业项目建设。上述任务正在逐步深入推进。

三、国外海岸带产业准入的经验借鉴

（一）美国《海岸带管理法》中的赖水（海）性要求[11]

美国《海岸带管理法》（CZMA）要求参与各州和领土在规划海岸带主要设施时优先考虑赖水（海）。它鼓励各州和各地方政府制定政策，平衡对有限沿海资源［例如，适用赖水（海）用途的场地］相互竞争的需求，并通过保护现有的赖水（海）用途、保留适当的空地供赖水（海）用途、指定赖水（海）资源开发的土地等方式予以实施。美国有 31 个州和地区参加了这一方案，法定规划要求沿海各州必须纳入监管激励措施和标准，鼓励在未来的土地利用中保留娱乐和商业滨水区；所有沿海地方政府必须在海岸线使用管理要素中纳入保护休闲和商业滨水区的战略。

1. 各州的赖水（海）政策要求

赖水（海）政策因其适用的州或地区而异，各自反映了其自己的政治环境和管理当局、可用岸线和自然资源的数量以及对海岸线使用的竞争利益和要求。24 个州和地区明确规定了赖水（海）用途，11 个州和地区明确规定了水相关用途，

2 个州明确规定了水强化用途，3 个州明确规定了赖岸用途。29 个州和地区制定了指导方针，19 个州和地区制定了实施赖水（海）政策的条例（有些州和地区两者都有）。这些标准规定了沿海地区适合的开发类型或沿海地区适合的开发区域。在大多数情况下，沿海地区赖水（海）用途比非赖水（海）更为优先。

许多州不允许除赖水（海）用途以外的岸线开发活动，也不允许没有可行性的非赖水（海）开发替代方案。南卡罗来纳州和新泽西州等州保护其原始地区和湿地不受任何类型的非赖水（海）开发活动的影响。然而，夏威夷、波多黎各、英属维尔京群岛、关岛和美属萨摩亚等州和领土由于依赖旅游业，允许沿其海岸线进行更广泛的商业、住宅和工业开发活动。北卡罗来纳州和加利福尼亚州有严格的指导方针，以确定允许赖水（海）利用的位置。因为新罕布什尔州和新泽西州的海岸线几乎没有可供开发的资源，所以这些州将可用地区的开发限制在那些赖水或水相关的用途上。

2. 地方政府监管工具和策略

地方政府有权颁布法律和法令，保护公众健康、安全和福利，在地方土地利用决策中发挥关键作用。他们使用了各种工具和技术来保护和鼓励对海岸线的赖水（海）利用，包括分区、港口管理计划、税收政策和直接公共资金等。

分区是指导、控制和确保滨水区用水的最广泛使用的监管工具。一些社区颁布了分区法，为赖水（海）用途保留土地，而另一些社区则允许混合使用兼容的赖水（海）和非赖水（海），还有一些社区强调某些类型的赖水（海）用途，如商业捕鱼、休闲划船、特定行业或传统的滨水活动，以加强历史保护工作。在某些情况下，还要求非赖水（海）用途的设施应远离水，以确保海岸线可用于赖水（海）用途。

传统上，平均高潮线标志一直是当地规划和分区管辖的界限；港口管理规划将土地利用规划和分区扩展到水面。新英格兰州最初制定了港口管理规划，以处理港口的功能要求，例如，划定系泊空间、操作船舶的规则和公共设施的使用分配。最近，港口管理计划的重点是保护和促进赖水（海）用途。这些计划影响土地使用许可的决策，并可能导致分区条例的修订或通过实施该计划的其他法令。在北大西洋地区以外，港口管理规划尚未广泛用于保护赖水（海）用途。

地方税收政策也会影响土地使用决策。滨水区的土地价值不断上升，传统的房产税依据是地块的最高和最佳利用的市场价值。使用价值税允许基于现有用途的创收能力进行评估，但不允许基于更有利可图的财产的市场价值。康涅狄格州斯坦福德的税收优惠政策有助于保护一个码头，否则，由于房产税的增加，这个码头将被改造成公寓或写字楼。

公共资金为赖水（海）用途所需基础设施的资本改善提供了资金。波士顿、波特兰和普罗温斯敦等新英格兰州城市利用公共资金振兴渔港，以留住或吸引渔船。波特兰还建立了一个市政府所有的鱼类拍卖设施。社区还出资建造了舱壁、木板路和公共捕鱼平台。虽然成本很高，但一些社区已经购置了滨水房产，以确保未来公共用水的空间。

由于可用于扩建或重新安置现有赖水（海）用途设施的区域有限，当地决策者正在寻找创造性的办法，以平衡滨水区的竞争利益。在许多地方的土地利用规划中，传统分区法的“隔离”信条正在让位于滨水区的混合使用。然而，混合使用并非没有后果。一些滨水产业担心邻里关系和商业压力会危及他们在市场环境中的运作能力。一些政策分析人士认为，给予赖水（海）用途优先权是一种干预自由市场的行为，这损害了滨水区社区与传统上占据其滨水区的行业发生变化的能力。

3. 实施效果

从历史上来看，沿海社区的生计依赖于对其海岸线的赖水（海）利用，如商业捕鱼和航运。21 世纪以来，在整个美国的沿海社区，赖水（海）用途面临着流离失所的威胁，或者已经让位于更有利可图的非赖水（海）用途，如住宅开发、酒店、办公室、餐馆和零售商店。州政府和地方政府通过制定创新的政策和技术来保护和鼓励沿海滨水区的赖水（海）用途，通常将其作为州海岸管理计划的一部分。

（二）印度海岸管控区准入要求

2011 年，印度中央政府发布《海岸管控区域公告》，宣布除安达曼·尼科巴群岛和拉克沙群岛及其周边海域，印度沿海地区与领海外部界线之间的区域，作为海岸管控区域[12]。具体包括如下区域：①高潮线向陆一侧 500 m 范围内区域；②高潮线至 50 m 之间的陆地范围或溪流入海口处潮汐溯河而上所影响的范围，二者中取较小者为准；③潮间带，即位于高潮线与低潮线之间的地带；④低潮线与领海外部界线之间的水体、海床和底土，以及河水两岸低潮线之间受潮汐影响的水体及其底土。

1. 海岸管控区域分类

为保全与保护沿海地区，印度将海岸管控区域分为以下四类。

一类海岸管控区域（以下简称“CRZ-Ⅰ”）：该区域对于环境有着重大影响，进一步划分为 CRZ-Ⅰ A 和 CRZ-Ⅰ B 两类区域。CRZ-Ⅰ A 类区域包括红树林、珊瑚与珊瑚礁、沙丘、含有生物群落的泥潭、盐沼、海龟孵化场所、马蹄蟹栖息地、海草床、鸟类筑巢地、具有考古价值的区域、建筑物及遗址，以及国家公园、海洋公园、保护区、森林保护区、野生生物栖息地和在维持海岸完整性方面发挥重要作用的特殊地貌区域；CRZ-Ⅰ B类区域为潮间带。

二类海岸管控区域（以下简称“CRZ-Ⅱ”）：包括临近海岸线的已开发地块，这些地块位于现有的市政区划范围内，区域内已开发面积占总地块面积的50%以上，并已修建排水、引道及其他配套基础设施。

三类海岸管控区域（以下简称“CRZ-Ⅲ”）：受到影响相对较小的地区以及不属于CRZ-Ⅱ的地区划归为CRZ-Ⅲ，进一步划分为CRZ-Ⅲ A和CRZ-Ⅲ B两类区域。CRZ-Ⅲ A类区域为人口密度超过2 161 人/km^2 的人口稠密区域；CRZ-Ⅲ B类区域为人口密度小的区域。

四类海岸管控区域（以下简称“CRZ-Ⅳ”）：主要为水域，进一步划分为CRZ-Ⅳ A和CRZ-Ⅳ B两类区域。CRZ-Ⅳ A类区域为低潮线至12 n mile界限之间的水域、海床和底土；CRZ-Ⅳ B类区域为河水两岸低潮线之间受潮汐影响的水体。

2. 海岸管控区域内禁止的活动

一般来说，在整个海岸管控区域范围内应禁止下列活动：①新建和扩建工厂；②加工、储存或处置环境部公告的有害物质；③新建水产品加工厂；④会对海水自然过程造成影响的围填海项目；⑤工厂、城镇或其他人类居住区排放的未经处理的废物和废水；⑥城市废物倾倒及垃圾填埋；⑦在易受侵蚀的海岸兴建港口；⑧开采砂石和其他材料；⑨可能会对沙丘造成影响的开发活动；⑩为了保护水生生物，禁止向沿海水域倾倒塑料垃圾。在CRZ-Ⅰ、CRZ-Ⅱ、CRZ-Ⅲ和CRZ-Ⅳ四类区域存在个别活动例外，但仍受到《海岸管控区域公告》的约束。

3. 海岸管控区域内许可的活动

《海岸管控区域公告》规定，所有适合本公告规定的项目活动，都必须在开工前获得海岸管控区域使用许可。从CRZ-Ⅰ、CRZ-Ⅱ、CRZ-Ⅲ到CRZ-Ⅳ四类区域的许可活动逐步增多。比如，CRZ-Ⅰ A类区域生态最为敏感，只有服务国防、战略和公共事务目的的活动才允许开展；在经过适当的质询程序/公开听证会后，可实施已采取环境保护和预防措施的生态旅游活动，如红树林漫步、树屋、林间小道等；在红树林缓冲区内，只允许用于公益服务的管道铺设、输电线路铺设、运输系统和高架桥建设等活动。CRZ-Ⅰ B类区域准许因海港设施建设、海岸侵蚀防治等目的的土地围垦和填海活动，同时还准许非传统能源发电、孵化和鱼干加工、勘探开采石油和天然气、采盐、海水淡化等活动。CRZ-Ⅳ类区域准许的活动更多，包括传统捕鱼和相关活动、海岸设施建设、与海滩直接相关的设施建设、在指定地区建造滨海度假村或酒店等，但对滨海度假村或酒店的建设提出了非常详细的建筑要求和环保要求。

四、探索建立海岸带产业用海用地分级准入清单

海岸带产业用海用地准入清单并非一个全新的概念，在管理层面和学术领域已有一定的探讨。2019 年，自然资源部印发的《贯彻落实〈关于海域、无居民海岛有偿使用的意见〉的实施方案》提出“制定用海用岛产业准入目录，根据产业用海用岛的必要性、产业经济社会效益、产业对生态环境的影响程度等，确定并动态调整国土空间规划明确的区域用海用岛产业准入目录，严格落实用海用岛用途管制”，但尚未形成可操作的制度措施。在这里从国家产业准入和产业用海用地政策以及我国海岸带产业园区存在的突出问题出发，借鉴美国、印度等国家平衡海岸带地区产业竞争需求的策略，提出赖海产业类型和基于赖海产业的海岸带空间分级准入清单。鉴于当前中远海区域开发不足，在政策导向上仍以鼓励发展为主，故在产业准入的空间划分中以浅海、潮间带向陆一侧为主，对中远海区域不做特别约束。

（一）赖海产业的概念

赖海产业指海岸带某些需要临近海水发展，以利用海岸线边缘多种资源的产业。广义上包括：需要占据可通航深水区滨水位置的港口运输业；需要大量的水来制冷或加工产品的“耗水产业”；临港工业；需要利用海滩、礁石等海滨景观及资源的海滨旅游业；提供丰富生物生产力和满足动植物栖息的“零次”产业等。赖海产业其布局的一般策略是：海岸带适宜作为港口和与海水相关的工业、野生动物避难区、休闲娱乐业等产业使用区域是有限的，这些区域应当予以保留和储备，以使强依赖海洋的产业有足够的空间资源支撑发展，为这些赖海产业预留的区域，在这些产业开发前可以另作他用，但不能影响未来赖海产业的使用。非赖海产业是指产业发展及选址上不是必须依赖海水和海岸线的产业，其布局的一般策略是：建筑物、构筑物和交通基础设施等开发若非绝对依赖海岸环境，即不需要临近海岸线和海水，则应在海岸带之外远离海岸和河流的内陆腹地布局，以阻止开发活动在海岸线边缘集聚。

（二）赖海产业分类

出于赖海产业对海洋的依赖程度、影响程度以及海岸带生态系统与产业链的完整等方面的考量，将赖海产业进一步划分为直接赖海产业、赖海相关产业、赖海延伸产业三类。

1. 直接赖海产业

直接赖海产业是需要直接利用或需毗邻海洋进行的生产和服务活动，包括但不限于：①直接利用海洋渔业资源开展的海洋渔业；②需要占用可通航的深水岸段，用于船只吞吐原材料和产品，节约运输成本的海洋交通运输业；③需要消耗大量海水或海洋矿产、海洋能等资源进行直接利用或加工的生产活动海洋工业；④需要利用沙滩、礁石、海水等滨海自然景观或潜水、游艇等进行的海洋旅游业活动；⑤需要利用海洋区位优势而毗邻海域进行的相关生产和服务的产业；⑥用于特殊用途的与海洋相关的其他活动，例如，国家重大建设项目用海和国防建设用海。

2. 赖海相关产业

赖海相关产业是不直接利用海洋资源但与海洋产业相关的，并从中获取经济效益或社会效益的生产和服务活动，例如，海洋水产加工、海洋化工、滨海旅游及涉海配套设施的道路、桥梁、停车场等公共基础设施用海和公益事业用海。

3. 赖海延伸产业

赖海延伸产业是不需要毗邻海域但可从海洋产业链中获取经济效益或社会效益的生产和服务活动，例如，滨海酒店住宿、餐饮娱乐及城市公共基础设施配套等。

（三）赖海产业分级管控

1. 赖海产业判定

结合项目立项和可行性论证等审查环节，进行建设项目用海的必要性论证是判定项目是否属于赖海产业的基本抓手。例如，主要根据区域经济发展、产业发展和产能的需求预测分析内容，说明项目在海洋产业链或地区产业布局中所处的位置，现有发展基础等；依据项目性质和项目总体布置，结合所在海域特征，论证项目使用海域或者海岸线的必要性；近岸土地的开发也要阐明是否在城镇开发边界或产业区块控制线范围内，与当地土地资源供需关系的匹配度，涉及围填海历史遗留问题区域的，要进一步明确其生态建设内容和空间布局方案，分析论证项目生态建设方案的合理性与可行性。

2. 海岸带建设项目准入顺位

在海岸带地区按照以下准入顺位进行建设项目准入选取：第一顺位，生物资源和栖息地的保护要优先于不可更新资源的开发；第二顺位，多种用途的项目要优先单一用途项目的开发；第三顺位，可转变的单一用途开发项目优先于不可转变的单一用途项目的开发；第四顺位，直接赖海产业项目优先于赖海相关产业、赖海延伸产业和非赖海产业。

3. 海岸带产业准入清单

从海岸带产业的赖海性出发，向海包含浅海、潮间带，向陆分别至海岸带重点规划区外边界，至 10 km 或至山脊线、高速路，至沿海县级行政区，依次分为三级产业准入区域，在建设项目准入顺位的基础上，分别对照产业准入和用海用地准入两个维度实施海岸带产业布局管控，同时依据国家产业政策、区域经济社会发展和用海用地政策变化等因素，动态调整国土空间规划明确的区域用海用岛产业准入规则，更新产业准入清单，不断完善海岸带产业用海用地的准入制度（表 7-4）。

表 7-4　海岸带产业用海用地准入清单的考虑

管制级别	范围	用海用地准入	产业准入
第一管控区	向海一侧至潮间带、浅海，向陆一侧至海岸带重点规划区域外边界	总体原则：保障国家重大项目、国防安全、关系民生用海，公益性和公共基础设施等用海需求。包括但不限于： 1. 允许国家重大建设项目用海，主要指国务院或国务院投资主管部门审批、核准的建设项目用海。 2. 允许公共基础设施用海，主要指除国家重大建设项目用海以外的各类公共基础设施用海。包括港口码头（含泊位工程）；民用机场；铁路；公路；电力（核电、风电、电网、电站等）；通信；石油（天然气）接收储运设施；水利工程；污水处理；海水利用。以上项目用海原则上应由省级投资主管部门审批或核准。 3. 公益事业用海，主要包括用于政府行政管理目的的公务船舶专用码头用海，由政府还贷的跨海桥梁及海底隧道等非经营性交通基础设施用海；教学、科研、防灾减灾、海难搜救打捞、渔港等非经营性公益事业用海；海洋生态环境整治修复用海。 4. 国防建设用海，主要包括军事用海，直接用于军事目的，由军队使用管理的项目用海；军民融合项目用海，属于《经济建设与国防密切相关的建设项目目录》范围，根据军事需求在新建和改扩建中需采取必要的工程技术措施、兼顾特定国防功能的固定投资项目用海	总体原则：经评估论证属于直接赖海产业，并符合国家鼓励类产业政策。主要包括： 1. 海洋渔业，包括海水养殖、海洋捕捞、海洋渔业服务等活动。鼓励海水健康养殖、海洋渔业资源增殖与保护、远洋渔业、生态恢复型的人工鱼礁和海洋牧场、渔政渔港工程等。 2. 海洋可再生能源利用业，包括利用海洋能、海洋风能等可再生能源进行的生产活动。鼓励海洋能利用技术开发与设备制造。 3. 海洋旅游业，包括观光游览、休闲娱乐、度假住宿和体育运动等活动。鼓励休闲渔业和渔村精品工程；限制超过生态承载力的旅游活动。 4. 海洋矿业，包括海滨砂矿、海滨土砂石、海滨地热与煤矿及深海矿物等的采选活动。 5. 海洋交通运输业，包括以船舶为主要工具从事海洋运输以及为海洋运输提供服务的活动。 6. 海洋工程建筑业，包括用于海洋生产、交通、娱乐、防护等用途的建筑工程施工及其准备活动。鼓励海洋自然保护区建设及生态示范工程，入海口整治修复工程。 7. 海洋相关科技支撑产业，包括海洋环境监测、预报、勘查，海洋工程技术服务、环境治理、生态修复等公益事业活动，及其他用于学科研究和教育活动。 8. 直接消耗海水的产业，鼓励核电建设；海洋盐业，限制低于规模以下的海盐生产项目；海水淡化与综合利用，苦咸水开发利用等

续表

管制级别	范围	用海用地准入	产业准入
第二管控区	向陆一侧10 km或至山脊线、高速路等	保障涉海产业链完整，符合经济高质量发展要求；能够节约集约利用海洋资源，严格限制围填海用于房地产开发、低水平重复建设的旅游休闲娱乐项目及污染海洋生态环境的项目	总体原则：经评估论证属于赖海相关产业，并符合国家鼓励类产业政策。包括但不限于： 1. 海洋水产品加工业，包括以海产品为主要原料，采用各种食品储藏加工、水产综合利用技术和工艺进行加工的活动。鼓励海水产品无公害、绿色生产技术开发与利用；海水产品储运、保险、加工与综合利用等。 2. 海洋盐业加工，限制低于规模以下的海盐生产装置。 3. 海洋旅游业，允许滨海旅行社、游艇俱乐部、农家乐、公益性文化旅游教育基地等项目。 4. 城市或园区配套公共基础设施，包括市政道路、桥梁、停车场等
协调管控区	向陆一侧至沿海县级行政区	有利于促进陆海统筹发展，有利于协调区域协调管控，有利于形成和完善产业链的项目	总体原则：经评估论证属于赖海延伸产业，并符合国家鼓励类或优化后的限制类产业政策。包括但不限于： 1. 海洋旅游业，允许滨海酒店住宿、餐饮娱乐场所。 2. 城市配套的公共基础设施，包括市政道路、桥梁、停车场等。 3. 城市或园区配比合理的租赁房、宿舍及保障性住房

第二节 围填海存量资源利用和管控政策

一、围填海存量资源的界定

围填海存量资源是海岸带地区最为典型的发展性要素，但这一提法仅在文献报告中提及，尚未出现在任何政策文件中，关于其概念仍无统一界定。相关的概念主要有土地存量、闲置土地、围填海历史遗留问题等。

（一）土地存量（国有存量建设用地）

土地存量是一种日常俗称，严格来讲为国有存量建设用地。它是指某一时点以前已有的国有建设用地，包括历史国有建设用地和已经办理完土地征收、转用手续的国有土地。国有存量建设用地是相对于新增建设用地来说的，其代表已经是建设用地的部分，而新增建设用地指由农用地和未利用地转用为建设用地的部分。

国有存量建设用地的供地权在市县人民政府，具体手续由市县自然资源管理部门办理。提供国有存量建设用地的一般程序是：编制并发布供地计划——接受用地单位或个人的用地申请——确定供地方式——编制供地方案——实施供地。

（二）闲置土地

闲置土地属于国有存量建设用地。2012 年，国土资源部印发的《闲置土地处置办法》，其中，对闲置土地的认定为：①国有建设用地使用权人超过国有建设用地使用权有偿使用合同或划拨决定书约定、规定的动工开发日期满一年未动工开发的国有建设用地；②已动工开发但开发建设用地面积占应动工开发建设用地总面积不足 1/3 或者已投资额占总投资额不足 25%，中止开发建设满一年的；③法律、行政法规规定的其他情形。

除因政府未按时供地等原因导致的闲置土地有特殊规定外，其余对闲置土地的处置方式为：①未动工开发满一年的，下达《征缴土地闲置费决定书》，按照土地出让或者划拨价款的 20% 征收土地闲置费。土地闲置费不得列入生产成本；②未动工开发满两年的，下达《收回国有建设用地使用权决定书》，无偿收回国有建设用地使用权。闲置土地设有抵押权的，同步抄送相关土地抵押权人。市县国土资源主管部门负责本行政区域内闲置土地的调查认定和处置工作的组织实施。

对于依法收回的闲置土地利用方式有：①确定新的国有建设用地使用权人开发利用；②纳入政府土地储备；③对耕作条件未被破坏且近期无法安排建设项目的，由市县自然资源管理部门委托有关农村集体经济组织、单位或者个人组织恢复耕种。

（三）围填海历史遗留问题

2018 年开展的全国围填海现状调查，按照围填海工程状态、利用状态和审批状态对围填海区域进行分类，并在此基础上划定了围填海历史遗留问题处理范围（表 7-5）。

表 7-5 围填海历史遗留问题与围填海存量资源类型认定

一级分类	二级分类	是否属于围填海历史遗留问题	是否为围填海存量资源
已填已用	海域确权	否	否
	土地确权	否	否
	未确权但有行政审批手续	是	否
	无任何填海审批手续	是	否

续表

一级分类	二级分类	是否属于围填海历史遗留问题	是否为围填海存量资源
填而未用	海域确权	是	是
	土地确权	否	是
	未确权但有行政审批手续	是	是
	无任何填海审批手续	是	是
围而未填	海域确权	是	是
	土地确权	是	是
	未确权但有行政审批手续	否	否
	无任何填海审批手续	否	否
批而未填（围）	海域确权	是	否
	土地确权	是	否

从表7-5中可见，有3种情况的围填海不纳入历史遗留问题的范围：①依法取得海域使用权证或土地使用权证，并已实际利用的区域；②依法取得土地使用权证，但未实际利用的区域，实际中应纳入闲置土地管理程序；③没有合法的围填海手续，仅进行围埝未完成填海的区域，原则上要实施拆除，以自然恢复为主的方式，逐步恢复其海域属性。其余的围填海区域，纳入围填海历史遗留问题范畴。

（四）围填海存量资源的概念界定

对于围填海存量资源的概念，不同学者的理解各不相同。索安宁等将围填海存量资源分为围而未填区域、填而未建区域、低密度建设区域、低洼坑塘、低效盐田和低效养殖池塘6种类型[13]。刘大海等认为，狭义的围填海存量资源是已经获得围填海批复，但未按照预期目标完成开发利用的海域或新形成的土地资源，包括批而未围、围而未填、填而未建、低效利用4类情形。广义的围填海存量资源，除了包含以上情形外，还包括未获得围填海批复就开工建设的海域资源，包括未批先建和边批边建两类情形[14]。金左文等将审批后未有效利用海域资源的围填海活动分为批而未填、在建（长期未竣工）和填而未建3种类型，并统称为围填海存量资源[15]。

对有关概念分析和上述学者研究结论分析，对围填海存量资源解释的不同主要集中于对以下两种情况的不同认定：①违法违规的围填海，法律上仍为“海”，自然属性上已为“地”的区域；②低效利用的围填海区域。

从管理的连贯性和可行性出发，本研究认定的围填海存量资源包括：违法违规围填海形成的现实成陆区域，但必须完成法律查处后再纳入下一步管理；而低效利用围填海区域由于缺乏有效的判别依据，不纳入围填海存量资源。

围填海存量资源概念的鉴定，以其实际利用情况为主要判别依据。为保持管理上的一致性，围填海存量资源的认定标准，与围填海现状调查中的分类体系保持一致，具体如下：①填而未用区域。通过围填海活动，实际已形成土地，尚未实际利用的，无论是否合法合规都属于围填海存量资源；②已批围而未填区域。围而未填已确权的属于围填海存量资源，尚未确权的违法违规区域原则上应该拆除，尽量恢复原状，因而不属于围填海存量资源；③已填已用和批而未填区域，不纳入围填海存量资源。

二、围填海和土地的计划管理体系

计划管理是围填海和土地用途管制最为重要、最为有效的方式之一[16,17]，明晰两者的衔接关系与现实冲突，是管控好、利用好围填海存量资源的基本前提[18]。

（一）围填海计划管理

2009 年底，我国开始实施围填海计划管理。2011 年，国家发展改革委和国家海洋局联合印发的《围填海计划管理办法》，规范了围填海计划管理制度[19]。

1. 围填海计划指标

（1）建设用围填海计划指标。包括建设填海造地和废弃物处置填海造地，是指通过筑堤围割海域，填成土地后用于建设的海域，主要用于支持国家和地方重点建设项目及国家产业政策鼓励类项目。

（2）农业用围填海计划指标。通过筑堤围割海域，填成土地后用于农业生产的海域，重点用于保障农林牧业的发展，不包含围填养殖用海。

建设用围填海计划指标和农业用围填海计划指标，彼此独立，两者不可混用。

2. 围填海计划管理流程

（1）围填海计划编报。围填海计划指标实行统一编制，即国家发展改革委和国家海洋局负责全国围填海计划的编制和管理，同时在计划指标编制中充分征求和吸纳地方有关管理部门的意见与建议。

（2）围填海计划下达。经全国人民代表大会审议后的年度围填海计划指标，分为中央和地方年度计划指标分别下达。其中，地方指标仅下达到 11 个沿海省（自治区、直辖市），5 个沿海计划单列市的年度计划指标单列。省级以下不再向下分解指标。

（3）围填海计划执行。围填海计划管理设置了指标安排与核减两项核心的管理程序。项目立项前，需要进行围填海计划指标的安排，没有纳入指标安排的项目，一律不得审批。项目用海批准后对相应的围填海计划指标进行核减，确保计划指标落到实处。

（4）监督管理。建立围填海计划台账管理制度，对围填海计划指标使用情况进行及时登记和统计。对于总量突破、超指标使用、擅自改变用途范围等的违法违规行为采取严格的管理措施。对地方围填海实际面积超过当年下达计划指标的，按照“超一扣五”的比例，扣减该省、自治区、直辖市下一年度的计划指标。对于超计划指标擅自批准围填海的，国家海洋局将暂停该省（自治区、直辖市）的区域用海规划和建设项目用海的受理和审查工作。

3. 实施最严格的围填海管理制度

党的十八大以来，随着生态文明思想的深入推进，对围填海实施了最严格的管控制度。《国务院关于加强滨海湿地保护 严格管控围填海的通知》提出，“完善围填海总量管控，取消围填海地方年度计划指标，除国家重大战略项目外，全面停止新增围填海项目审批。”由此，实现了围填海活动的全面“刹车”。

当前，除国家重大战略“一事一议”外不再审批新增围填海项目，而原围填海计划管理制度是仅新增围填海，并未提及存量围填海的管理要求，因而现行制度就失去了管理意义和与其他制度衔接的基础。

（二）土地利用年度计划管理

《土地利用年度计划管理办法》以保护耕地为核心，严控新增建设用地，严格实施土地用途管制。土地利用年度计划管理从 1999 年开始实施，经过了 2004 年、2006 年、2016 年三次修订。

1. 土地利用计划指标

土地利用计划指标可分为 4 类，具体如下。

（1）新增建设用地计划指标。这是最重要的一类指标，也即新增建设用地总量。又可细分为新增建设占用农用地指标。其中又包含新增建设占用耕地指标。三者为递进关系，逐步缩小关注范围。

（2）土地整治补充耕地计划指标。

（3）耕地保有量计划指标。

（4）城乡建设用地增减挂钩指标和工矿废弃地复垦利用指标。

2. 土地利用计划管理流程

（1）指标测算。周期为 3 年，各级土地管理部门均要进行测算。

（2）指标下达与分解。指标经国务院批准后下达至各省、自治区、直辖市以及计划单列市和新疆生产建设兵团（国务院各部门项目指标直接核销，不下达）；地方指标可分解到市县，并报自然资源部备案。

（3）新增建设用地指标实行指令性管理，不得突破。严格执行土地利用年度计划指标使用在线报备制度。

（4）考核。新增建设用地计划执行情况考核，以农用地转用审批、土地利用变更调查等数据为依据。

（三）年度土地储备计划

土地储备是指县级（含）以上国土资源部门为调控土地市场、促进土地资源合理利用，依法取得土地，组织前期开发、储存以备供应的行为，其目的是加强自然资源资产管理、防范风险。2018 年，国土资源部、财政部、中国人民银行、中国银行业监督管理委员会联合修订了《土地储备管理办法》。

1. 土地储备机构

土地储备机构应为县级（含）以上人民政府批准成立，具有独立的法人资格，隶属所在行政区划的国土资源管理部门、承担本行政辖区内土地储备工作的事业单位。国土资源主管部门对土地储备机构实行名录制管理。

2. 年度土地储备计划主要内容

（1）上年度末储备土地结转情况，含上年度末的拟收储土地及入库储备土地的地块清单。

（2）年度新增储备土地计划，含当年新增拟收储土地和新增入库储备土地规模及地块清单。

（3）年度储备土地前期开发计划，含当年前期开发地块清单。

（4）年度储备土地供应计划，含当年拟供应地块清单。

（5）年度储备土地临时管护计划。

（6）年度土地储备资金需求总量。

各地应根据城市建设发展和土地市场调控的需要，结合当地社会发展规划、土地储备三年滚动计划、年度土地供应计划、地方政府债务限额等因素，合理制订年度储备计划。国土资源主管部门会同财政部门每年第三季度，组织编制完成下一年度土地储备计划，提交省级国土资源主管部门备案后，报同级人民政府批准。

3. 入库储备范围

（1）依法收回的国有土地。

（2）收购的土地。

（3）行使优先购买权取得的土地。

（4）已办理农用地转用、征收批准手续并完成征收的土地。

（5）其他依法取得的土地。

入库储备土地必须是产权清晰的土地。土地储备机构应对土地取得方式及程序的合规性、经济补偿、土地权利（包括用益物权和担保物权）等情况进行审核，不得为了收储而强制征收土地。对于取得方式及程序不合规、补偿不到位、土地权属不清晰、应办理相关不动产登记手续而尚未办理的土地，不得入库收储。休闲储备空闲、低效利用等国有存量建设用地优先储备。储备土地的前期开发应按照该地块的规划，进行土地平整，满足必要的“通平”要求。

4. 土地储备资金

依据《土地储备资金财务管理办法》，土地储备资金是指纳入自然资源部名录管理的土地储备机构按照国家有关规定征收、收购、优先购买、收回土地以及其进行前期开发等所需的资金。

（1）土地储备资金来源渠道：财政部门从已供应储备土地产生的土地出让收入中安排给土地储备机构的征地和拆迁补偿费用、土地开发费用等储备土地过程中发生的相关费用；财政部门从国有土地收益基金中安排用于土地储备的资金；发行地方政府债券筹集的土地储备资金；经财政部门批准可用于土地储备的其他财政资金。

（2）土地储备资金使用范围：征收、收购、优先购买或收回土地需要支付的土地价款或征地和拆迁补偿费用；征收、收购、优先购买或收回土地后进行必要的前期土地开发费用；需要偿还的土地储备存量贷款本金和利息支出；经同级财政部门批准的与土地存储有关的其他费用，包括土地储备工作中发生的地籍调查、土地登记、地价评估以及管护中围栏、围墙等建设的支出。

（四）国有建设用地供应计划

国有建设用地供应计划，是指市县人民政府在计划期内对国有建设用地供应的总量、结构、布局、时序和方式做出的科学安排。国有建设用地供应方式包括划拨、出让、租赁、作价出资或入股等方式。

为有效实施土地利用总体规划和土地利用年度计划，科学安排国有建设用地供应，2010 年国土资源部印发了《国有建设用地供应计划编制规范》，用以指导全国市县国有建设用地供应计划的编制。

1. 确定供应计划指标

(1) 测算国有建设用地供应潜力。市县国土资源行政主管部门通过对依法办理农用地或未利用地转用和征收的建设用地、政府收购储备的土地、政府收回的土地、围填海（湖）造地形成的建设用地、待转让的军队空余土地、增减挂钩的建设用地和年度土地利用计划中当年拟供应土地等来源，进行潜力分析。

(2) 确定计划期内可实施供应的国有建设用地。有条件的市县，可将计划期内可实施供应的国有建设用地细化到宗地，建立计划供应宗地数据库，数据库包括计划供应宗地的面积、用途、规划建设条件、土地使用标准、空间矢量等信息。

(3) 国有建设用地需求预测。使用的方法有趋势预测法、线性回归法；指数平滑法；用地定额指标法。

(4) 国有建设用地需求核定。

2. 分解供应计划指标

市县国土资源行政主管部门可按行政辖区、城市功能区、住房和各业发展用地需求、土地用途和供应方式，对国有建设用地供应计划指标进行分解。

3. 供应计划报批与实施

国有建设用地供应计划由县级人民政府批准，批准前应征得上级国土资源行政主管部门的同意，批准后报省级国土资源行政主管部门备案。

(五) 衔接关系及存在的问题分析

1. 围填海管理与土地管理的衔接关系[20]

一般来说，围填海项目的审批程序为：在用海预审阶段，安排围填海计划指标；用海项目批复后，核减围填海计划指标；缴纳海域使用金，取得海域使用权证书，开始进行围填海工程施工；围填海工程竣工后，开展填海项目海域使用竣工验收；竣工验收后，3个月内换发土地使用权证书，正式进入土地管理流程（见图7-2）。

2. 现实管理中存在的其他各种情形

然而现实情况下，围填海与国有建设用地在审批管理中的不衔接之处，主要体现在图7-2所标注的4个环节中，具体情况分析如下。

(1) 未取得海域使用权证，开展的围填海活动。自2006年起，国家海洋局开

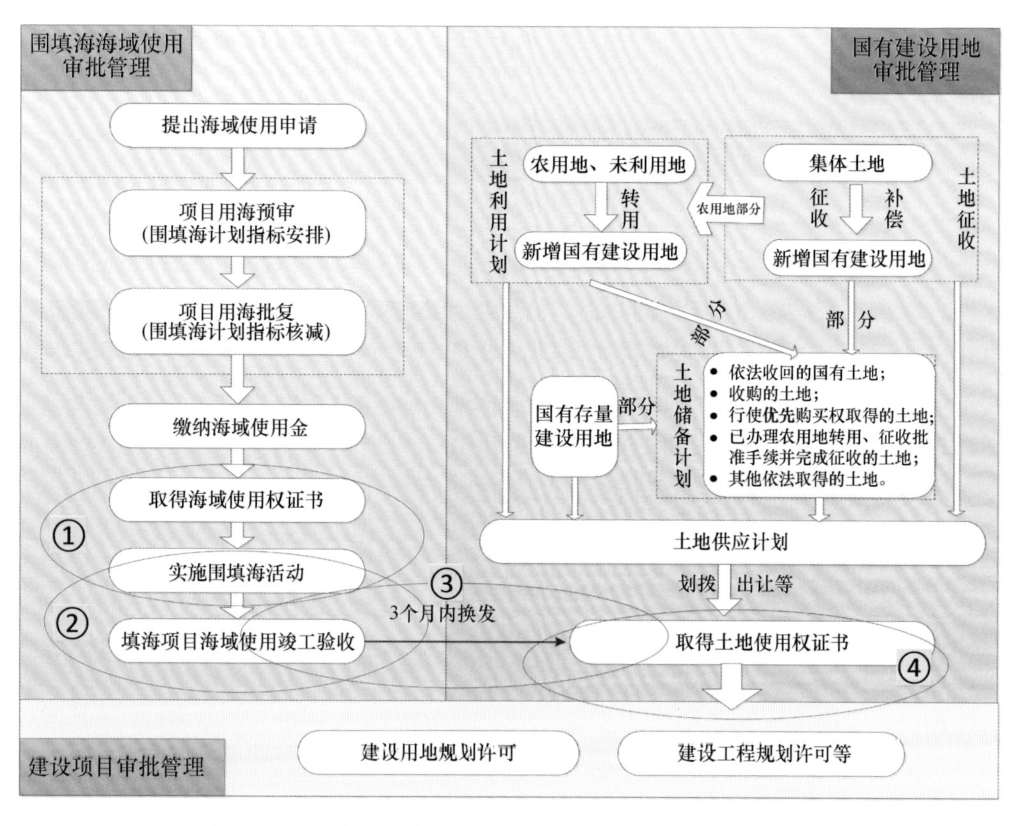

图 7-2 围填海审批管理与国有建设用地审批管理衔接示意图

始实施区域用海规划制度，对同一围填海形成的区域内建设多个项目实施统一规划、统一论证、整体围填、单个审批，2017 年该制度停止实施。在此期间，由政府主导实施整体性围填海，大量已填区域尚未开展具体项目的用海申请。除此之外，无任何填海审批手续的违法违规围填海也是造成此种情况的原因之一。

（2）完成填海活动，未进行竣工验收。现行海域使用管理法规政策未提出，取得海域使用权证书后，多久之内应该实施围填海活动，完成填海项目海域使用竣工验收，因而部分用海人以“囤海”的形式进行“囤地”，以规避土地资源更为严格的管理。除此之外，部分用海项目实施围填海形成的土地，在面积、界址点坐标等方面都与原批准海域使用有较大差异，对于此种情形的处置无明确规定，造成海域管理部门与用海人之间的“拉锯”。

（3）海域使用权证换发土地使用权证的程序不清。《海域使用管理法》第三十二条规定：“填海项目竣工后形成的土地，属于国家所有。海域使用权人应当自填海项目竣工之日起三个月内，凭海域使用权证书，向县级以上人民政府土地行政主管部门提出土地登记申请，由县级以上人民政府登记造册，换发国有土地使用权证书，确认土地使用权。”但未明确换发的具体要求，各地采取的措施也各不相同。

比如，《辽宁省海域使用管理办法》规定，“换发国有土地使用权证书，不得收取土地出让金”。海南省人民政府要求：①政府通过招标拍卖方式出让海域使用权，并已明确填海形成的土地使用权归海域使用权人所有，填海形成的土地可直接换发国有土地使用证书，土地取得方式一栏注明出让，海域取得成本和填海成本视为缴纳土地出让金，不再收取土地出让金。②政府组织实施填海项目形成的土地，应由政府储备机构实行收储，按规划直接认定为建设用地，以招拍挂方式出让土地使用权。③基础设施和工业等产业项目因项目需要获得批准的海域使用权，项目业主填海形成的土地可根据企业要求，按两种情况处理：一是按划拨土地办理换证手续，办理手续时不缴纳土地出让金，但是今后转让土地使用权或改变土地用途时则要补缴土地出让金；二是按协议让土地办理换证手续，并缴纳土地出让金，出让金按市场评估地价扣除海域使用金和实际投入的填海成本计算。

（4）凭海域使用权证，直接进入项目建设程序。江苏、浙江等地通过实施海域使用权“直通车”制度，可凭海域使用权证书直接办理建设项目规划许可、施工许可等[21]。虽然在实行不动产统一登记之后，海域使用权和土地使用权的物权属性在实施层面上更加统一了，但由于海域使用金征收标准过低，围填海项目多数以申请审批的方式取得，没有经过市场化配置，直接流入土地市场，容易对土地供应造成影响。

三、围填海存量资源管控的目标和思路

（一）管控目标

（1）非法围填海区域的依法依规处置。

（2）海洋生态环境可恢复区域，应尽可能地实施以自然恢复为主的生态修复措施。

（3）加快盘活未利用的围填海区域，引导项目落地，促进有效投资。

（4）以存量盘活，带动海域、土地等资源供给的增量削减。

（二）政策衔接中的关键点

1. 存量围填海资源如何“定性”

存量围填海资源在管理属性上为“海”，在自然属性上已为“陆”，而两者在管理程序和要求上有诸多差异，而在实践中两者也并不是理想状态下的上下游关系，围填海造地形成的土地并未全部纳入土地供应程序。因此，其定性为“海”

还是“陆”？应按何种管理程序处置？怎么算完成处置？是在管理属性上由“海”转为“陆”，还是有工程项目开工建设？这些都是有关政策制定时需要首先回答的重要问题。

2. 存量围填海资源如何“定位”

围填海历史遗留问题区域和存量围填海资源是两个相互交织的概念，一个侧重于表述历史发展中产生的问题，另一个则表示未来发展中可利用的资源，这两者间更倾向于哪一方也在一定程度上决定了后续管理政策的选择。由此，同样可以延伸到对围填海历史遗留问题时间尺度的选择上，“围填海历史遗留问题区域”将是一个较为长期独立存在的客观事物，还是经过较短时间的应急处置阶段后，它将纳入自然资源总的管理流程中，不再区别对待？

3. 与海岸线修测的衔接

以上两个问题主要是在认识层面，在管理政策中的衔接还包括海岸线修测、国土空间规划划定等，不同的认识对管理政策的导向也各不相同。长期以来，全国土地资源第二次调查使用的 0 m 等深线与沿海省级人民政府批准的海岸线（平均大潮高潮线）之间有较大差异，造成海域管理和土地管理范围存在部分重合[22]。2018 年，自然资源部已经组织完成了全国海岸线调查统计工作，修正了围填海形成的新的人工岸线。海岸线修测批准后，是否仍作为海陆行政管理的分界线具有法定效力？纳入修测海岸线以上的存量围填海资源又应该按“海”还是按“陆”管理？

4. 与国土空间规划中城市开发边界的衔接

国土空间规划编制过程中存量围填海资源是否可以划入城市开发边界范围内管理？如果不划入，存量围填海资源将无法纳入地方政府整体性的开发规划视野内，区域内基础设施的建设、周边整体的配套开发等都无法开展，实际上制约了区域开发，不利于存量的盘活利用；如果划入，存量围填海资源属于哪种地类，是否与其他区域实施同样的管理政策，有关衔接程序还需进一步明确。

（三）管控思路

从存量围填海资源“定性”和“定位”的两种不同考量出发，分别提出如下两种管控思路。

思路一：按“海”管理，以处置历史发展中的问题为主。

思路二：按“陆”管理，以开发储备未来发展的资源为主。

当然，此处的“海”“陆”并非单一按照某一个属性进行管理，而是指在与现有的管理政策衔接的基础上，以哪一种管理方式为主。

四、围填海存量资源管控的政策比选

（一）方案一：建立台账，逐宗处置围填海存量区块

原《围填海计划管理办法》是针对新增围填海的调控，并且是指标导向的宏观性调节政策，而非清单导向的微观调整政策，故无法将存量围填海资源计划管理直接纳入其中。

1. 管控流程设计

一是开展生态评估。对围填海历史遗留问题区域全面实施生态评估。集中连片的围填海历史遗留区域，整体评估。零散分布或面积较小区块的围填海历史遗留区域，适当简化生态评估内容，或以县（市、区）为单位实施整体评估。处于陆域中间且与海不交界的单个区域，已失去海洋特征，不再开展生态评估。经评估，对海洋生态环境有严重影响的已围填区域要坚决拆除；尚未完成围填海的，能压则压，最大限度地控制实际围填海面积，同时要明确生态修复要求和具体措施。

二是建立存量围填海台账。在围填海历史遗留问题清单的基础上，建立存量围填海台账，细化到具体区块，应包括如下信息：编号、空间矢量坐标、面积、实际围填情况、是否海域确权、海域权属的相关信息、围填海竣工验收情况、是否换发土地证、是否违法违规、违法违规处置情况、是否安排建设项目、建设项目有关情况等。除此之外，在国土空间规划和海岸线修测批准实施后，也要将这两类信息纳入台账，作为管理的基础依据。

三是制订处置计划。对应历史遗留问题清单，依据生态评估结论，逐一提出生态保护修复措施和实施计划、违法违规用海查处情况或工作安排、开发利用计划，并明确年度处置目标[23]。据此，逐一处置围填海存量区块。

2. 方案一的优势分析

方案一的优势主要体现在如下两个方面：一是精细管理、稳妥可控。实施清单式管理可以准确掌握每一围填海存量区块信息，能够做到具体问题、具体分析，尽可能避免由于历史遗留问题处置产生的新增围填海、产权纠纷、新增债务风险等；二是责任明晰，易于实施。围填海历史遗留问题处置的责任主体不变，有利于保持连续性、便于实施。

3. 方案一的缺陷分析

方案一的缺陷主要体现在如下三个方面。

一是短期内无法完全消耗围填海存量区域，围填海历史遗留问题将长期作为一个“特例”存在。按照2002—2018年年均围填海实际利用面积估算，实现围填海存量资源有效利用需要15年。而当前我国经济形势总体上已进入新常态，资源消耗量总体上呈理性下降趋势，2009年前后规模开工建设的场景难以复现，由此估算围填海存量资源消耗可能需要20年甚至更长的时间。

二是围填海历史遗留问题处置不当，可能导致围填海闲置“隐性”过渡到土地闲置中去。引导项目落地，是围填海历史遗留问题处置的目标之一，而其终点止步于海域管理环节。海域管理主要是针对项目用海情况的审查，而针对建设项目本身的审查多在取得海域使用权证书之后。从以往海域管理工作的经验来看，也不乏已取得海域使用权证，但实际无真实有效项目落地的情况。如若围填海历史遗留问题处置计划安排不当，时间安排过紧，不免出现在建设项目无真实有效意向的情况下，盲目推进海域使用审批，从而将闲置围填海“转移”到闲置土地中。

三是需要对标土地管理，出台一系列更加严格的存量围填海管理政策。相比土地，围填海管理政策仍较为不完善、不衔接。比如，未建立海域使用权收回制度，对于取得海域使用权后，多长时间内进行建设项目用海竣工验收也无明确规定，因此对批准时间早但长期未完成围填海活动的项目，也没有处置依据；未建立完善的海域使用权市场化出让制度，围填海海域使用金远低于邻近陆域的土地出让金标准，会对土地市场造成冲击，因而需要补充出台一系列更加严格的围填海区域管理政策。

笔者认为，围填海管理长期滞后于土地管理，形成的两者之间的巨大利益差，是造成大规模违法填海造地的重要原因。采用方案一虽在短期内可取得一定效果，但并未从根本上解决围填海和土地管理不衔接的问题。

（二）方案二：分类梳理，整体规划存量填海集中区域

1. 管控流程设计

一是针对有明确海域使用权人的存量围填海区域，已完成围填海的项目，要求在一定时期内完成填海造地项目竣工验收，完成竣工验收后，3个月内依据各地管理要求，换发土地使用权证，同时签署国有建设用地使用权有偿使用合同或划拨决定，约定建设项目动工开发建设日期。未如期开工的，按《闲置土地处置办法》执行；尚未完成围填海项目的，应承诺在一定时期内完成填海，逾期不再进

行围填海。对利益相关者没有协调完毕、信访没有平息、影响社会稳定的项目，要求维持现状，不得继续实施填海。

二是针对由政府主导的集中连片填海且未确权区域，尚未确权的由省级政府统一收储，按照国土空间规划对其功能进行整体设计，按时序进行土地整备和基础设施建设等，实施统一的存量围填海供给计划。

三是对于其他违法违规围填海区域，在实施依法处置后，已有明确海域使用权中的按照本小节的第一条进行处理，无明确用海人的纳入政府储备库。对于近期或中期内尚无开发利用计划的区域，由储备机构组织采取以场地清理或简易修复等自然恢复为主的措施，维护区域生态环境。

2. 方案二的优势分析

方案二的优势主要体现在如下两个方面：一是有利于统一考量、整体规划，纳入土地管理体系，政府部门可以统筹考虑，统一规划设计，为存量围填海利用提供更好的基础设施条件和开发建设环境；二是可以纳入现有的政策体系，无须“另起炉灶”，且对土地计划供应体系影响较小。土地管理的政策相对完备，围填海存量资源可以直接按照现有体系管理。据历史统计资料初步估算，存量围填海资源与年度农用地转用提供新增建设用地的比重持平，仅占年度建设用地供应量的 1/2 左右，如果计划用 5 年左右的时间消耗，并不会对土地计划造成过大影响。

3. 方案二的缺陷分析

方案二的缺陷主要体现在如下三个方面。

一是因存量围填海会压减新增建设用地指标，可能引起地方政府的排斥。存量围填海纳入土地管理后，年度新增建设用地指标会因存量增多而适度压减。而存量围填海区域地理区位、基础环境等未必完全满足地方政府的开发设想，因而可能引起地方政府的排斥。此外，存量围填海的管理权在省级自然资源部门，而土地储备和供应的权限均在市县级自然资源部门，主体的调整也会带来新的责权平衡问题。

二是土地收储涉及资金问题，可能引发地方债务风险。通常土地储备资金来自土地出让收入等费用。围填海存量转为土地短期内未能出让或出让金过少的话，会影响其开发整理，甚至增加地方政府的债务风险。

三是产权不明晰的区域，短期内无法直接转换。违法违规围填海必须经过处罚，无产权纠纷等法律问题才可纳入土地管理范围，大量违规区域短期内无法实现直接转换。

（三）优化存量围填海管控的政策建议

以围填海历史遗留问题处置为源头，以围填海存量资源有效利用为目标，建立完善从围填海管理、土地管理到建设项目管理的全过程跟踪管理制度。围填海活动叫停初期，大量违法违规项目尚处于处罚阶段，适宜采用清单式管理，围填海存量区域逐一处置，逐一核销。3~5 年后，在围填海区域产权明晰、需求侧存量日渐减少的情况下，仍未有效使用的围填海存量资源，可以考虑逐步纳入土地管理，与现有土地资源一并进行规划设计，并通过适度压减新增建设用地计划、逐年进行土地储备，按比例纳入国有建设用地供应计划等方式，推进围填海存量资源的有效利用。

第三节　海岸线优化利用对策

一、海岸线概念及分类

海岸线是平均大潮高潮时的海陆分界线，具有重要的生态功能和资源价值，关系到沿海地区的生态安全、经济发展和民生福祉，是海岸带经济发展的重要空间载体。

（一）海岸线的相关概念

1. 自然地理学概念上的海岸线

海洋和陆地是地球表面的两个基本单元，海岸线即海洋与陆地的分界线。在有潮海区，由于受海洋潮汐的影响，海洋与陆地的分界线每时每刻都在变动，在这种海区海岸线是一个带。所以，人们根据高、低潮的海陆分界线位置的不同，又分为高潮线和低潮线。又由于潮汐大小的不同，故不同日期的高、低潮线也不在同一位置，且一年之内不同的时间相差很大，故又细分为很多不同的岸线。加上受特大风暴潮、地壳上升、地面沉降、气压和风的影响，使海岸线的位置确定变得比想象中的要复杂得多。地理学家把海岸线分为大潮高潮线、小潮高潮线、中潮线、小潮低潮线、大潮低潮线，以及最高高潮线（由特大风暴潮形成的）、最低低潮线（由特殊天气系统形成的），同时给出了各种平均值。为测绘、统计实用上的方便，地图上的海岸线是人为规定的。我国把海岸线定为大潮平均高潮时水陆分界的痕迹线，并在国家标准和行业标准均做了明确的规定。

（1）国家标准《1∶500　1∶1000　1∶2000 地形图图式》（GB/T 7929—

1995）规定："海岸线指以平均大潮高潮的痕迹所形成的水陆分界线。"

（2）国家标准《中国海图图式》（GB 12319—1998）规定："海岸线是指平均大潮高潮时水陆分界的痕迹线。一般可根据当地的海蚀阶地、海滩堆积物或海滨植物确定。"

（3）国家标准《海洋学术语 海洋地质学》（GB/T 18190—2000）中，将海岸线明确定义为"海岸线即海陆分界线，在我国系指多年大潮平均高潮位潮时海陆分界线"。

（4）测绘行业标准《地籍图图式》（CH 5003—1994）规定："海岸线以平均大潮高潮的痕迹所形成的水陆分界线为准。"

上述定义是基于自然地理学的海岸线，通常是用海洋最高的暴风浪在陆地上所达到的线来划定海岸线，在海岸悬崖地区则以悬崖线来划分。这是我国各种地图使用的海岸线，世界上几乎所有国家的地图都是如此。1975 年，经调查测绘，国务院、中央军委联合发布《关于使用我国大陆海岸线长度和海洋岛屿数量及其岸线长度新数据的通知》（国发〔1975〕78 号），我国大陆海岸线北起鸭绿江口，南至北仑河口，全长 1.8×10^4 km 余。

2. 行政管理意义上的海岸线

自然地理学的海岸线作为海陆的自然分界，受自然因素和人为因素的双重影响，往往随大陆边缘形态的自然变迁及开发利用而动态变化。在多沙河流的河口地区，由于泥沙的淤积，海岸不断向外扩展，比较典型的是黄河、长江三角洲。同时也有部分海岸由于入海河流径流量的减少以及海洋潮汐的冲刷而后退，而近年来围海造地的兴起，也迅速改变了海岸的自然形态。因此，自然地理意义上的海岸线具有不固定性，从长期来看是处于摆动状态的。在实际管理工作中，我们可以根据有关标准将海岸线具体化，即在海域与陆地之间可以划出一条相对固定的具体界线。《海域使用管理法》将海域使用的范围界定为领海基线向陆地一侧至海岸线的海域。该法对海陆分界线做出了界定，这对海域管理是有非常重要的实际意义的，它也是在实际管理中必须存在的一条界线。

2002 年，国务院下发《国务院办公厅关于开展勘定省县两级海域行政区域界线工作有关问题的通知》（国办发〔2002〕12 号），正式启动了全国省、县两级海域勘界工作，并规定："海域勘界的范围为我国管辖内海和领海，界线的起点从陆域勘界向内海一侧的终点开始，界线的终点止于领海的外部界限。"为了确定界线的起始点，国家海洋局将大陆海岸线修测作为海域勘界的重要组成部分，组织沿海省（自治区、直辖市）开展大陆海岸线的修测工作[24]。目前，沿海省（自治区、直辖市）大陆海岸线修测成果得到了省级人民政府的批准和公布（部分省市仍在审批过程中）。大陆海岸线一经省级人民政府的批准和公布，便赋予了其作为海域与陆地之间管理界线的社会属性，成为实施海域管理的一项基础条件。2013年，国务院新一轮机构改革，将“组织开展海岸线和沿海省际间海域界线勘定工作”作为国家海洋局的一项基本职能，进一步固化了海岸线管理的地位。

（二）海岸线的分类及界定标准

根据海岸线的相关概念可知，海岸线位置受潮汐、岸坡、岸滩物质、波浪、入海河流以及人工开发建设等因素的影响。我国有关海岸分类标准并不统一，但总的原则是从地貌学角度，按形态、成因、物质组成和发育演变阶段分为基岩岸、砂砾质岸、淤泥质岸、珊瑚礁岸和红树林岸5类。珊瑚礁岸和红树林岸均属于由动植物构成的海岸，统称为生物岸。另外，随着近年对海岸自然属性造成几乎完全灭失的围填海造地、防潮堤、防浪坝等工程的兴建，人工岸也成为地貌学之外一种重要的海岸类型，因此，根据海岸线的自然状态，基本可以分为基岩岸线、砂质岸线、粉砂淤泥质岸线、生物岸线和人工岸线5类，河口岸线根据其自然属性也可以相应归入上述5类中去。

1. 海岸线分类

（1）基岩岸线。基岩岸线的位置相对较为明确清晰，一般在侵蚀陡崖的基部，崖下滩和崖的交接线即为岸线（图7-3）。

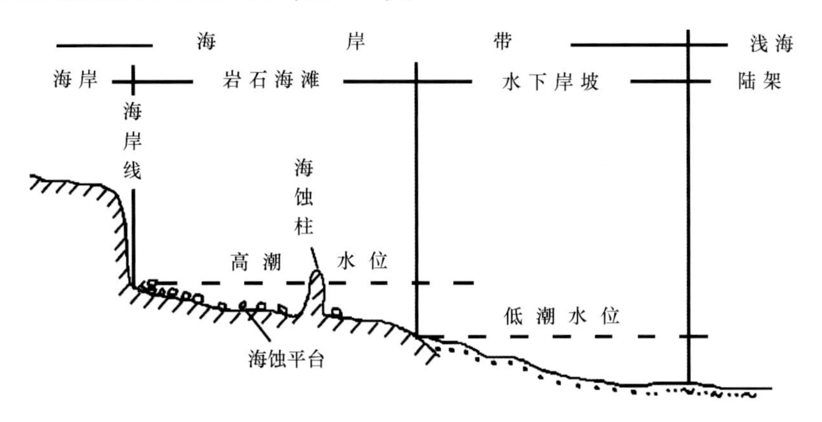

图7-3 基岩岸线界定示意图[24]

（2）砂质岸线。砂质岸线多位于海湾湾顶。由于岸线直面海洋，波浪作用强、海滩窄、坡度陡，一般受上冲流或风浪作用，会在海滩以上堆积出一条脊状砂质沉积，滩脊顶部的向海一侧即可认定为砂质岸线（图7-4）。

（3）粉砂淤泥质岸线。粉砂淤泥质海岸主要是由潮汐作用塑造的低平海岸，滩面坡度平缓、潮间带宽阔。在潮间带的光滩之上，受上冲流影响，往往会形成一条由植物碎屑、碎贝壳和杂物等构成的“痕迹线”，这条“痕迹线”即可认定

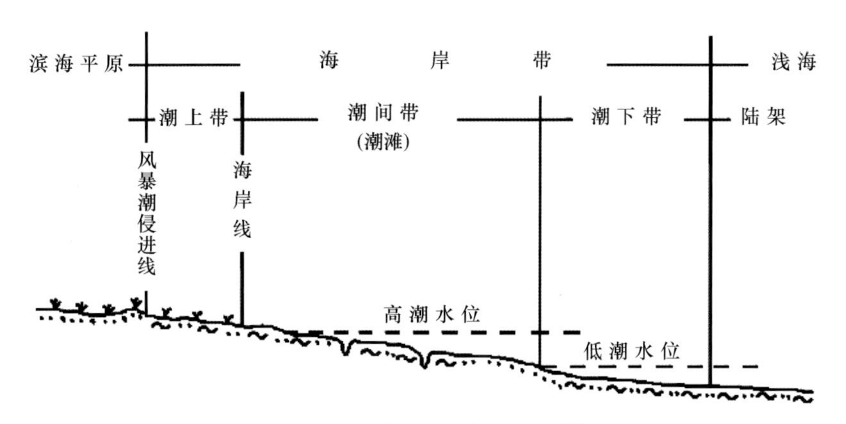

图 7-4　砂质岸线界定示意图[24]

为粉砂淤泥质海岸的岸线（图 7-5）。

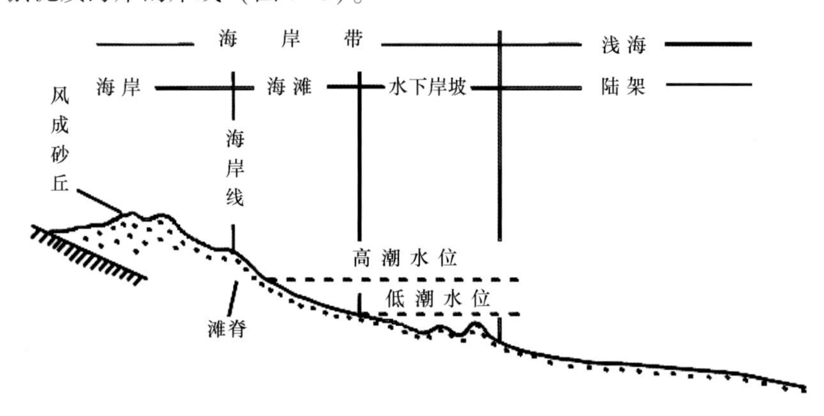

图 7-5　粉砂淤泥质岸线界定示意图[24]

（4）生物岸线，包括以下岸线类型：①红树林岸线。红树林海岸向陆一侧一般生长为稀树草地或热带季雨林植被，因此，红树林海岸线应是稀树草地或季雨林植被的外界痕迹线。②珊瑚礁岸线。珊瑚礁海岸线一般在珊瑚礁坪的后缘陡坎处；若为珊瑚砂海岸，则海岸线一般在沙坝、沙丘的坡脚处。③海草床岸线。互花米草等海草为盐生植物，其生长地大多为淤泥质海岸，海岸线一般为陆生植物的外边界。

（5）人工岸线。人工岸线一般是由永久性人工构筑物构成的海岸，可以通过海挡向海一侧的外边缘线、道路向海一侧外边缘线、闸或取水口主体构筑物向海一侧的外边缘线等来识别认定。

2. 海岸线利用类型

参照海域使用分类，兼顾海岸线利用的特殊性，可以将海岸线利用类型分为如下 8 类，需要说明的是海岸利用类型与上述海岸线分类并不具有对应关系。

（1）渔业岸线，指渔港、渔业基础设施、围海养殖等渔业生产活动所占用的海岸线。

（2）工业岸线，指工业生产活动占用的海岸线。

（3）交通运输岸线，指港口码头建设等交通运输活动所占用的海岸线。

（4）旅游岸线，指滨海旅游开发活动所占用的海岸线。

（5）造地工程岸线，指用于城镇建设填海造地、道路、广场占用所形成的海岸线。

（6）特殊岸线，指科研教学、军事用海等占用的海岸线。

（7）其他利用岸线，指除以上用途以外的已利用海岸线。

（8）未利用岸线，指尚未利用的海岸线。

（三）人工岸线的再分类

人工岸线是可优化利用岸线的主力，细分人工岸线是提高岸线利用效率、优化岸线利用格局的前提和基础。

1. 按人工岸线形成原因分类

2019 年，自然资源部组织开展了新一轮的全国海岸线修测工作，构建了完善的海岸带分类体系，将海岸线分为自然岸线、人工岸线与其他岸线（包括生态恢复岸线和河口岸线）三个一级类[25]。该分类体系按照人工岸线形成原因，分为填海造地形成的人工岸线、围海形成的人工岸线和构筑物人工岸线三类，为了保护工程设施，防止填海造地形成的区域遭受侵害而建造的护岸，亦认定为人工岸线。这是目前海域管理和相关学术研究中对人工岸线的主流分类。

2. 按人工岸线服务主体功能分类

鉴于海岸线资源的稀缺性和海岸带综合管理的实际需求，在海岸线开发用途的基础上，按照人工岸线的利用现状和服务民生主体功能的不同，可以将人工岸线划分为生产型、生活型和特殊型三种类型。

生产型人工岸线主要是指服务于工农渔业生产的人工海岸线，包括工业岸线、渔业岸线、交通运输岸线以及造地工程岸线中的农业填海造地岸线和废弃物处置填海造地岸线。根据海岸线恢复生态化属性的难易程度，可以将生产型人工海岸线分为硬质型和一般型两类。

生活型人工岸线主要是指以服务公众生活为主，满足公众亲海需求的人工海岸线，包括造地工程海岸线中的城镇建设填海造地、旅游海岸线中的浴场、旅游基础设施、游乐场岸线。

特殊型人工岸线主要是服务于科教、军事、海洋保护防灾减灾等公益事项的人工岸线和其他类型的人工岸线，包括科研教育用海岸线、军事岸线、海洋保护区岸线、海岸防护工程海岸线以及其他利用类型的海岸线。

二、我国海岸线管理政策与成效

（一）海岸线管理的相关政策

海岸线是海岸带管理的重要对象，但由于其与围填海、海域使用等事项高度关联，关于海岸线管理的单独政策文件并不多见。目前，关于海岸线的政策文件仅有2017年中央全面深化改革领导小组审议通过的《海岸线保护与利用管理办法》，及其配套的《贯彻落实〈海岸线保护与利用管理办法〉的指导意见》和《贯彻落实〈海岸线保护与利用管理办法〉的实施方案》，这也是当前海岸线管理工作的基本遵循。该办法从建立自然岸线保有率控制制度、实施海岸线分类保护、海岸线节约集约利用、海岸线整治修复和加强海岸线监督管理等方面全面部署了海岸线保护与利用的各项主要任务。实施海岸线分类保护是该办法的重大政策创新，办法将海岸线划分为严格保护、限制开发和优化利用三类，并提出相应的划定标准及管理要求。将优质沙滩、典型地质地貌景观、重要滨海湿地、红树林、珊瑚礁等自然形态保持完好、生态功能与资源价值显著的自然岸线划为严格保护岸线，除国防安全需要外，禁止在严格保护岸线的保护范围内构建永久性建筑物、围填海、开采海砂、设置排污口等损害海岸地形地貌和生态环境的活动；将自然形态保持基本完整、生态功能与资源价值较好、开发利用程度较低的海岸线划为限制开发岸线，严格控制改变海岸自然形态和影响海岸生态功能的开发利用活动，预留未来发展空间，严格海域使用审批；将工业与城镇、港口航运设施等所在岸线等人工化程度较高、海岸防护与开发利用条件较好的海岸线划为优化利用岸线，集中布局确需占用海岸线的建设项目，严格控制占用岸线长度，提高投资强度和利用效率，优化海岸线开发利用格局，提升海岸空间资源价值和海岸线利用效益。

与此同时，在项目用海审批管理中有关海岸线的审查比重也在逐步提高，主要体现如下。2017年，国家海洋局印发的《建设项目用海控制指标（试行）》中明确了建设项目岸线利用率等指标要求，全面从严控制建设项目占用岸线；2018年，财政部和国家海洋局联合印发的《调整海域 无居民海岛使用金征收标准》中，将占用自然岸线的围填海项目海域使用金征收标准提高20%，通过经济杠杆限制建设项目占用自然岸线。自然资源部成立以来，通过“十五天一覆盖、三十天一报告”的围填海动态监视监测机制、海岸线巡查执法、围填海专项督查等，形成海岸线监督管理高压态势，将各类违法违规行为遏制在萌芽状态。

（二）海岸线管理政策的成效与不足

自党的十八大，特别是《海岸线保护与利用管理办法》出台以来，以自然岸线保有率目标管控为核心，以严格管控围填海为抓手，海岸线保护与利用管理不断强化，使得自然岸线保有率持续下降趋势得以扭转。“十三五”时期，我国大陆自然岸线保有率超过 35%，沿海各省（自治区、直辖市）自然岸线保有率也均符合管控目标要求。海岸线分类保护制度全面确定，各地均按标准划定了严格保护、限制开发和优化利用岸段，天津、广东、江苏盐城和连云港等地还设立了岸线保护标识。该办法出台后，实施海岸整治修复共 230 km 余，受损海岸生态功能逐步恢复，公众亲水岸线不断扩展，海岸生态服务价值明显提升。

海岸线保护与利用工作取得一定成效的同时，也存在着一些问题，比如，从人工岸线利用来看，一方面，钢铁、石化、电力等传统工业向海聚集趋势未减，新兴海工装备基地建设等方兴未艾，海岸线利用需求依旧旺盛，但与此同时部分岸线利用效率低下、“占而不用”的现象依旧存在；另一方面，从岸线整治来看，虽然近年来全力推动岸线的生态化利用，但由于认识不足、缺乏相应标准等种种原因，部分区域将景观绿化简单等同于生态化改造，不利于自然生态恢复[26,27]。

三、海岸线优化利用的政策

（一）实施人工岸线分类管控

人工岸线虽然经过人工化改造，很大程度上改变了岸线的自然属性，但其人工化程度不同、潮间带破坏程度不同，人工岸线生态功能的损失也有较大差异。如生活型人工岸线的旅游娱乐岸线，特殊型人工岸线的科教、海洋保护区、海岸防护等岸线，以防灾减灾、亲海、科教以及便利生活等目的开展的人工堤坝或其他保护性建设活动，人工岸线的自然和人工形态同时存在，海岸线对应的潮间带生态功能结构和功能受到轻微影响，仍然保持着一定程度的自然生态功能特征，经过少量的人为外因或短期的自然内因引导生态系统结构和功能演替，就可以修复受损或已消失的自然生态功能特征。该类海岸线尽管已经被认定为人工岸线，但在海岸线保护与利用工作中，应尽量保持其生态功能与生活服务功能的平衡，岸线开发以保护和修复生态环境为主，为未来发展留有空间，控制开发强度，不再安排围填海等改变海域自然属性的用海项目，严格管控海岸线用途的变更。

以深入潮间带低潮线的形式，开展围海养殖工程用海、港口码头填海造地、工业填海造地、农业填海造地等形成的生产型人工岸线，岸线硬质化程度较高，主要服务于生产功能，潮间带滩涂湿地基本消失，海岸生态功能十分有限，需要经过漫长的自然内因更替或者耗费大量的财力、物力等人为外因来恢复或修复受损或已消失的海岸线自然生态功能特征。此类海岸线人工化程度较高，在形成的过程中是以侵占或填埋占用潮间带湿地、破坏自然海岸线生态功能为代价的。在海岸线保护与利用工作中，应注重产业聚集、产业升级，保障重大国家战略、新兴海洋产业和特色海洋产业园等项目用海，提高海岸线利用效率，对占而不用、利用效率低下、严重污染海洋生态环境的项目要限期整改。

（二）切实提高海岸线利用效率

制定不同类别区域用海和项目用海岸线利用效率、岸线投资强度等占用岸线控制指标，按照岸线控制指标严格审核区域用海和项目用海。对利用效率较低的海岸线，要通过统筹、整合等方式，提高海岸线节约集约利用水平。海岸线利用应遵循节约、集约的原则，做到深水深用、浅水浅用，在合理、有序的基础上，提高海岸线的利用效率。对于现有码头泊位等级和岸线利用效率偏低，或影响所在区域港口岸线整体高效利用的，要加快升级改造或退出。对于闲置码头资源，按照政府引导、市场运作的原则，积极推进占用岸线的港口资源整合，引导企业调整不适应市场需求的闲置码头功能，对长期经营不善的要推进资源重组，鼓励自身资源不足的工矿企业自备码头向社会开放服务，非生产型码头占用港口岸线的，要从绿色发展的角度从严控制。

（三）进一步完善海岸线资源利用的市场调节手段

在海域有偿使用方面，评估岸线和近海海域空间的使用权价格，不仅要体现岸线和近岸海域空间资源开发对土地和海域资源空间的占用，还要体现开发建设活动对岸线属性改变造成环境污染或其生态破坏等功能价值损失的补偿。在对港口岸线资源价值评估方面，应从宏观、中观、微观区位条件和区位联系等多个尺度来综合评估沿海港口岸线的使用权价值。沿海港口因其所处的位置不同而产生不同的使用价值、不同的经济效益和不同的使用权价格。一般来说，沿海港口岸线腹地的经济发展水平越高、临港产业越聚集，港口发展的动力和支撑会越强，沿海港口岸线的利用价值就越高；腹地的交通运输网络越发达，越能促使港口由运输枢纽向物流基地转变，沿海港口岸线的资源价值也会越高。在港口建设审批方面，应制约粗犷的海岸线开发利用发展模式，加强港口集疏体系建设，避免为增加港口吞吐量盲目地新建或扩建新的港口码头；应制定港口岸线利用效率指标，建立定期评估和信用管理制度。

（四）全面提高海岸线利用的生态化水平

在岸线开发利用中应做到长远规划，长期坚持，遵循生态系统的本底和自然规律更替的原则，尽可能少地采用人工措施或人工干预，建议采用综合性、系统性的生态用海和生态修复措施，最大限度地减少海岸工程对海洋资源和海洋生态系统的影响。在人工岸线利用的平面设计方面应尽量采用离岸人工岛、多突堤、区块组团等方式，减少岸线资源的占用，且结合实际，规划布置一定面积的水系、湿地等生态空间，最大限度地保护原海域生态系统的原始性和多样性，尽量保全所在海域和原海岸的生态功能。在公众亲海空间方面，除生产岸线、特殊利用岸线以及相关法律、法规另有规定的岸线区域外，围填海工程新形成的岸线应根据项目主导功能和陆域实际情况，规划沿岸绿化带、营造公众亲海空间。在海堤建设和岸滩方面，在保障海堤（护岸）防洪防潮防浪安全的前提下，向海侧堤宜采用斜坡式结构，在条件适宜时尽可能缓坡入海，促进近岸海洋生境的重建。尽量恢复海岸的生态涵养功能，使水陆界面自然化，构建生态、安全、美丽、开放的新海岸。

参考文献

［1］　何广顺，丁黎黎，宋维玲．海洋经济分析评估理论、方法与实践［M］．北京：海洋出版社，2014.

［2］　晏维龙．海岸带产业成长机理与经济发展战略研究［M］．北京：海洋出版社，2012.

［3］　国家海洋局．海洋经济统计分类与代码：HY/T 052—1999［S］．北京：中国标准出版社，1999.

［4］　本刊编辑部．全国海洋经济发展规划纲要［J］．海洋开发与管理，2004，21（3）：3-10.

［5］　全国海洋标准化技术委员会．海洋及相关产业分类：GB/T 20794—2006［S］．北京：中国标准出版社，2006.

［6］　殷克东，王法良，张燕歌．陆海经济的内在关联性分析［J］．中国海洋大学学报：社会科学版，2008（3）：10-12.

［7］　吴姗姗．大连区域海陆经济互动机理研究［D］．大连：辽宁师范大学，2004.

［8］　王海英，栾维新．海陆相关分析及其对优化海洋产业结构的启示［J］．海洋开发与管理，2002，19（6）：28-32.

［9］　陈升，李兆洋，唐雲．清单治理的创新：市场准入负面清单制度［J］．中国行政管理，2020（4）：95-101.

［10］　王小兵．产业区块控制线划定方法简析：以福建省晋江市为例［J］．城市建设理论研究：电子版，2019（15）：21-23.

［11］　邢文秀，杨湘艳，刘大海．基于水资源依赖程度的海岸带空间用途定义和管理研究：美国的经验及借鉴［J］．国际城市规划，2021（4）：1-19.

［12］　国家海洋信息中心．印度海岸管控区域公告（草案）［Z］．国外海洋政策：2018（12）.

［13］　索安宁，王鹏，袁道伟，等．基于高空间分辨率卫星遥感影像的围填海存量资源监测与评估研究：以营口市南部海岸为例［J］．海洋学报，2016，38（9）：54-63.

[14] 刘大海，李彦平，张铂．围填海存量资源内涵探讨及优化利用方法研究［J］．海岸工程，2018，3：64-71.

[15] 金左文，祁少俊，薛桂芳，等．围填海存量资源形成机制及其收储制度探讨：以东海区为例［J］．海洋环境科学，2017，36（6）：853-857.

[16] 李文君，于青松．我国围填海历史、现状与管理政策概述［J］．今日国土，2013（1）：36-38.

[17] 田水松．加强年度计划管理 实现土地计划利用［J］．资源与人居环境，2002（1）：36-37.

[18] 李彦平，刘大海，刘伟峰，等．海洋空间利用年度计划内涵研究与制度框架构建［J］．海洋经济，2019，9（2）：3-11.

[19] 李晋，等．围填海计划管理研究［M］．北京：海洋出版社，2017.

[20] 陈娜．我国填海造地中海域使用权与新增土地使用权权利衔接探究［D］．海口：海南大学，2017.

[21] 余钦明．工业填海造地工程换发土地证问题探讨：以福州市为例［J］．海峡科学，2017（2）：14-15.

[22] 贺涌源．陆海管辖分界线相关问题探讨［J］．中国土地，2019（11）：17-18.

[23] 陈鑫婵．广西海域闲置成因及对策研究［J］．中国管理信息化，2019，22（6）：196-197.

[24] 国家海洋局908专项办公室．我国近海海洋综合调查与评价专项：海岸线修测技术规程［Z］．北京，2007.

[25] 自然资源部．全国海岸线修测技术规程：自然资办函〔2019〕1187号［Z］．北京，2019.

[26] 刘亮，王厚军，岳奇．我国海岸线保护利用现状及管理对策［J］．海洋环境科学，2020，39（5）：723-731.

[27] 杨琳．基于海陆统筹的海岸线管理研究［D］．厦门：厦门大学，2014.